周期表

属元素)　固体
元素)　液体
元素)　気体
(常温・常圧における単体の状態)

9	10	11	12	13	14	15	16	17	18
									2He ヘリウム 4.003
				5B ホウ素 10.81	6C 炭素 12.01	7N 窒素 14.01	8O 酸素 16.00	9F フッ素 19.00	10Ne ネオン 20.18
				13Al アルミニウム 26.98	14Si ケイ素 28.09	15P リン 30.97	16S 硫黄 32.07	17Cl 塩素 35.45	18Ar アルゴン 39.95
Co バルト .93	28Ni ニッケル 58.69	29Cu 銅 63.55	30Zn 亜鉛 65.38	31Ga ガリウム 69.72	32Ge ゲルマニウム 72.63	33As ヒ素 74.92	34Se セレン 78.97	35Br 臭素 79.90	36Kr クリプトン 83.80
Rh ジウム 02.9	46Pd パラジウム 106.4	47Ag 銀 107.9	48Cd カドミウム 112.4	49In インジウム 114.8	50Sn スズ 118.7	51Sb アンチモン 121.8	52Te テルル 127.6	53I ヨウ素 126.9	54Xe キセノン 131.3
Ir ジウム 92.2	78Pt 白金 195.1	79Au 金 197.0	80Hg 水銀 200.6	81Tl タリウム 204.4	82Pb 鉛 207.2	83Bi ビスマス 209.0	84Po ポロニウム —	85At アスタチン —	86Rn ラドン —
Mt ネリウム —	110Ds ダームスタチウム —	111Rg レントゲニウム —	112Cn コペルニシウム —	113Nh ニホニウム —	114Fl フレロビウム —	115Mc モスコビウム —	116Lv リバモリウム —	117Ts テネシン —	118Og オガネソン —

104番以降の元素については詳しくわかっていない。

Eu ロピウム 52.0	64Gd ガドリニウム 157.3	65Tb テルビウム 158.9	66Dy ジスプロシウム 162.5	67Ho ホルミウム 164.9	68Er エルビウム 167.3	69Tm ツリウム 168.9	70Yb イッテルビウム 173.0	71Lu ルテチウム 175.0
Am リシウム —	96Cm キュリウム —	97Bk バークリウム —	98Cf カリホルニウム —	99Es アインスタイニウム —	100Fm フェルミウム —	101Md メンデレビウム —	102No ノーベリウム —	103Lr ローレンシウム —

原子量をもとに，日本化学会原子量専門委員会で作成されたものである。ただし，元素の原子量が確定できないものは—で示した。

本書の構成と利用法

本書は高等学校「化学基礎」の学習書として，高校化学の知識を体系的に理解するとともに，問題解決の技法を確実に体得できるよう，特に留意して編集してあります。
本書を日常の授業時間に教科書と併用することによって，学習効果を一層高めることができます。
また，大学入試の足がかりとなる着実な学力を養うための演習書としても活用できます。
各学習テーマは，段階的に学習が進められるように構成してあり，日常の自学自習でも，自身の理解度を確認しながら，着実にステップアップできます。

●本書の構成

STEP1 基本事項の確認	まとめ	重要事項を図や表を用いてわかりやすく整理しました。特に重要なポイントは赤で示し，的確に把握できるようにしています。
	チェック 62題	まとめの後に，重要語句などの基本事項を確認するための空所補充問題を取り上げました。
STEP2 基本事項の定着	ドリル 65題	覚えておきたい学習事項や基本的な計算問題などを反復練習で定着できるようにしました。基本問題に取り組むための土台となる力を身に付けられます。
STEP3 基礎力の養成	基本例題 25題	基本的で，典型的なパターンの問題を取り上げました。「解法」を丁寧に示し，解法を身に付けることができます。
	基本問題 139題	基本的な問題を取り上げました。授業で学習した事項の理解や定着に効果のある良問を厳選して収録しています。
STEP4 応用力の養成	標準例題 14題	基本問題よりもやや骨のある問題を取り上げました。「解法」を丁寧に示し，解法を身に付けることができます。
	標準問題 75題	大学入試問題を中心に構成しています。入試に十分に対応できる学力を養成できます。
	共通テスト対策問題 24題	大学入学共通テストの対策としてだけでなく，思考力を養成する問題を取り上げました。
	解答	別冊解答を用意し，すべての問題に詳しい「解説」を記しています（本書に掲載している大学入試問題の解答・解説は弊社で作成したものであり，各大学から公表されたものではありません）。

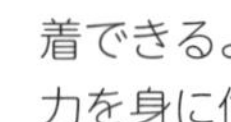

Contents 目次

第Ⅰ章 物質の構成

第Ⅱ章 物質の変化

巻末資料

本書に登場するマークの説明

- 知識　知識，技能を養う問題
- 思考　思考力・判断力を養う問題
- 実験　実験を扱った問題
- グラフ　グラフの読み取りを扱った問題
- 発展　発展的な学習内容を含む問題

クローズアップ　ポイントとなる学習事項などを囲み記事で紹介。学習をさらに深める事項には ＋α を付しています。

有効数字の取り扱い

本書では，有効数字について，次のような取り決めにしたがって，取り扱っています。
①問題文で与えられた場合を除き，原子量概数は有効数字として取り扱わないものとする。
②途中計算では，有効数字よりも1桁多く取る。このとき，それ以降の数値は切り捨てとする。

例　途中計算では，$2.69 \div 2.0 = 1.345 = \underline{1.34}$　←この数値を次の計算に用いる
切り捨て(1.35としない)

◆学習支援サイト プラスウェブ のご案内

スマートフォンやタブレット端末などを使って,「大学入試問題の分析と対策」を閲覧できます。また，基本例題や標準例題の解説動画を視聴できます。
https://dg-w.jp/b/36a0001
[注意] コンテンツの利用に際しては，一般に，通信料が発生します。

第Ⅰ章　物質の構成

物質の成分と構成元素

Step1 / 2 / 3 / 4

1 混合物の分離

1. 混合物と純物質

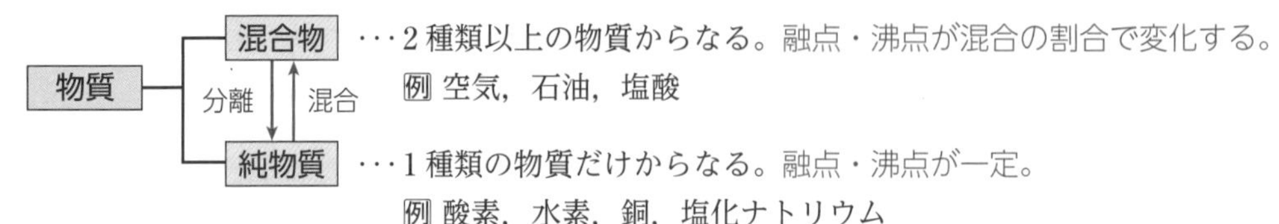

混合物 …2種類以上の物質からなる。融点・沸点が混合の割合で変化する。
例 空気，石油，塩酸

純物質 …1種類の物質だけからなる。融点・沸点が一定。
例 酸素，水素，銅，塩化ナトリウム

2. 混合物の分離・精製

混合物から目的の物質を取り出す操作を分離，物質をより純粋なものにする操作を精製という。分離・精製は，混合物に含まれる物質の性質の違いを利用して行われる。

分離法	方法や原理	分離の例
ろ過	ろ紙を用いて液体と固体を分離。	砂の混ざった海水から砂だけを取り出す。
蒸留	溶液を沸騰させ，蒸気を冷却して液体として分離。	海水から純水を得る。
分留	沸点の違いを利用して，液体どうしを分離。	石油からガソリンなどの成分を取り出す。
再結晶	少量の不純物を含む固体を熱水に溶かし，これを冷却して結晶として分離。	少量の硫酸銅(Ⅱ)五水和物を含む硝酸カリウムから硝酸カリウムだけを取り出す。
昇華法	混合物を加熱し，昇華❶して生じた気体を冷却して再び固体として分離。	ガラスの混ざったヨウ素から，ヨウ素だけを取り出す。
抽出	混合物に適当な液体を加えて，特定の物質を溶かし出して分離。	ヨウ素液にヘキサンを加えて，ヨウ素を取り出す。
クロマトグラフィー❷	ろ紙などへの吸着力の違いを利用して物質を分離。	水性サインペンのインクをろ紙につけて，水を用いてインクの色素を分離。

❶固体から直接気体になる変化。ドライアイスやヨウ素などは昇華しやすい。

❷ろ紙を用いた場合を特にペーパークロマトグラフィーという。

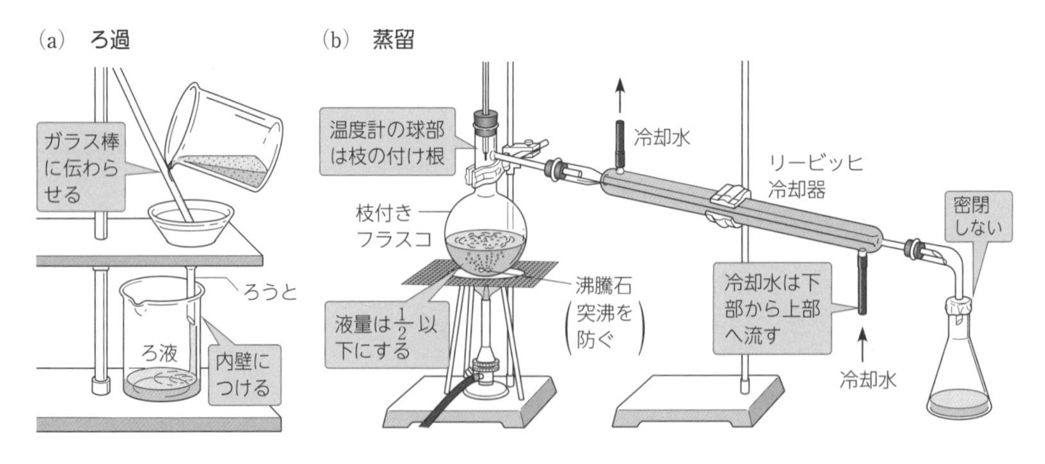

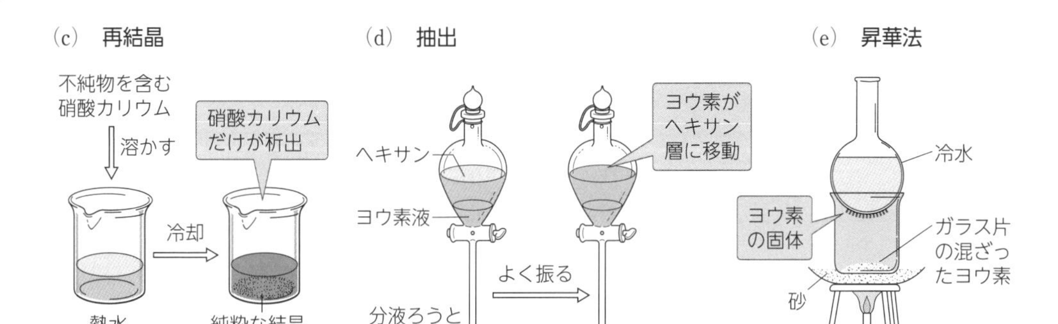

2 物質を構成する元素

1. 元素　物質を構成する基本的な成分。118種類存在する。元素のラテン語名などの頭文字や，それに小文字をかき添えた元素記号で表される。元素は，原子の種類を表す。

例 水素 H，炭素 C，酸素 O，ナトリウム Na，塩素 Cl

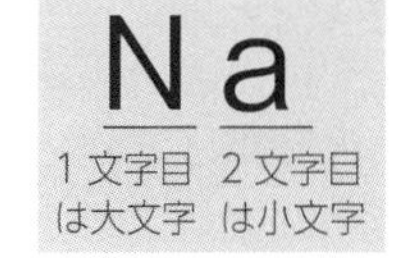

元素記号

2. 単体と化合物

純物質
- **単体**・・・1種類の元素だけからなる物質
  例 水素 H_2，炭素 C，酸素 O_2，ナトリウム Na
- **化合物**・・・2種類以上の元素からなる物質
  例 水 H_2O，二酸化炭素 CO_2，塩化ナトリウム NaCl

3. 同素体　同じ元素からなる単体で，性質が異なるものを同素体という。

元素	同素体の例
硫黄 S	斜方硫黄，単斜硫黄，ゴム状硫黄
炭素 C	ダイヤモンド，黒鉛，フラーレンなど
酸素 O	酸素，オゾン
リン P	黄リン，赤リン

同素体は，
同じ元素からなる単体
同素体の例として，SCOP(スコップ)は確実に覚えておこう。

4. 成分元素の確認

(a)　炎色反応　物質を炎の中に入れたとき，元素に特有の発色が見られる現象。

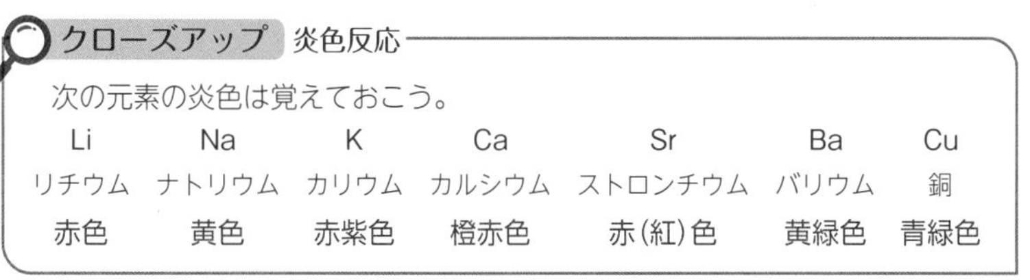

クローズアップ 炎色反応

次の元素の炎色は覚えておこう。

Li	Na	K	Ca	Sr	Ba	Cu
リチウム	ナトリウム	カリウム	カルシウム	ストロンチウム	バリウム	銅
赤色	黄色	赤紫色	橙赤色	赤(紅)色	黄緑色	青緑色

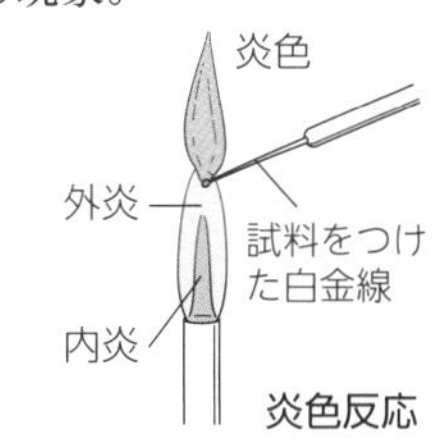

炎色反応

(b)　沈殿の生成や色の変化を伴う反応

元素	方　法	結　果
炭素 C	二酸化炭素 CO_2 に変えたのち，石灰水に通じる。	白濁する(炭酸カルシウム $CaCO_3$ が生成)。
水素 H	水 H_2O に変えたのち，硫酸銅(Ⅱ)無水塩 $CuSO_4$(白色)に触れさせる。	青色に変化する(硫酸銅(Ⅱ)五水和物 $CuSO_4 \cdot 5H_2O$ が生成)。
塩素 Cl	硝酸銀 $AgNO_3$ 水溶液を加える。	白色沈殿を生じる(塩化銀 AgCl が生成)。

3 物質の三態と熱運動

1. 熱運動　構成粒子の振動や直進などの運動。熱運動は気体状態が最も激しい。また，同じ状態でも温度が高いほど熱運動は激しく，粒子のもつエネルギーは大きい。

2. 物質の三態　構成粒子の集合状態の違いによる，固体，液体，気体の 3 つの状態。

3. 状態変化　温度や圧力の変化で起こる三態間の変化。状態変化は物理変化である。

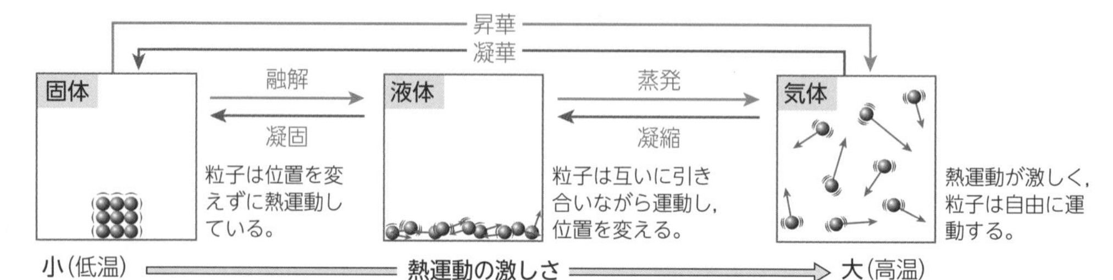

4. 加熱による水の状態変化　一定量の水に一定量の熱量を加え続けたときの温度変化(下図)。

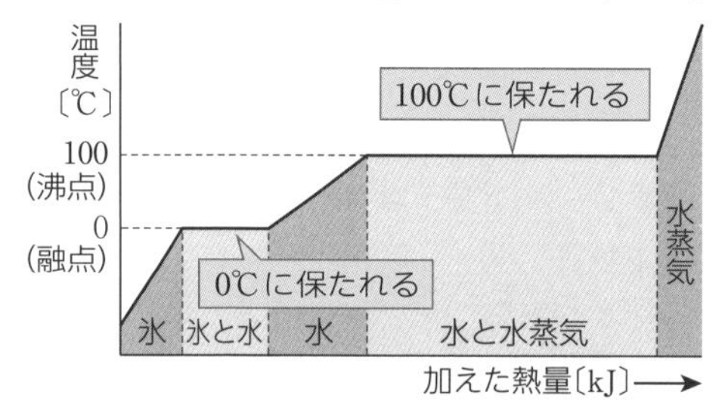

クローズアップ

0 ℃に保たれる⟹氷を構成する水分子の規則正しい配列をくずすためだけに熱が使われる。

100 ℃に保たれる⟹水分子を蒸発させるためだけに熱が使われる。

クローズアップ +α　絶対温度 発展

− 273.15 ℃ですべての粒子の熱運動が停止し，この温度を絶対零度という。熱運動の激しさを表す尺度として，絶対零度を 0 とした温度である絶対温度が用いられる。単位：ケルビン〔記号 K〕

Check　次の文中の(　　　)に適切な語句，元素記号，数字を入れよ。

1. 1 種類の物質だけからなる物質を(　ア　)という。一方，空気や海水のように 2 種類以上の物質が混じり合ってできている物質を(　イ　)という。

2. 物質を構成する基本的な成分を(　ウ　)といい，元素記号で表される。たとえば，水素は(　エ　)，鉄は(　オ　)となる。

3. 水素や酸素のように 1 種類の元素からなる物質を(　カ　)という。水や二酸化炭素のように 2 種類以上の元素からなる物質を(　キ　)という。

4. 物質を炎に入れたとき，その成分元素に特有の発色が見られる現象を(　ク　)という。

5. 物質には固体・液体・気体の 3 つの状態があり，これらを物質の(　ケ　)という。また，(ケ)間の変化を(　コ　)変化という。

1 (ア)　純物質
(イ)　混合物

2 (ウ)　元素
(エ)　H
(オ)　Fe

3 (カ)　単体
(キ)　化合物

4 (ク)　炎色反応

5 (ケ)　三態
(コ)　状態

例題
解説動画

基本例題 1　混合物の分離

関連問題➡ 5

次の(1)～(4)の分離・精製を行うために最も適当な操作を下から選び，記号で答えよ。
(1)　塩化ナトリウム水溶液から水を分離する。
(2)　砂の混じった塩化ナトリウム水溶液から砂を分離する。
(3)　少量の硫酸銅(Ⅱ)五水和物を含む硝酸カリウムを精製する。
(4)　ヨウ素と砂の混合物から，ヨウ素だけを取り出す。
(ア)　ろ過　　(イ)　昇華法　　(ウ)　蒸留　　(エ)　再結晶

解説 (1)　塩化ナトリウム水溶液を加熱すると，水は水蒸気になる。これを冷却すると，再び液体の水にもどる。このとき，塩化ナトリウムは蒸発しないので，水だけを取り出すことができる。
(2)　混合物をろ過すると，水に溶けない砂がろ紙上に残る。
(3)　混合物を熱水に溶かしたのち冷却すると，溶解度の変化の大きい硝酸カリウムが析出する。硫酸銅(Ⅱ)は少量なので，水に溶けたままである。
(4)　ヨウ素は昇華しやすく，砂は昇華しにくいので，昇華法によって分離できる。

解答 (1)　**(ウ)**　(2)　**(ア)**　(3)　**(エ)**　(4)　**(イ)**

アドバイス
混合物の分離・精製には，ろ過，蒸留，分留，再結晶，昇華法，抽出，クロマトグラフィーなどがある。具体例を通して操作法や原理などを理解しておくこと。

基本例題 2　構成元素の確認

関連問題➡ 7, 8

ある白色粉末がある。この粉末の一部を水に溶かし，①炎色反応を調べると，炎は黄色を示した。次に，残りの粉末を，図のように加熱すると，気体が発生し，②生じた気体を石灰水に通じると白濁した。また，試験管の口付近に③生じた液体を硫酸銅(Ⅱ)無水塩に滴下すると青色に変化した。
(1)　下線部②の気体，③の液体はそれぞれ何か。
(2)　下線部①～③で確認できる元素を，次から選べ。
Na　K　H　C　Cl

白色粉末
液体
石灰水

解説 (1)　下線部②で，石灰水を白濁させるので，その気体は二酸化炭素 CO_2 である。③で，硫酸銅(Ⅱ)無水塩(白色)を青色に変えるのは水 H_2O である。
(2)　下線部①の炎色反応で黄色を呈するのはナトリウム Na である。下線部②で生じた気体は二酸化炭素であり，炭素 C が確認できる。下線部③で生じた液体は水であり，水素 H が確認できる。

解答 (1)　気体：**二酸化炭素**　液体：**水**
(2)　① **Na**　② **C**　③ **H**

アドバイス
構成元素は，炎色反応による炎の色，石灰水の白濁(炭素C)，硫酸銅(Ⅱ)無水塩の青変(水素H)，硝酸銀水溶液による白色沈殿の生成(塩素Cl)などで確認できる。

基本問題

知識
1 混合物・単体・化合物　次の(ア)～(コ)の物質について，下の各問いに答えよ。

(ア) 酸素　(イ) 二酸化炭素　(ウ) 空気　(エ) 塩酸
(オ) 海水　(カ) 石油　(キ) 黒鉛　(ク) アンモニア
(ケ) 鉄　(コ) 塩化ナトリウム

(1) 混合物をすべて選び，記号で記せ。
(2) 単体をすべて選び，記号で記せ。
(3) 化合物をすべて選び，記号で記せ。

知識 実験
2 ろ過　ろ過の方法として最も適当なものを，次の(ア)～(エ)のうちから選べ。

(ア)
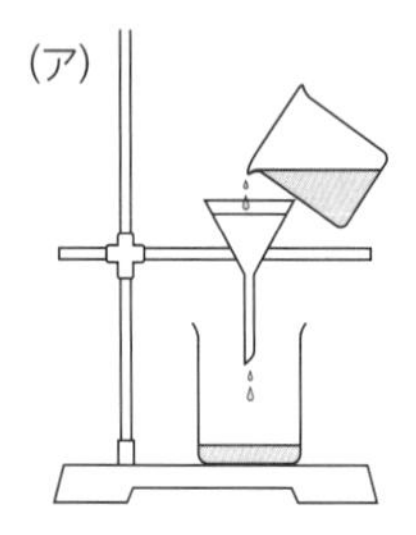
(イ)
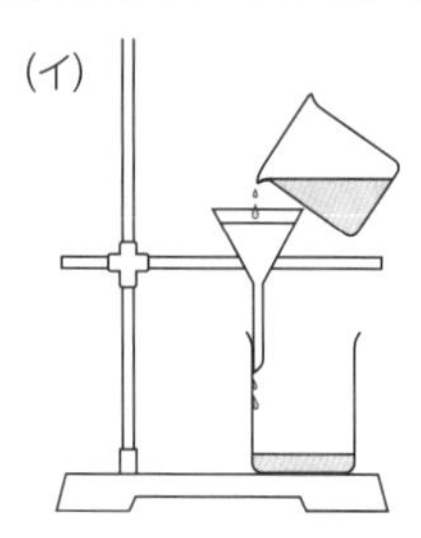
(ウ)
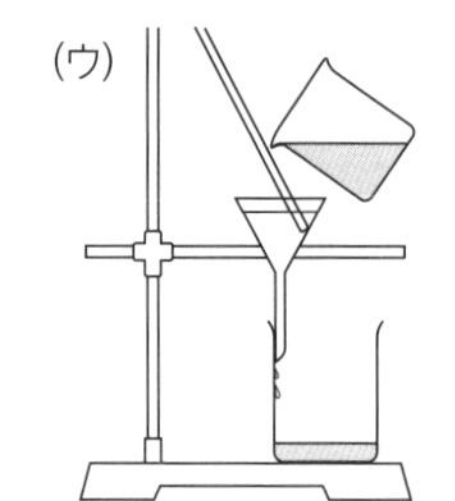
(エ)
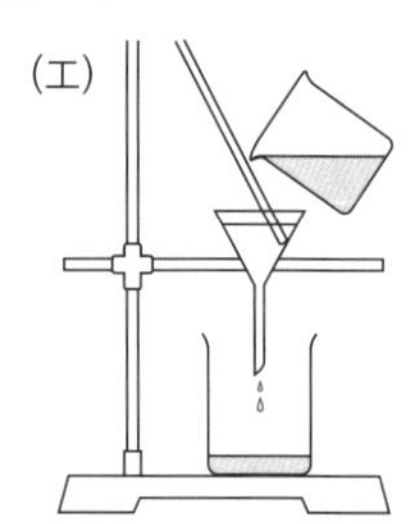

知識 実験
3 蒸留　図は，蒸留によって海水から水を分離する実験装置である。
(1) 図中のA～Cの器具の名称を記せ。
(2) 図には，不適当な部分が1か所ある。どこをどのようにすればよいか。
(3) 冷却水を流す方向は，次のどれが正しいか。記号で記せ。
(ア) aからb　(イ) bからa
(4) 沸騰石を入れる理由を簡潔に記せ。

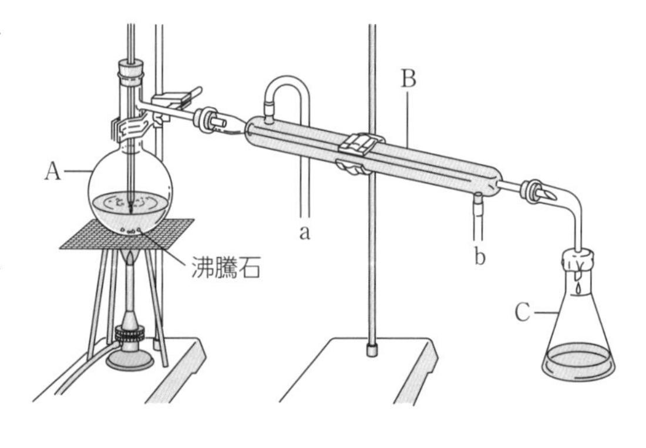

知識 実験
4 昇華法　塩化ナトリウムが混ざったヨウ素がある。これをビーカーに入れ，昇華法によってヨウ素を分離したい。実験装置として最も適当な図を選べ。

(ア)
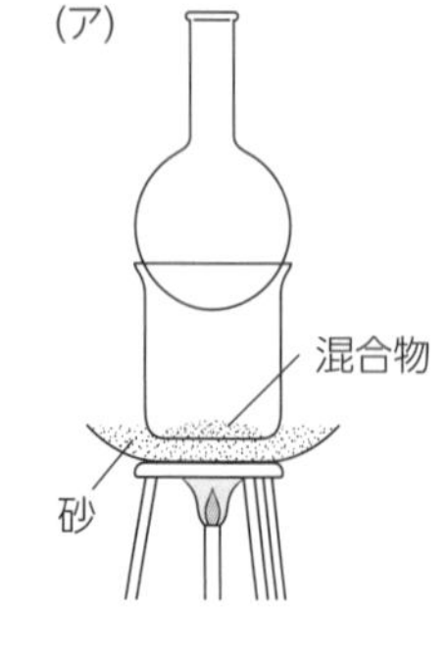

(イ)
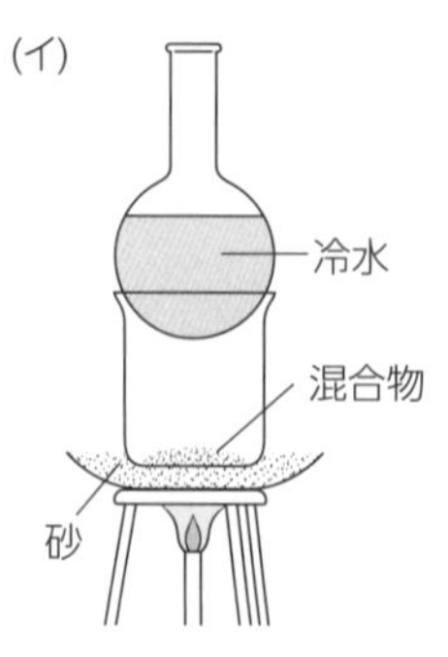

(ウ)
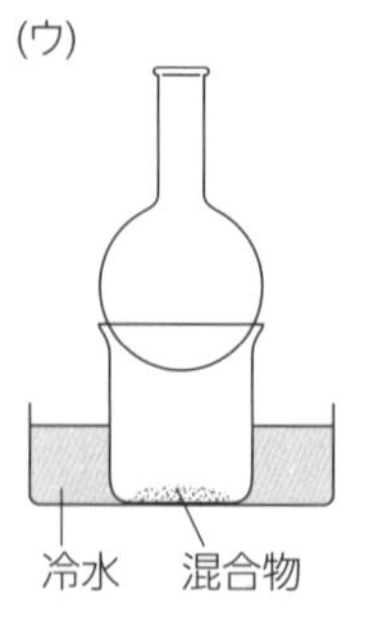

(エ)

知識

5 混合物の分離　次の(1)～(4)の操作と関連する分離法の名称を下から選び，記号で答えよ。

(1)　少量の塩化ナトリウムを含む硝酸カリウムから純粋な硝酸カリウムを得る。

(2)　液体にした空気の温度をゆっくりと上げていき，窒素と酸素を分離する。

(3)　水性のサインペンのインクをろ紙の下端に付けて水に浸し，含まれる色素を分離する。

(4)　紅茶の茶葉に熱湯を加え，含まれる成分を湯に溶かし出す。

（ア）　分留　　（イ）　再結晶　　（ウ）　抽出　　（エ）　クロマトグラフィー

知識

6 同素体　互いに同素体の関係にある組み合わせを，次のうちから２つ選べ。

（ア）　水と氷　　（イ）　一酸化炭素と二酸化炭素　　（ウ）　赤リンと黄リン

（エ）　鉛と亜鉛　　（オ）　酸素とオゾン　　（カ）　水と過酸化水素

知識

7 炎色反応　次の元素を含む物質が示す炎色反応の色を下から選び，それぞれ記号で答えよ。

(1)　リチウム Li　　(2)　ナトリウム Na　　(3)　カリウム K

(4)　カルシウム Ca　　(5)　銅 Cu

（ア）　黄色　　（イ）　赤色　　（ウ）　赤紫色　　（エ）　青緑色　　（オ）　橙赤色

思考

8 成分元素の検出　次の(1)～(4)の文章から下線部の物質に含まれると推定される元素はそれぞれ何か。成分元素の名称を記せ。ただし，(4)については，考えられる元素をすべて記せ。

(1)　メタンを燃焼させると気体が発生し，生じた気体を石灰水に通じると白濁した。

(2)　みそ汁が吹きこぼれたとき，ガスの炎の色が黄色になった。

(3)　食塩水に硝酸銀水溶液を加えると，白色の沈殿が生じた。

(4)　重曹を，空気を遮断して加熱したところ，気体と液体が生じた。気体を石灰水に通じたところ，白濁し，生じた液体を硫酸銅(Ⅱ)無水塩に触れさせたところ青くなった。反応後に残った固体を水に溶かして，白金線の先を浸してガスバーナーの外炎にかざしたところ，黄色い炎が観測された。

知識

9 物質の三態　図は，物質の三態と三態間の状態変化の関係を示したものである。次の各問いに答えよ。

(1)　図中の①～⑥の状態変化の名称をそれぞれ記せ。

(2)　⑤の変化を生じやすい物質を１つ，物質名で記せ。

(3)　物質の三態のうち，熱運動の最も激しい状態はどれか。

気体
⑤
⑥
④
③
固体
①
②
液体

思考

10 状態変化　次の(1)～(5)の記述に最も関連のある状態変化は何か。それぞれ名称を記せ。

(1)　氷を室温で放置しておくと，とけて水になった。

(2)　寒い戸外から暖かい部屋に入ると，眼鏡がくもった。

(3)　アイスクリームを入れた箱にあったドライアイスが小さくなっていた。

(4)　冷凍庫の製氷皿に水でぬれた指で触れると，指が氷にくっついた。

(5)　朝に干した洗濯物が，昼過ぎには乾いていた。

標準例題 1 元素と単体

関連問題➲ 15

次の文中の下線部の名称が,「元素」の意味で用いられているものを３つ選び，記号で記せ。

（ア） 水や塩化水素には水素が含まれる。
（イ） 水素と酸素を反応させると，水を生じる。
（ウ） 人間の血液中には，鉄が含まれている。
（エ） 負傷者が酸素吸入を受けながら，救急車で運ばれていった。
（オ） 地殻の約 46％は，酸素からできている。

解説 （ア） 水 H_2O は水素 H と酸素 O，塩化水素 HCl は水素 H と塩素 Cl からなる化合物である。下線部は物質を構成する成分としての水素を表しており，元素である。

（イ） 水は，$2H_2 + O_2 \longrightarrow 2H_2O$ の反応で，気体の水素 H_2 と酸素 O_2 から生じる。この水素は具体的な物質を表し，単体である。

（ウ） 血液には，鉄元素を含むヘモグロビンが含まれており，金属の鉄そのものが含まれるのではない。したがって，元素である。

（エ） 酸素吸入の酸素は，酸素 O_2 の気体を表し，単体である。

（オ） 地殻を構成する成分としての酸素を表しており，元素である。地殻中に気体の酸素 O_2 が 46％含まれているのではない。

解答 (ア), (ウ), (オ)

> **アドバイス**
> 元素と単体は同じ名称でよばれることが多く，注意が必要。
> **元素**…物質を構成する基本的な成分を表す。
> **単体**…実際に存在する具体的な性質をもつ物質を表す。
> 「気体の～」「金属の～」などを名称の前につけても意味が通じるなら単体。

標準問題

知識

11 物質の分類 次の **a**，**b** にあてはまるものを①～⑥のうちから１つずつ選べ。

a 純物質であるもの （15 センター追試）

① 石油 ② オリーブ油 ③ セメント ④ 炭酸水 ⑤ 空気 ⑥ ドライアイス

b 単体でないもの （15 センター本試 改）

① 黒鉛 ② 単斜硫黄 ③ 水銀 ④ 赤リン ⑤ オゾン ⑥ 水

思考 実験

12 蒸留装置 図の蒸留装置を用いて，塩化ナトリウム水溶液から蒸留水を得た。次の文中の下線部の記述が正しいものを１つ選べ。

① 温度計は，器具 A の液体の中に差しこむ方がよい。
② 沸騰石は，器具 A の中の液が急激に沸騰するように入れてある。
③ 器具 A の中に入れる液体の量は，半分以下が適当である。
④ 蒸留水を集めるときは，器具 B を密栓しなければならない。
⑤ 冷却器 C に入れる水は，上から下に向かって流す。

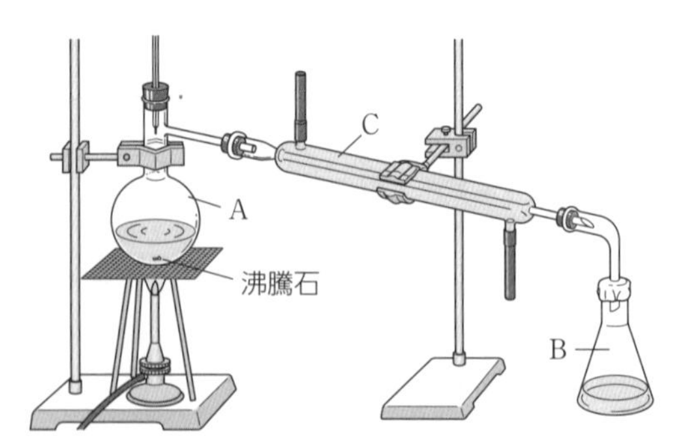

（15 中村学園大）

思考

13 身のまわりの化学 下線をつけた操作が，目的のための操作として誤りを含むものをすべて選べ。

① ガソリンを取り出すために，原油をろ紙でろ過した。
② コーヒーをいれるために，粉砕したコーヒー豆にお湯を注いで抽出した。
③ 洋服を害虫から守るために，タンスの中でナフタレンからできている防虫剤を昇華させた。
④ 純粋な水を取り出すために，海水を蒸留した。
⑤ 飲料水を冷やす氷をつくるために，水を分留した。 （20 駒沢大）

思考 実験

14 ヨウ素の分離 無色のヨウ化カリウム水溶液にヨウ素を溶かすと，褐色の溶液となった。この溶液を図のガラス器具に入れ，水と溶けあわないヘキサン(密度 0.65 g/cm^3 の液体)を加えてよく振ったのち静置すると，上層が濃い赤紫色，下層が薄い褐色になった。ただし，この操作でヨウ化カリウムは水溶液から移動しない。

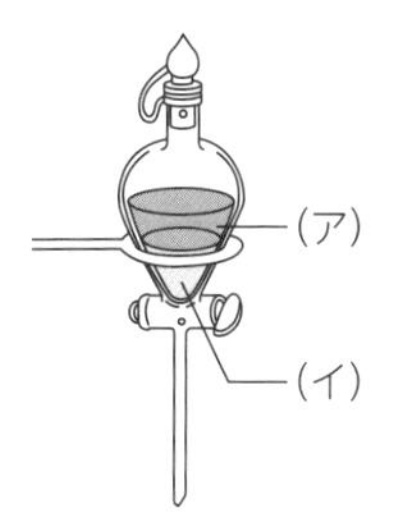

(1) この分離操作を何というか。また，このガラス器具の名称を記せ。
(2) ヘキサン層は，図中の(ア)，(イ)のいずれか。
(3) ヨウ素は，ヨウ化カリウム水溶液とヘキサンのどちらにより溶けやすいと言えるか。

思考

15 元素と単体 次の文中の下線部は，「元素」，「単体」のいずれの意味に用いられているか。

(1) 水を電気分解すると，水素と酸素に分解される。
(2) メタンは，水素と炭素を成分として含む化合物である。
(3) アルミニウムは，ボーキサイトから生成される。
(4) アンモニアは，窒素と水素を反応させてつくられる。
(5) カルシウムは，歯や骨に多く含まれる。 （15 長野保健医療大 改）

思考 実験

16 物質の構成元素 未知の物質 X に含まれる元素を調べるために次の実験を行った。物質 X に含まれる元素の組み合わせとして正しいものを，下の①～⑥から選べ。

実験 1 物質 X を水に加えてすべてを溶解した。この水溶液を，白金線につけてガスバーナーの外炎に入れたところ，赤紫色の炎になった。

実験 2 物質 X の水溶液に硝酸銀水溶液を加えると，白色沈殿を生じた。

① Li と C ② Li と H ③ K と H
④ K と Cl ⑤ Ca と Cl ⑥ Ca と C

知識 グラフ

17 状態変化 図は，1.013×10^5 Pa のもとで，氷を加熱したときの時間と温度の関係を示したものである。

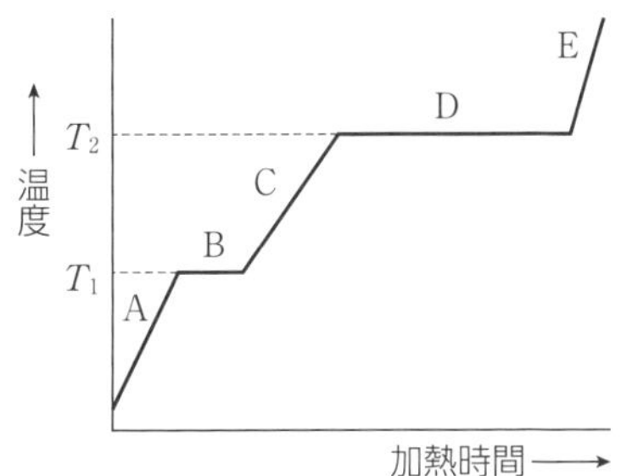

(1) A ～ E ではそれぞれどのような状態か。
（ア） 気体 （イ） 液体 （ウ） 固体
（エ） 固体と液体 （オ） 液体と気体
(2) T_1，T_2 の温度を何というか。また，それぞれ何℃か。
(3) B で起きている状態変化の名称を記せ。
(4) A ～ E の状態で，熱運動が最も激しいのはどれか。

第Ⅰ章　物質の構成

原子の構成と元素の周期表

Step1 / 2 / 3 / 4

1 原子の構成

1. 原子　物質を構成する最小の粒子。原子は電気的に中性。

例　ヘリウム原子のモデル

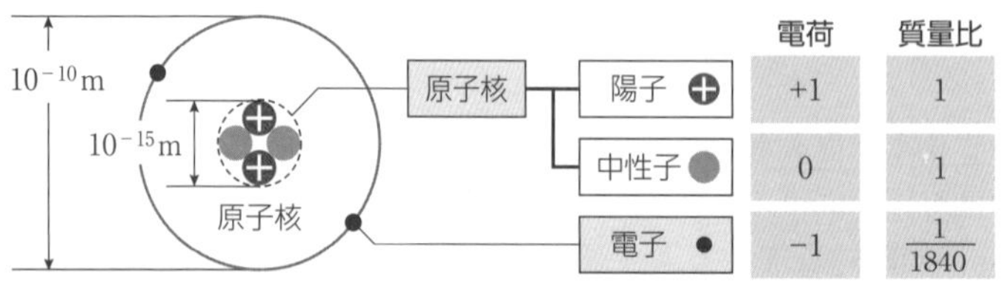

(a)　原子番号　原子のもつ陽子の数。元素ごとに決まっている。

(b)　質量数　陽子の数と中性子の数の和。

クローズアップ
原子には次の特徴がある。
①原子では陽子の数と電子の数が等しい。
②電子の質量はきわめて小さい。
③原子核の大きさは原子の約10万分の1。

2. 原子の構成表示　元素記号の左下に原子番号，左上に質量数を記す。

質量数＝陽子の数＋中性子の数
原子番号＝陽子の数＝電子の数

質量数……12
原子番号……6　$^{12}_{6}C$

中性子の数は **質量数−原子番号** で求められる。

注　元素ごとに原子番号は決まっているため，^{12}C のように原子番号を省略して示す場合もある。

3. 同位体(アイソトープ)　原子番号が同じで質量数(中性子の数)が異なる原子。化学的性質は，ほぼ同じ。天然に存在する同位体の原子数の比は一定である。

同位体	陽子の数	中性子の数	質量数	存在比〔%〕
$^{1}_{1}H$	1	0	1	99.9885
$^{2}_{1}H$	1	1	2	0.0115
$^{3}_{1}H$	1	2	3	極微量
$^{12}_{6}C$	6	6	12	98.93
$^{13}_{6}C$	6	7	13	1.07
$^{14}_{6}C$	6	8	14	極微量

フッ素 F，ナトリウム Na などは，天然に同位体が存在しない。

クローズアップ
字が似ているので，混同しないように注意しよう。
同位体…周期表で同じ位置にある原子
同素体…同じ元素からなる単体

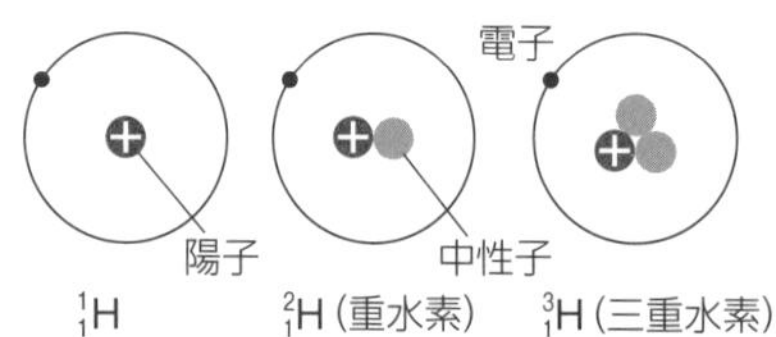

4. 放射性同位体(ラジオアイソトープ)　放射線を放出する同位体。原子核が不安定で，放射線を放出して他の元素の原子に変化する(壊変，崩壊)。壊変の仕方によって，放出される放射線の種類も異なる。

(a)　放射線　α線(ヘリウム原子核の流れ)，β線(電子 e^- の流れ)　γ線(電磁波の一種)などがある。

(b)　半減期　放射性同位体の量がもとの半分になるまでの時間。

例　^{14}C の半減期：5730 年… ^{14}C の量(数)が半分になるまでに5730 年かかる。

(c)　**放射性同位体の利用**　医療分野(がん治療，画像診断など)，品種改良，年代測定など。

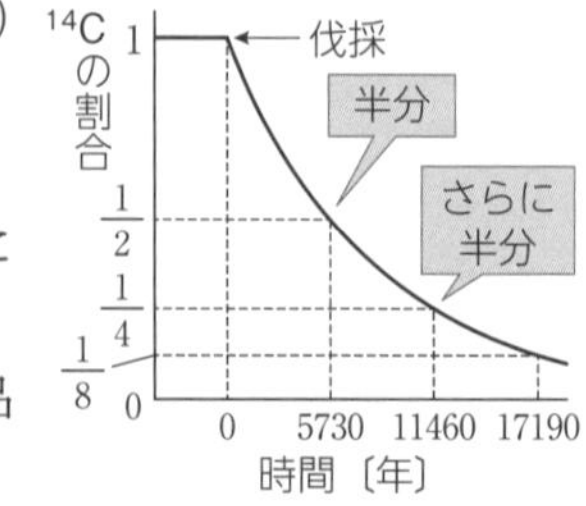

2 電子配置

1. 電子殻　電子は，いくつかの層状になった電子殻に存在。電子殻は原子核に近い順にK殻，L殻，M殻，…とよばれる。外側の電子殻にある電子ほどエネルギーが高い。

最大収容電子数＝ $2n^2$（内側から順に $n=1, 2, 3\cdots$）

最大収容電子数

大

エネルギー

小

N殻（$n=4$）　32

M殻（$n=3$）　18

L殻（$n=2$）　8

K殻（$n=1$）　2

ボーアモデル

2. 電子配置　電子殻への電子の配置のされ方。

(a)　閉殻　最大数の電子が収容されている電子殻。

(b)　最外殻電子　最も外側の電子殻に存在する電子。

(c)　$_{1}$H ～ $_{20}$Ca の電子配置：□は，貴ガス型電子配置（安定な電子配置）

	$_{1}$H	$_{2}$He	$_{3}$Li	$_{4}$Be	$_{5}$B	$_{6}$C	$_{7}$N	$_{8}$O	$_{9}$F	$_{10}$Ne	$_{11}$Na	$_{12}$Mg	$_{13}$Al	$_{14}$Si	$_{15}$P	$_{16}$S	$_{17}$Cl	$_{18}$Ar	$_{19}$K	$_{20}$Ca
K殻	1	2	2	2	2	2	2	2	2	2	2	2	2	2	2	2	2	2	2	2
L殻			1	2	3	4	5	6	7	8	8	8	8	8	8	8	8	8	8	8
M殻											1	2	3	4	5	6	7	8	8	8
N殻																			1	2

(d)　電子配置の表し方

例　$_{8}$O

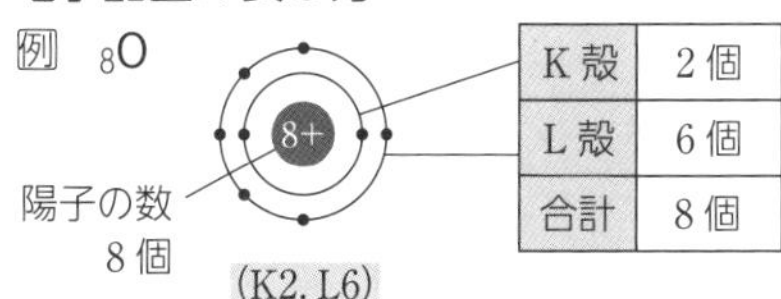

例　$_{17}$Cl

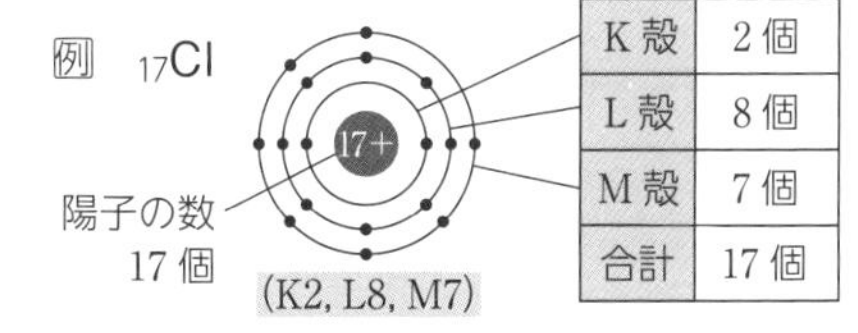

3. 価電子　原子が他の原子と結合するときに重要なはたらきをする電子。一般に，最外殻電子が価電子としてはたらく。価電子の数が等しい原子どうしは，化学的性質が似ている。

クローズアップ

典型元素では，価電子の数は族番号の1の位の数字に等しい（貴ガスを除く）。

周期＼族	1	2	13	14	15	16	17	18
1	$_{1}$H (1+)							$_{2}$He (2+)
2	$_{3}$Li (3+)	$_{4}$Be (4+)	$_{5}$B (5+)	$_{6}$C (6+)	$_{7}$N (7+)	$_{8}$O (8+)	$_{9}$F (9+)	$_{10}$Ne (10+)
3	$_{11}$Na (11+)	$_{12}$Mg (12+)	$_{13}$Al (13+)	$_{14}$Si (14+)	$_{15}$P (15+)	$_{16}$S (16+)	$_{17}$Cl (17+)	$_{18}$Ar (18+)
4	$_{19}$K (19+)	$_{20}$Ca (20+)						
価電子の数	1	2	3	4	5	6	7	0

貴ガス（He，Ne，Arなど）は安定な電子配置をとっており，他の原子と結合をつくりにくいため，価電子の数を0とする。

3 イオン

1. イオン　正または負の電荷を帯びた粒子。イオンには，正の電荷を帯びた陽イオンと，負の電荷を帯びた陰イオンがある。

2. イオンの生成　原子が電子を放出すると陽イオン，電子を受け取ると陰イオンになる。このとき，原子番号が最も近い貴ガス原子と同じ電子配置になることが多い。

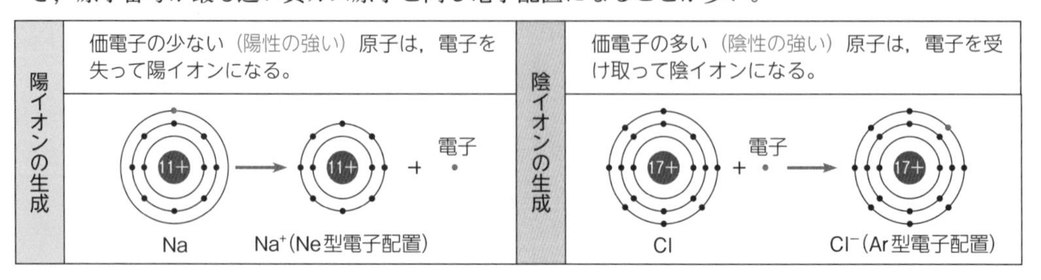

注　陽イオンは，もとの原子よりも小さく，陰イオンは，もとの原子よりも大きい。

3. イオンの表し方　構成元素を元素記号で示し，その右上に正または負の電荷とイオンの価数を添えた化学式で表す。

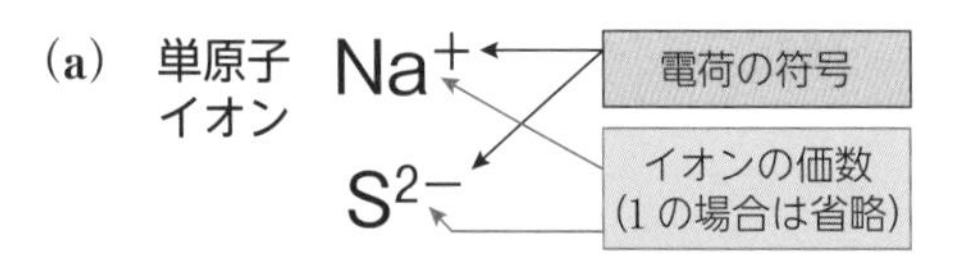

(b)　多原子イオン　$SO_4{}^{2-}$　原子の数（S原子1個　O原子4個）

4. イオンの例

価数	陽イオン	陰イオン
1価	ナトリウムイオン Na^{+}，カリウムイオン K^{+} オキソニウムイオン H_3O^{+}	フッ化物イオン F^{-}，塩化物イオン Cl^{-}， 水酸化物イオン OH^{-}，硝酸イオン $NO_3{}^{-}$
2価	マグネシウムイオン Mg^{2+}， カルシウムイオン Ca^{2+}，鉄(Ⅱ)イオン Fe^{2+}	酸化物イオン O^{2-}，硫化物イオン S^{2-}， 硫酸イオン $SO_4{}^{2-}$
3価	アルミニウムイオン Al^{3+}，鉄(Ⅲ)イオン Fe^{3+}	リン酸イオン $PO_4{}^{3-}$

・単原子イオン…原子1個からなるイオン　　・多原子イオン(表中の□)…原子2個以上からなるイオン

5. イオンの生成とエネルギー

(a)　第1イオン化エネルギー　気体状の原子から電子を1個取り去って1価の陽イオンにするのに必要なエネルギー。**第1イオン化エネルギー小 → 陽イオンになりやすい**

(b)　電子親和力　気体状の原子が電子を1個受け取って1価の陰イオンになるときに放出されるエネルギー。**電子親和力大 → 陰イオンになりやすい**

クローズアップ +α　イオンの大きさ

①同じ貴ガス型電子配置をとるイオンどうしでは，原子番号が大きい(原子核の正電荷が大きい)ほど，電子が原子核により強く引きつけられるため，イオン半径は小さい。

②同族元素では，原子番号が大きいほど，最外殻が外側の電子殻になるため，イオン半径は大きい。

16族	17族	18族	1族	2族
${}_{8}O^{2-}$	${}_{9}F^{-}$	${}_{10}Ne$	${}_{11}Na^{+}$	${}_{12}Mg^{2+}$
0.126 nm >	0.119 nm		0.116 nm >	0.086 nm
${}_{16}S^{2-}$	${}_{17}Cl^{-}$	${}_{18}Ar$	${}_{19}K^{+}$	${}_{20}Ca^{2+}$
0.170 nm >	0.167 nm		0.152 nm >	0.114 nm

4 元素の相互関係

1．元素の周期律　元素を原子番号の順に並べると，性質のよく似た元素が周期的に現れること。

(a)　**価電子の数**

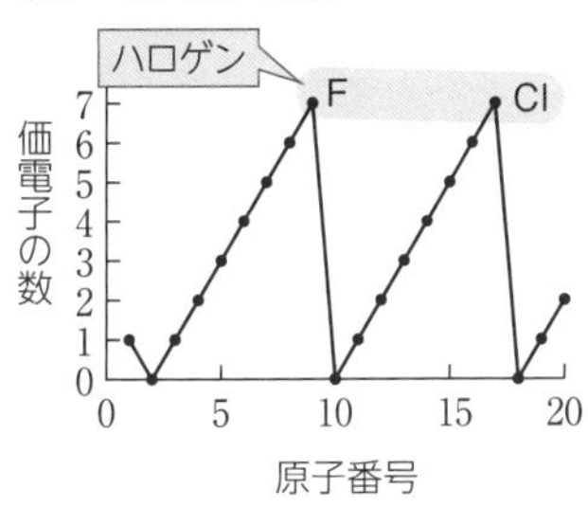

(b)　**第１イオン化エネルギー**

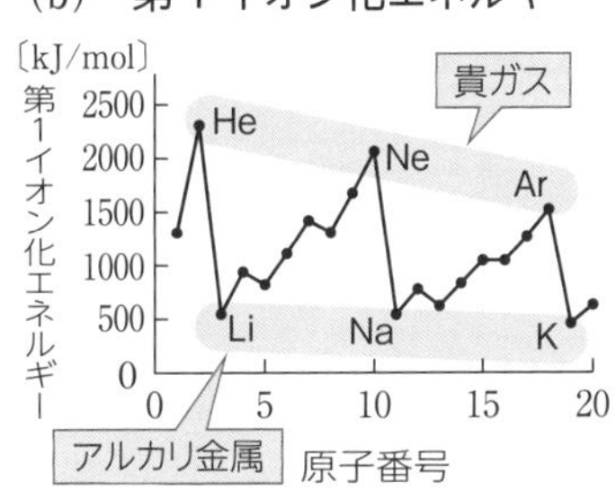

(c)　**原子半径**

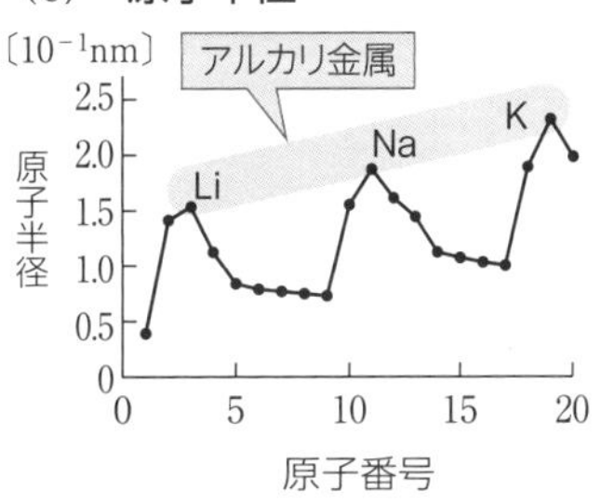

2．元素の周期表　元素の周期律にもとづいて，元素を分類した表。

(a)　族　周期表の縦の列。1 ～ 18 族までであり，同じ族に属する元素(同族元素)は互いに化学的性質が似ている。

(b)　周期　周期表の横の行。第 1 ～ 7 周期までである。

クローズアップ

同じ周期に属する元素の原子では，同じ電子殻が最外殻になっている。

例　第 1 周期…K 殻

　　第 2 周期…L 殻

典型元素（1～2族）　遷移元素（3～12族）　典型元素（13～18族）

■ 非金属元素　□ 金属元素

周期＼族	1	2	3	4	5	6	7	8	9	10	11	12	13	14	15	16	17	18
1	H																	He
2	Li	Be											B	C	N	O	F	Ne
3	Na	Mg											Al	Si	P	S	Cl	Ar
4	K	Ca	Sc	Ti	V	Cr	Mn	Fe	Co	Ni	Cu	Zn	Ga	Ge	As	Se	Br	Kr
5	Rb	Sr	Y	Zr	Nb	Mo	Tc	Ru	Rh	Pd	Ag	Cd	In	Sn	Sb	Te	I	Xe
6	Cs	Ba	La～Lu	Hf	Ta	W	Re	Os	Ir	Pt	Au	Hg	Tl	Pb	Bi	Po	At	Rn
7	Fr	Ra	Ac～Lr	Rf	Db	Sg	Bh	Hs	Mt	Ds	Rg	Cn	Nh	Fl	Mc	Lv	Ts	Og

アルカリ金属（1族，H を除く）　アルカリ土類金属（2族）　ハロゲン（17族）　貴ガス（18族）

3．金属元素と非金属元素

(a)　金属元素　単体は金属で，陽イオンになりやすい(**陽性が強い**)。

(b)　非金属元素　単体は分子からなるものが多い。16, 17 族の原子は陰イオンになりやすい(**陰性が強い**)。

クローズアップ

周期表の左下にあるものほど陽性が強く，右上にあるものほど陰性が強い(貴ガスを除く)。

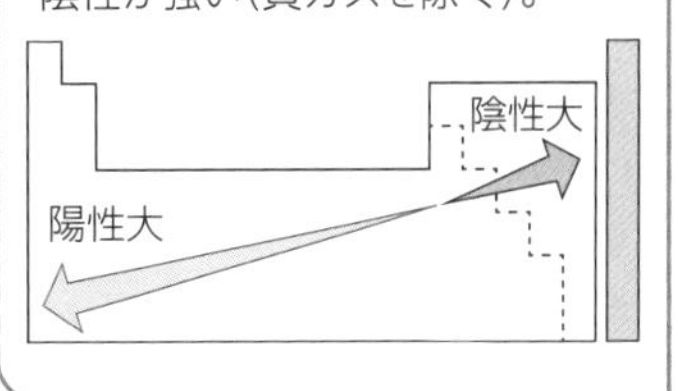

4．典型元素と遷移元素

(a)　典型元素　1，2 族および 13 ～ 18 族の元素。同族元素では原子の価電子の数が等しく，互いに性質が類似している。典型元素には，金属元素と非金属元素の両方がある。

(b)　遷移元素　第 4 周期以降の 3 ～ 12 族の元素。最外殻電子の数が 1 ～ 2 個のものが多く，同じ周期のとなり合う元素どうしの性質が似ている。遷移元素はすべて金属元素である。

Check 次の文中の(　　　)に適切な語句，数字を入れよ。

1. 原子は，中心にある(　ア　)と負電荷をもつ(　イ　)からできている。(ア)には，正電荷をもつ陽子と電荷をもたない(　ウ　)が存在する。

2. 原子番号は，原子核に含まれる(　エ　)の数を表している。(エ)の数と中性子の数の和を(　オ　)という。

3. 原子番号は同じであるが，質量数が異なる原子どうしを互いに(　カ　)という。(カ)のうち，α線やβ線などの(　キ　)を放出して，他の原子に変化するものを(　ク　)という。

4. 電子はいくつかの層に分かれて存在する。この層を(　ケ　)といい，原子核に近いものから順に(　コ　)殻，(　サ　)殻，…とよばれる。

5. 原子が他の原子と結合するときに重要なはたらきをする電子を(　シ　)という。貴ガスの場合，(シ)の数を(　ス　)とみなす。

6. 原子が電子を失うと，正の電荷を帯びた(　セ　)イオンを生じる。一方，電子を受け取ると負の電荷を帯びた(　ソ　)イオンを生じる。

7. Na^+のような原子1個からなるイオンを(　タ　)イオン，OH^-のような2個以上の原子の集まりからなるイオンを(　チ　)イオンという。

8. 気体状の原子から電子を1個取り去って，1価の陽イオンにするために必要なエネルギーを(　ツ　)という。一方，気体状の原子が電子を1個受け取って，1価の陰イオンになるときに放出するエネルギーを(　テ　)という。

9. 元素は，典型元素と(　ト　)元素，金属元素と非金属元素などに分類される。典型元素には金属元素と非金属元素とがあるが，(ト)元素はすべて(　ナ　)元素である。

10. 元素を(　ニ　)の順に並べると，性質の似た元素が周期的に表れる。これを元素の(　ヌ　)という。(ヌ)にもとづいて，性質の似た元素が縦の列に並ぶように配列した表を，元素の周期表という。

11. 元素の周期表は1族～(　ネ　)族，第1周期～第7周期で構成されており，水素を除く1族元素は(　ノ　)，17族元素は(　ハ　)，18族元素は貴ガスとよばれる。

---

1 (ア) 原子核　(イ) 電子　(ウ) 中性子

2 (エ) 陽子　(オ) 質量数

3 (カ) 同位体　(キ) 放射線　(ク) 放射性同位体(ラジオアイソトープ)

4 (ケ) 電子殻　(コ) K　(サ) L

5 (シ) 価電子　(ス) 0

6 (セ) 陽　(ソ) 陰

7 (タ) 単原子　(チ) 多原子

8 (ツ) 第1イオン化エネルギー(イオン化エネルギー)　(テ) 電子親和力

9 (ト) 遷移　(ナ) 金属

10 (ニ) 原子番号　(ヌ) 周期律

11 (ネ) 18　(ノ) アルカリ金属　(ハ) ハロゲン

ドリル

1 元素の周期表 水素の例にならって，下の周期表の空欄に元素記号と元素名を記せ。

周期＼族	1	2	13	14	15	16	17	18
1	H 水素							
2								
3								
4								

2 元素 次の元素名を元素記号で，元素記号を元素名で記せ。

(1) 鉄　(2) 銅　(3) 亜鉛　(4) Ag　(5) Ba　(6) I

3 電子配置 次の表は，各原子の電子配置を示したものである。(ア)～(コ)の電子の数を記せ。

➡まとめ 2 －2

原子	H	He	Li	Be	B	C	N	O	F	Ne	Na	Mg	Al
K 殻	1	2	2	2	2	2	2	2	2	2	2	2	2
L 殻			1	(ア)	(イ)	(ウ)	(エ)	(オ)	(カ)	(キ)	8	8	8
M 殻											(ク)	(ケ)	(コ)

4 電子配置と価電子 次の電子配置をもつ各原子の名称と価電子の数を記せ。

➡まとめ 2 －3

(ア)
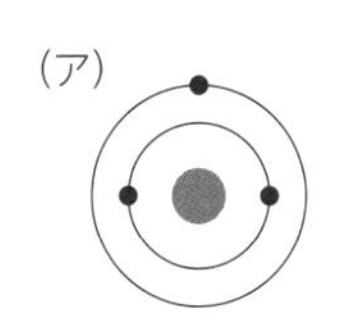
(イ)
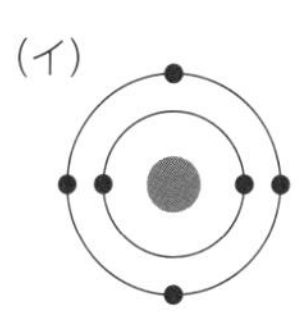
(ウ)
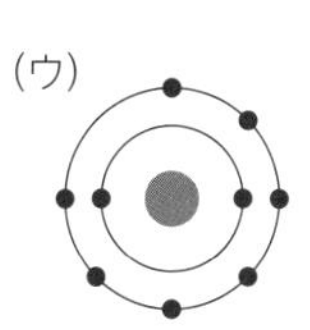
(エ)
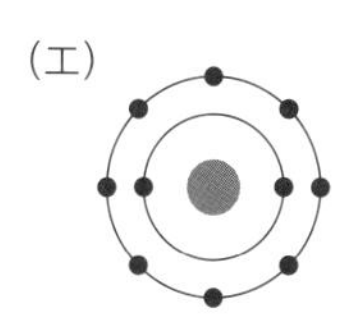
(オ)
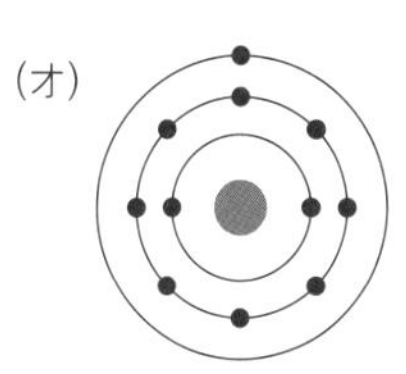

5 イオンの化学式 次のイオンを化学式で表せ。

➡まとめ 3 －3

(1) 水素イオン　(2) リチウムイオン　(3) 酸化物イオン
(4) フッ化物イオン　(5) アルミニウムイオン　(6) 亜鉛イオン
(7) 銅(Ⅱ)イオン　(8) 銀イオン　(9) 水酸化物イオン
(10) 硝酸イオン　(11) アンモニウムイオン　(12) リン酸イオン

6 イオンの名称 次の化学式で表されたイオンの名称を記せ。

➡まとめ 3 －3
陽イオンの名称は「元素名」＋「イオン」とする。陰イオンの名称は，元素名の語尾を「～化物イオン」に変える

(1) Na^{+}　(2) Mg^{2+}　(3) Ca^{2+}　(4) Cl^{-}
(5) Br^{-}　(6) S^{2-}　(7) Fe^{2+}　(8) Fe^{3+}
(9) H_3O^{+}　(10) HCO_3^{-}　(11) CH_3COO^{-}　(12) SO_4^{2-}

基本例題 3 原子の構成

関連問題➡ 20

次の原子について，下の各問いに答えよ。

(ア) $^{14}_{6}C$ (イ) $^{16}_{8}O$ (ウ) $^{23}_{11}Na$ (エ) $^{32}_{16}S$

(1) 原子核中の中性子の数が等しい原子はどれとどれか。記号で答えよ。

(2) 最外殻がM殻である原子をすべて選び，記号で答えよ。

(3) 価電子の数が最も少ない原子はどれか。記号で答えよ。

解説 $^{A}_{Z}M$ で表される原子の構成は，次のような関係がある。

A…質量数＝陽子の数＋中性子の数

Z…原子番号＝陽子の数＝電子の数

(1) 中性子の数＝質量数－陽子の数(原子番号)

$^{14}_{6}C$ の中性子の数＝14－6＝8 $^{16}_{8}O$ の中性子の数＝16－8＝8

$^{23}_{11}Na$ の中性子の数＝23－11＝12 $^{32}_{16}S$ の中性子の数＝32－16＝16

(2) (ア)～(エ)の電子配置は，次のようになる。

(ア) K2，L4 (イ) K2，L6

(ウ) K2，L8，M1 (エ) K2，L8，M6

(3) 貴ガス以外の典型元素の原子では，最外殻電子の数と価電子の数は等しい。C，O，Na，S の価電子の数はそれぞれ 4，6，1，6 である。

解答 (1) **(ア)と(イ)** (2) **(ウ)と(エ)** (3) **(ウ)**

アドバイス

(1) 質量数＝陽子の数(原子番号)＋中性子の数

(2) 原子の電子殻は内側から K 殻，L 殻，M 殻 … である。各電子殻には最大で 2 個，8 個，18 個…の電子が入る。

(3) 一般に，原子の最外殻電子が価電子としてはたらく。18 族の原子の価電子の数は 0 である。

基本問題

知識

18 原子の構成 次の文中の(　　)に適切な語句，数値を入れよ。

原子は，直径が約 10^{-10}m の球状の粒子で，その中心には直径約 10^{-15}m の(　ア　)がある。原子の大きさは，(ア)の大きさの約(　イ　)倍である。(ア)は，正の電荷をもつ(　ウ　)と電荷をもたない(　エ　)からできており，その周囲には負の電荷をもつ(　オ　)が存在する。(ウ)の数は元素ごとに決まっており，(　カ　)という。また，(ウ)の数と(エ)の数の和を(　キ　)という。

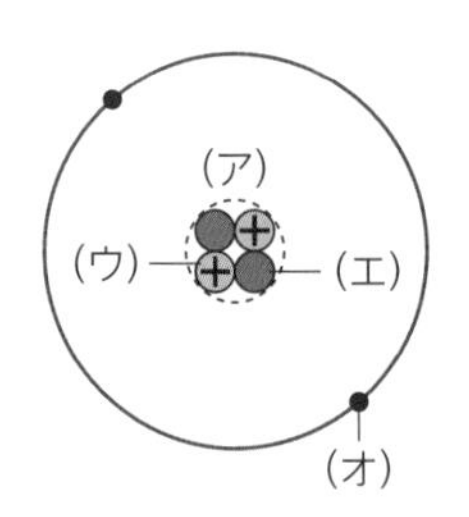

知識

19 原子 次の(ア)～(オ)の記述のうち，正しいものを1つ選べ。

(ア) 陽子，中性子，電子の質量は，ほぼ等しい。

(イ) 原子核中の中性子の数が等しい原子どうしは，同じ元素の原子である。

(ウ) 水素原子の大きさは，陽子の大きさと同じである。

(エ) 原子の原子番号と陽子の数，および電子の数は等しい。

(オ) 陽子の数と電子の数の和を質量数という。

知識
20 原子の構成　次の表中の(ア)～(セ)に適切な記号や数値を入れ，表を完成せよ。

原子	原子番号	質量数	陽子の数	中性子の数	電子の数
$^{27}_{13}Al$	(ア)	(イ)	(ウ)	(エ)	(オ)
$^{35}_{17}Cl$	(カ)	(キ)	(ク)	(ケ)	(コ)
(サ)	3	7	(シ)	(ス)	(セ)

知識
21 同位体　次の(ア)～(オ)の記述のうち，**誤っているもの**を1つ選べ。
(ア)　同位体どうしでは，原子番号が同じである。
(イ)　同位体どうしでは，原子核のまわりにある電子の数が異なっている。
(ウ)　同位体どうしでは，原子核中の中性子の数が異なっている。
(エ)　同位体どうしの化学的性質は，ほとんど同じである。
(オ)　^{2}H の質量は，^{1}H の質量のほぼ2倍である。

知識
22 原子の電子配置　次の図は，5種類の原子の電子配置を示したものである。

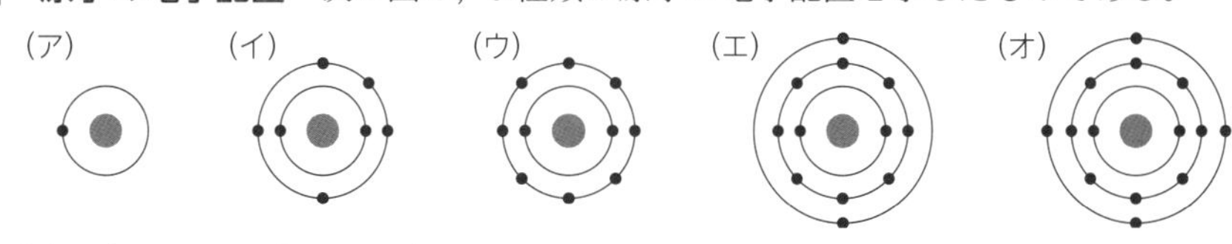

(1)　各原子を元素記号で表せ。
(2)　(イ)の原子の最外殻は何殻か。また，その電子殻にはあと何個の電子を収容できるか。
(3)　(ア)～(オ)の原子の価電子の数はそれぞれいくらか。
(4)　$_{8}O$ 原子について，その電子配置を図にならって示せ。

知識
23 イオンの生成　次の文中の(　　)に適当な語句，数字を入れよ。

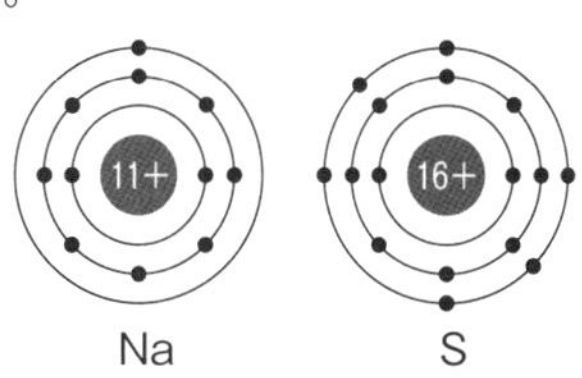

原子が電子を失うと(　ア　)イオン，受け取ると(　イ　)イオンとなる。例えば，ナトリウム原子 $_{11}Na$ は価電子を(　ウ　)個もち，それを失って(　エ　)価の(ア)イオンとなる。ナトリウムイオンの電子配置は，貴ガスの(　オ　)原子と同じである。一方，硫黄原子 $_{16}S$ は価電子を(　カ　)個もち，電子を(　キ　)個受け取って，(　ク　)価の(イ)イオンとなる。硫化物イオンの電子配置は，貴ガスの(　ケ　)原子と同じである。

知識
24 原子・イオンの電子配置　次の(ア)～(オ)は，原子の電子配置またはイオンの電子配置を示したものである。下の(1)～(4)に該当するものをすべて選び，記号で答えよ。

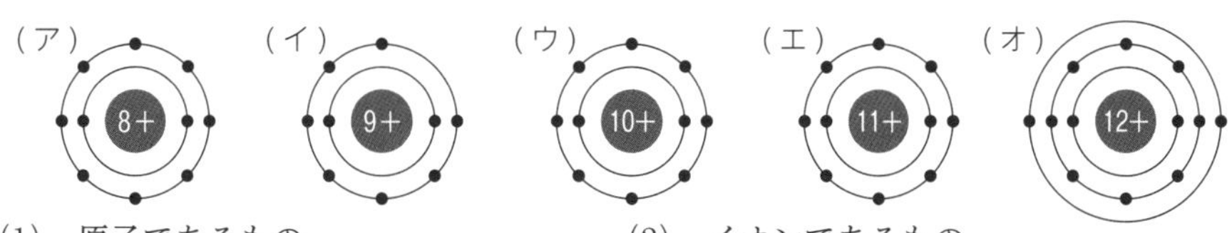

(1)　原子であるもの　　　　　　　(2)　イオンであるもの
(3)　1価の陰イオンになりやすい原子　　(4)　2価の陽イオンになりやすい原子

知識

25 単原子イオン　次の各イオンの名称を記せ。また，各イオンは，どの貴ガス原子と同じ電子配置となっているか。貴ガスの名称を示せ。

（ア）　Li^{+}　　（イ）　O^{2-}　　（ウ）　Mg^{2+}　　（エ）　Al^{3+}　　（オ）　Cl^{-}

知識

26 多原子イオン　次の各イオンの名称を記せ。また，(イ)および(カ)の多原子イオンに含まれる電子の総数を求めよ。

（ア）　NH_4^{+}　　（イ）　H_3O^{+}　　（ウ）　OH^{-}　　（エ）　NO_3^{-}

（オ）　CH_3COO^{-}　　（カ）　CO_3^{2-}　　（キ）　SO_4^{2-}　　（ク）　PO_4^{3-}

知識

27 イオンの生成とエネルギー　次の記述のうち，正しいものを(ア)～(オ)から２つ選べ。

（ア）　原子が電子１個を失うときに放出されるエネルギーを第１イオン化エネルギーという。

（イ）　イオン化エネルギーの値が大きい原子ほど，陽イオンになりやすい。

（ウ）　原子が電子１個を取り入れるときに放出されるエネルギーを，電子親和力という。

（エ）　電子親和力の値が小さい原子ほど，陰イオンになりやすい。

（オ）　周期表の同じ周期の中で，イオン化エネルギーが最も大きいものは貴ガス原子である。

知識

28 イオンの大きさ　O^{2-}，F^{-}，Na^{+}，Mg^{2+}の大きさ(数値はイオン半径)を図に示す。次の文中の(　　)に適当な語句，化学式を入れよ。

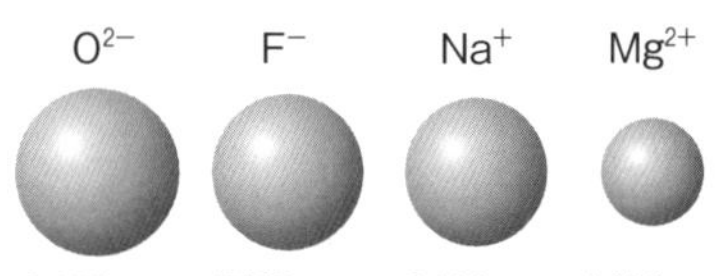

O^{2-}，F^{-}，Na^{+}，Mg^{2+}の各イオンは，貴ガス原子の(　ア　)と同じ電子配置になっている。これらのイオン半径が図のように小さくなるのは，原子番号が大きくなると(　イ　)の正電荷の量が増え，(　ウ　)がより強く(イ)に引きつけられるようになるためである。

また，同族元素のイオンであるNa^{+}とK^{+}では，周期の番号が大きくなるほど，より外側の(　エ　)に(ウ)が配置されるようになるため，(　オ　)のイオン半径の方が大きい。

知識

29 金属元素と非金属元素　次に示す元素のうち，金属元素であるものをすべて選び，元素記号で記せ。

リチウム　　ナトリウム　　炭素　　酸素　　フッ素

アルミニウム　　ケイ素　　硫黄　　カリウム　　アルゴン

知識

30 元素の周期表　図は，元素の周期表の概略図を示す。下の(1)～(6)の各元素群にあてはまる領域をすべて選び，(ア)～(キ)の記号で記せ。

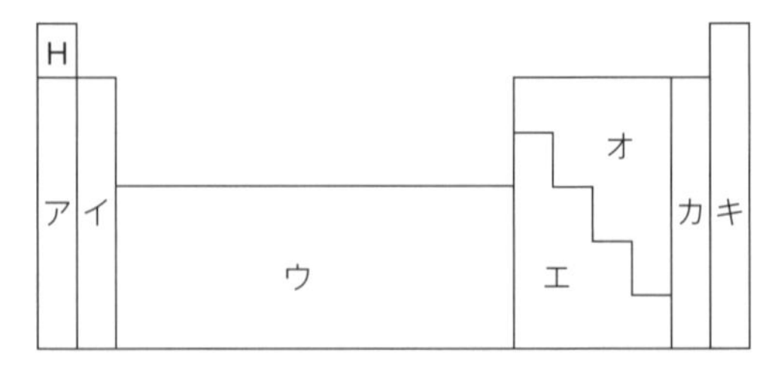

(1)　アルカリ金属

(2)　アルカリ土類金属

(3)　貴ガス　　(4)　ハロゲン

(5)　遷移元素　　(6)　金属元素

知識

31 周期表と元素の周期律 次の記述のうち，正しいものを(ア)～(オ)から２つ選べ。

(ア) 元素の周期表では，元素が原子の質量の順に並んでいる。
(イ) 周期表の同じ族では，下に位置する元素の原子ほど原子の大きさが大きい。
(ウ) 周期表の縦には，同位体が並んでいる。
(エ) 典型元素の原子の価電子の数は，周期表の族番号に等しい。
(オ) 遷移元素は，すべて金属元素である。

思考

32 周期表と原子の電子配置 次の表は，周期表の第１周期～第３周期の元素を示したものである。この周期表について，下の各問いに答えよ。

周期＼族	1	2	13	14	15	16	17	18
1	H							He
2	Li	Be	(a)	C	N	(b)	F	Ne
3	Na	(c)	Al	Si	(d)	S	Cl	(e)

(1) (a)～(e)にあてはまる元素記号を記せ。
(2) 次の(ア)～(オ)にあてはまる元素をすべて選び，元素記号で答えよ。
　(ア) 原子番号が 10 である。　(イ) 価電子を４個もつ。　(ウ) アルカリ金属。
　(エ) 第３周期の元素のうち，最も第１イオン化エネルギーが小さい。
　(オ) 第２周期の元素のうち，最も電子親和力が大きい。

1　2　3　Step4

標準例題 2　元素の周期表

関連問題➡ 41

表は，元素の周期表の一部であり，各元素はア～タの記号で記してある。この周期表について，次の各問いに答えよ。

周期＼族	1	2	13	14	15	16	17	18
2	ア	イ	ウ	エ	オ	カ	キ	ク
3	ケ	コ	サ	シ	ス	セ	ソ	タ

(1) イ，エ，カ，サを元素記号で表せ。
(2) M 殻に価電子を５個もつ元素を，元素記号で表せ。
(3) 第２周期で最も陰性の強い元素を，元素記号で表せ。
(4) ケ～ソの原子の半径を比べたとき，最も大きいものはどれか。元素記号で答えよ。

解説 (2) 価電子が M 殻にある元素は第３周期にある。貴ガスを除く典型元素の原子の価電子の数は，族番号の一位の数に一致する。第３周期，15 族の元素を選ぶ。
(3) 同周期の元素では，17 族元素の陰性が最も強い。
(4) 各原子の最外殻電子は，いずれも M 殻にあるので，陽子の数が最も少ない１族の原子の原子半径が最も大きい。

解答 (1) イ：Be　エ：C　カ：O　サ：Al
(2) P　(3) F　(4) Na

アドバイス
(3) 18 族を除き，周期表の右上にある元素ほど陰性が大きい。
(4) 価電子が同じ電子殻にあるとき，原子核の正電荷が小さい原子ほど電子を引きつける力が弱い。

知識

33 **原子の構造**　次の(ア)～(オ)の記述のうち，正しいものを１つ選べ。

(ア)　電子殻に入る電子の最大数は，K殻が２個，L殻が８個，M殻が８個である。
(イ)　電子は原則として原子核から遠い電子殻から順に入っていく。
(ウ)　最外殻が最大数の電子で満たされた原子は不安定である。
(エ)　ヘリウム原子とネオン原子の最外殻電子の数は等しい。
(オ)　価電子の数が同じ原子は，化学的性質が似ている。　(20　昭和大　改)

思考

34 **同位体**　天然の酸素原子には $^{16}_{8}O$，$^{17}_{8}O$，$^{18}_{8}O$ がある。次の各問いに答えよ。

(1)　これらの原子の関係を互いに何というか。
(2)　$^{16}_{8}O$，$^{17}_{8}O$，$^{18}_{8}O$ について，陽子の数，中性子の数，電子の数をそれぞれ求めよ。
(3)　これらの３種類の酸素原子を組み合わせると，何種類の酸素分子 O_2 ができるか。

思考

35 **放射性同位体**　放射性同位体に関する記述として，**誤りを含むもの**を次の(ア)～(オ)のうちから１つ選べ。

(ア)　不安定な原子核が，放射線を放出しながら他の原子に変化することを壊変という。
(イ)　放射性同位体は天然には存在せず，すべて人工的につくられている。
(ウ)　放射線は，高エネルギーの粒子や電磁波であり，α 線，β 線，γ 線などの種類がある。
(エ)　壊変によって，放射性同位体の量がもとの半分になるまでの時間を半減期という。
(オ)　放射性同位体は，医療や遺跡の年代測定などに利用されている。

思考　グラフ

36 **年代測定**　$^{14}_{6}C$ の半減期は5730年である。ある遺跡から発掘された木片に含まれる $^{14}_{6}C$ の同位体存在比が大気中の存在比の $\frac{1}{8}$ であった場合，この木片は何年前のものと推定されるか。ただし大気中の $^{14}_{6}C$ の存在比は，過去から変わっていないものとする。

(20　十文字学園女子大　改)

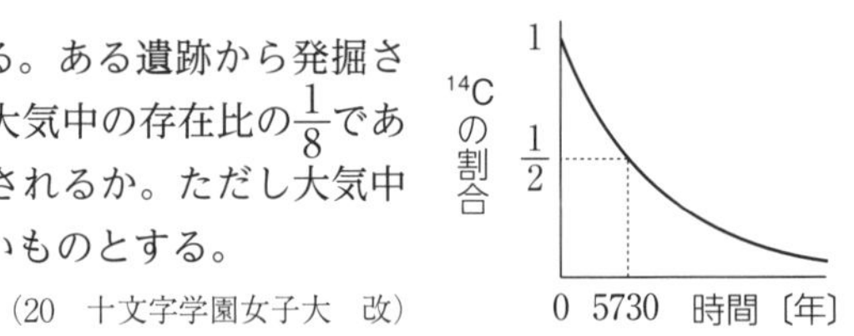

知識

37 **原子の電子配置**　次の(a)～(e)の図は，それぞれある元素の原子の電子配置を示したものである。これらに関する下の文の(　　)にあてはまる(a)～(e)の記号または数値を記せ。

(a)
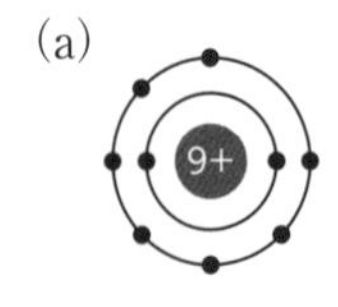

(b)
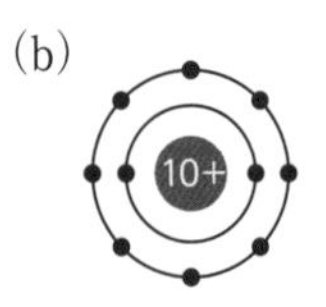

(c)
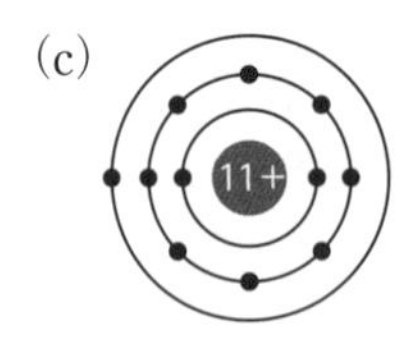

(d)
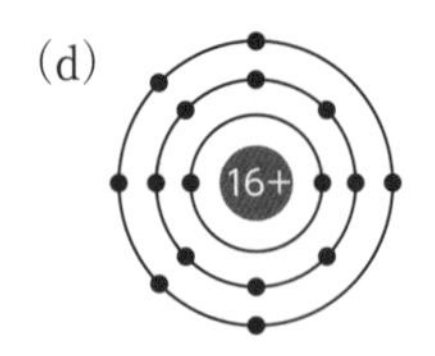

(e)
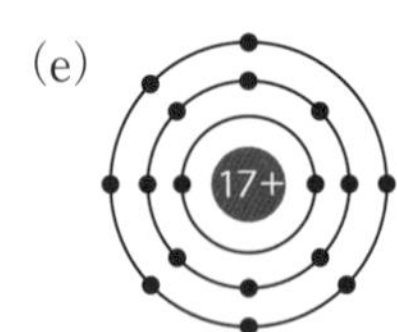

(1)　金属元素は(　ア　)種類あり，単体が常温常圧で気体のものは(　イ　)種類ある。
(2)　１価の陽イオンになりやすいものは(　ウ　)であり，２価の陰イオンになりやすいものは(　エ　)である。
(3)　マグネシウムイオン Mg^{2+} と同じ電子配置をもつものは(　オ　)である。

思考

38 原子の電子配置

表は，原子(ア)～(ク)の電子配置を示している。次の(1)～(7)にあてはまる原子を，表からすべて選び，(ア)～(ク)の記号で記せ。

(1) 陽子の数が6個である原子
(2) 価電子の数が最も多い原子
(3) 最も陽イオンになりやすい原子
(4) 貴ガス原子
(5) 互いに同族元素の原子
(6) 周期表の14族に属する原子
(7) 単体が金属である原子

原子	(ア)	(イ)	(ウ)	(エ)	(オ)	(カ)	(キ)	(ク)
K殻	2	2	2	2	2	2	2	2
L殻	4	5	6	7	8	8	8	8
M殻					1	2	6	8

(13 広島国際大 改)

思考 グラフ

39 元素の周期律

図は，原子番号1～20までの原子と，その第1イオン化エネルギーの関係を示したものである。次の各問いに答えよ。

(1) 図中のa～c，x～zの元素を元素記号で記せ。
(2) a，b，cの元素を含む元素群の名称を下の(ア)～(エ)から選び，記号で答えよ。
(3) x，y，zの元素を含む元素群の名称を下の(ア)～(エ)から選び，記号で答えよ。

(ア) アルカリ金属　(イ) ハロゲン
(ウ) アルカリ土類金属　(エ) 貴ガス

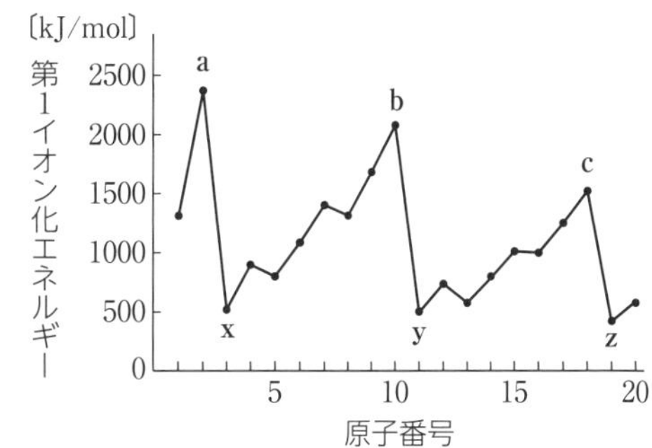

思考

40 原子の構成と周期表

次の原子について，下の各問いに(ア)～(カ)の記号で答えよ。

(ア) $^{7}_{3}\mathrm{Li}$　(イ) $^{12}_{6}\mathrm{C}$　(ウ) $^{16}_{8}\mathrm{O}$　(エ) $^{19}_{9}\mathrm{F}$　(オ) $^{20}_{10}\mathrm{Ne}$　(カ) $^{23}_{11}\mathrm{Na}$

(1) 原子核中の中性子の数が等しい原子はどれとどれか。
(2) 価電子の数が等しい原子はどれとどれか。
(3) 最外殻電子がL殻に4個ある原子を選べ。
(4) 第3周期に属する原子を選べ。
(5) 17族に属する原子を選べ。
(6) アルカリ金属元素の原子をすべて選べ。

思考

41 元素の周期表

次の表は周期表の一部である。この表に記載されている元素について，下の各問いに元素記号で答えよ。

周期＼族	1	2	13	14	15	16	17	18
2	Li	Be	B	C	N	O	F	Ne
3	Na	Mg	Al	Si	P	S	Cl	Ar

(1) 第1イオン化エネルギーが最大と最小の元素をそれぞれ選べ。ただし，18族は除く。
(2) 常温・常圧で単体が気体の元素をすべて選べ。
(3) M殻に5個の電子をもつ元素を選べ。
(4) 最も陰性の強い元素を選べ。

(15 工学院大 改)

3 化学結合

Step1 2 3 4

1 イオン結合とイオン結晶

1. イオン結合　陽イオンと陰イオンとの静電気力(クーロン力)による結合。金属元素の原子と非金属元素の原子との間に生じやすい。

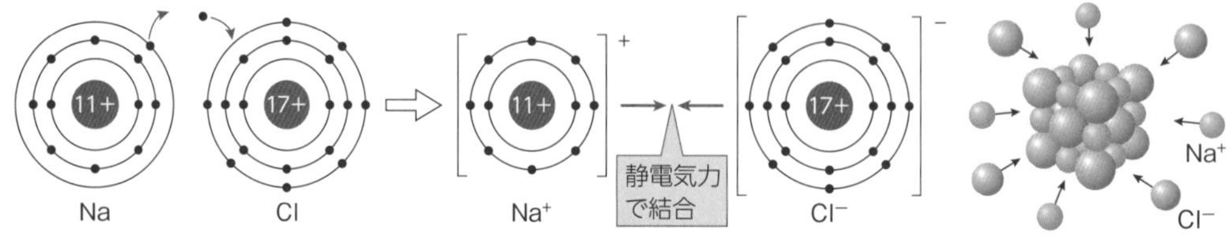

2. 組成式　構成粒子の種類と数を，最も簡単な整数比で表した式。

陽イオンの価数×陽イオンの数＝陰イオンの価数×陰イオンの数
（左辺：正電荷の総量　右辺：負電荷の総量）

	つくり方 ＼ 構成イオン	Na^+ と O^{2-}		Al^{3+} と OH^-	
①	陽イオンの化学式を前，陰イオンの化学式を後に書く。	Na^+ 陽イオン 1価	O^{2-} 陰イオン 2価	Al^{3+} 陽イオン 3価	OH^- 陰イオン 1価
②	正と負の電荷が等しくなるように，陽イオンと陰イオンの最も簡単な整数比を考える。	陽イオンの価数×その数(x)＝陰イオンの価数×その数(y)			
		$1\times x=2\times y$ $x:y=2:1$		$3\times x=1\times y$ $x:y=1:3$	
③	陽イオンと陰イオンの電荷を除き，②で求めた比の数を，化学式の右下に記す。	Na_2O_1		Al_1OH_3	
④	1を省略し，多原子イオンが2個以上ある場合は( )で囲む。	Na_2O 組成式		$Al(OH)_3$ 組成式	
名称	名称は陰イオン，陽イオンの順に示す。このとき「～イオン」,「～物イオン」を省略する。	酸化物~~イオン~~ ナトリウム~~イオン~~ →酸化ナトリウム		水酸化物~~イオン~~ アルミニウム~~イオン~~ →水酸化アルミニウム	

3. イオン結晶　多数の陽イオンと陰イオンが，イオン結合によって結合しながら，規則正しく配列した結晶。

性質　①かたいが，割れやすい。へき開する場合がある。
②融点が高い。
③固体は電気を導かないが，融解液や水溶液は電気を導く。
④水に溶けやすいものが多い。

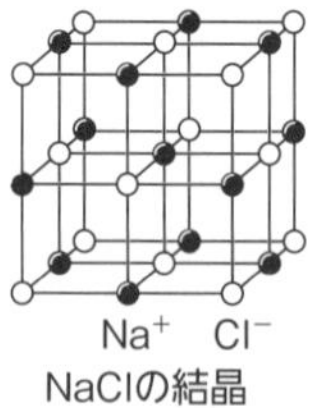

NaClの結晶

CsClの結晶

4. 電解質と非電解質　水溶液中などで，陽イオンと陰イオンにわかれる現象を電離という。

(a)　電解質…水溶液中で，電離する物質
　例　塩化ナトリウム NaCl

(b)　非電解質…水溶液中で，電離しない物質
　例　エタノール C_2H_5OH

クローズアップ +α　イオン結晶の融点
イオン結晶における陽イオンと陰イオンの並び方が同じである場合，結晶の融点は陽イオンと陰イオンの電荷の積の絶対値が大きいほど，両イオンの中心距離が小さいほど高くなる。

2 共有結合

1. 共有結合　原子が互いの価電子を共有する結合。非金属元素の原子間に生じやすい。

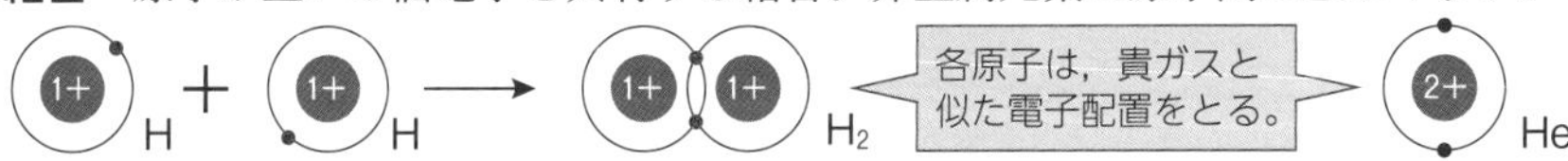

2. 分子　原子の共有結合で生じた粒子。分子式を用いて表す。

・二原子分子…2 個の原子からなる　例　H_2

・多原子分子…3 個以上の原子からなる　例　H_2O

注　He や Ne などの貴ガスは，原子 1 個で分子のようにふるまうので，単原子分子に分類される。

3. 電子式　元素記号のまわりに，最外殻電子を点(●)で示した式。

4. 分子の電子式　各原子が不対電子を出し合って共有電子対をつくり，共有結合が形成される。1 組の共有電子対による結合を単結合，2 組のものを二重結合，3 組のものを三重結合という。

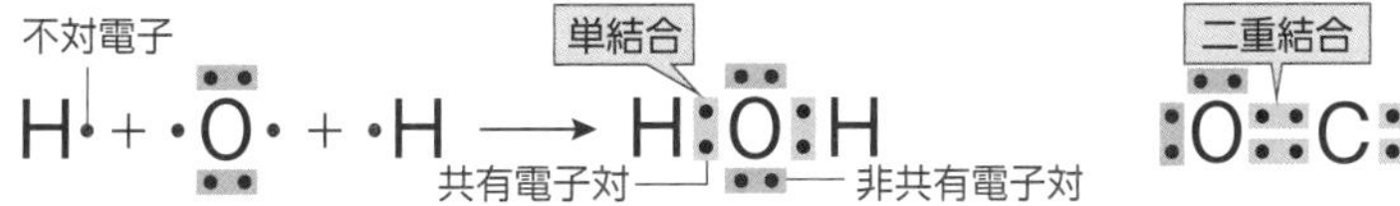

5. 構造式　1 組の共有電子対を 1 本の線(価標)で表した式。構造式において，1 つの原子から出る線の数を原子価という。原子価は，各原子がもつ不対電子の数に相当する。

電子式	H・	・Cl・	・O・	・N・	・C・
価標	H−	Cl−	−O−	−N−	−C−
原子価	1	1	2	3	4

例　H−H，H−O−H，O=C=O，N≡N

6. 分子の形状　分子は固有の形状をしている。

分子	塩化水素 HCl	水 H_2O	アンモニア NH_3	メタン CH_4	二酸化炭素 CO_2	窒素 N_2
電子式	H:Cl:（共有電子対）	H:O:H	H:N:H / H	H / H:C:H / H	:O::C::O:	:N⋮N:
構造式	H−Cl（単結合）	H−O−H	H−N−H / H	H / H−C−H / H	O=C=O（二重結合）	N≡N（三重結合）
分子の形	直線形	折れ線形	三角錐形	正四面体形	直線形	直線形

7. 配位結合と錯イオン

(a)　配位結合…一方の原子から供与された非共有電子対が共有されて生じる共有結合。

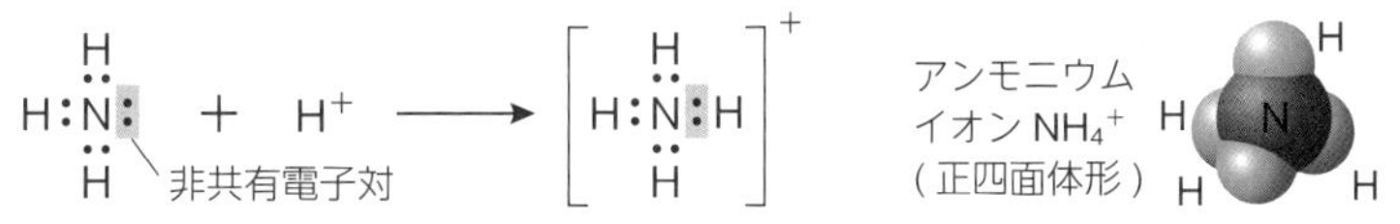

(b)　錯イオン…非共有電子対をもつ分子やイオンが，金属イオンと配位結合を形成して生じるイオン。金属イオンと配位結合を形成する分子やイオンを配位子という。

例　$[Cu(NH_3)_4]^{2+}$　テトラアンミン銅(II)イオン…金属イオン：Cu^{2+}，配位子：NH_3

配位子の名称　NH_3：アンミン，H_2O：アクア，OH^-：ヒドロキシド，CN^-：シアニド

8. 分子の極性

(a) 電気陰性度…原子が共有電子対を引き寄せる強さの尺度。周期表右上の元素ほど大きい。

例 F 4.0 > O 3.4 > Cl 3.2 > N 3.0 > C 2.6 > H 2.2 > Na 0.9

(b) 結合の極性…共有結合では，電気陰性度の大きい原子の方へ共有電子対が引き寄せられ，電気的なかたよりを生じる(結合の極性)。電気陰性度の大きい原子がやや負，もう一方の原子がやや正の電荷を帯びる。

例 $\overset{\delta-}{O}$—$\overset{\delta+}{H}$ $\overset{\delta-}{N}$—$\overset{\delta+}{H}$ $\overset{\delta-}{F}$—$\overset{\delta+}{H}$ $\overset{\delta-}{C}$—$\overset{\delta+}{H}$ $\overset{\delta+}{C}$—$\overset{\delta-}{O}$

共有電子対はClの方に引き寄せられている。
δ+ H δ− Cl
HCl

(c) 極性分子…結合の極性が打ち消し合わず,分子全体で極性を示す分子。

(d) 無極性分子…結合の極性が打ち消し合い，分子全体で極性を示さない分子。

●二原子分子の極性

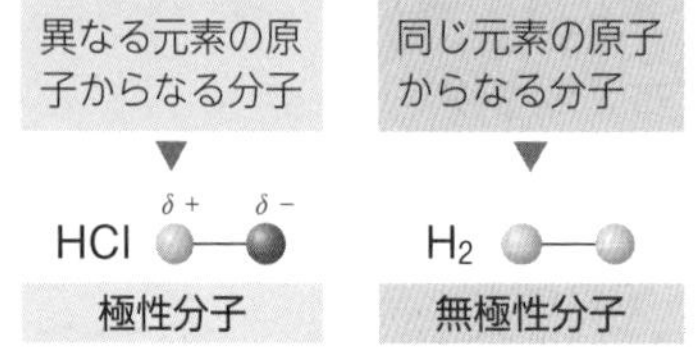

●多原子分子の極性 分子の形状を考慮する。

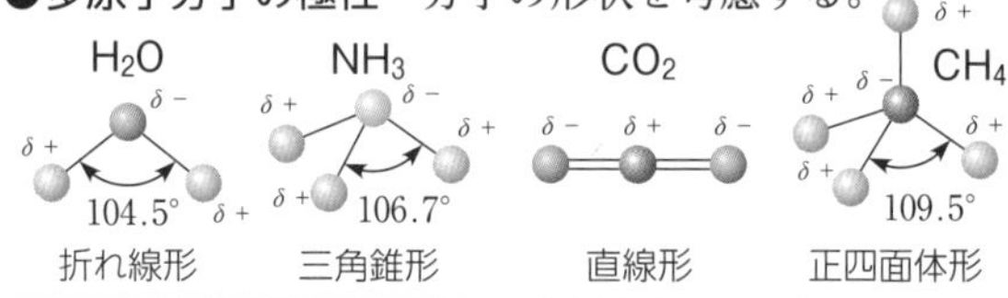

9. 極性と物質の溶解性

一般に，極性分子どうし，無極性分子どうしは混合しやすく，極性分子と無極性分子は混合しにくい。

液体 ＼ 溶かす物質	極性分子 イオン結晶	無極性分子
極性分子	溶けやすい	溶けにくい
無極性分子	溶けにくい	溶けやすい

10. 分子間力

分子間にはたらく力や相互作用の総称。分子間力は，イオン結合や共有結合と比べて，非常に弱い引力である。

クローズアップ +α 分子間力 発展

(a) ファンデルワールス力 すべての分子間にはたらく弱い引力。分子の質量(分子量)が大きいほど強い。

例 $F_2 < Cl_2 < Br_2 < I_2$

(b) 極性分子間にはたらく引力 極性分子間にはたらく弱い静電気的な引力。

(c) 水素結合 電気陰性度の大きい原子(F，O，N)間に水素原子が介在し，静電気的な引力によって生じる結合。
H−F，H−O，H−N 結合を含む分子間にみられる。

例 HF，H_2O，NH_3 など

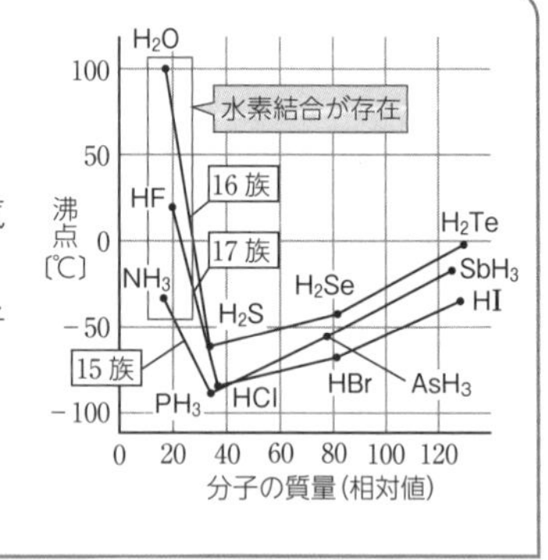

11. 分子結晶

多数の分子が弱い引力(分子間力)で集合し，規則的に配列してできた固体。

性質 ①やわらかく，くだけやすい。 ②融点の低いものが多い。
③昇華しやすいものがある(ドライアイス，ナフタレン，ヨウ素など)。
④電気を導かない。

12. 共有結合の結晶

すべての原子が共有結合によって規則的に配列した固体。

例 ダイヤモンド C，黒鉛 C，ケイ素 Si，二酸化ケイ素 SiO_2

性質 ①非常にかたい。 ②融点が高い。
③水に溶けない。 ④電気を導きにくい(黒鉛はよく導く)。

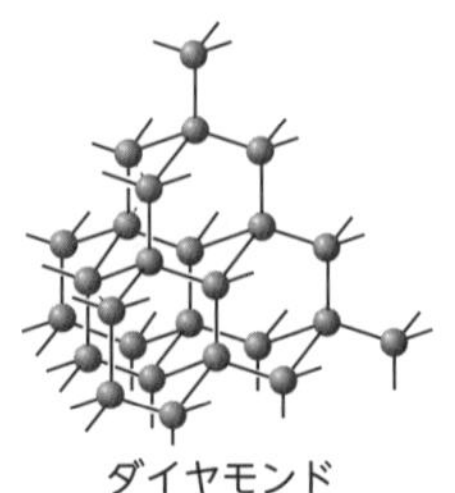
ダイヤモンド

3 金属結合

1. 金属結合　金属原子の価電子が自由電子として動き回り，金属原子どうしを結びつける結合。

2. 金属結晶　金属原子が金属結合によって規則的に配列してできた固体。

性質　①金属光沢を示す。　②電気や熱をよく導く。
③展性や延性に富む。④融点は低いものから高いものまである。
①～③の性質は，自由電子の作用による。

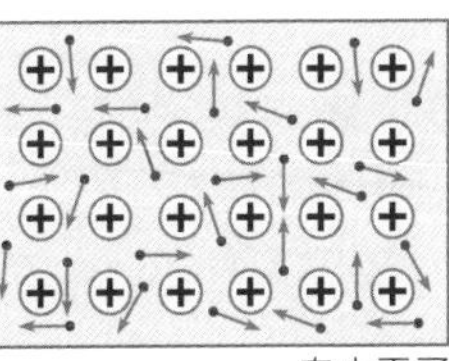

3. 結晶格子　発展

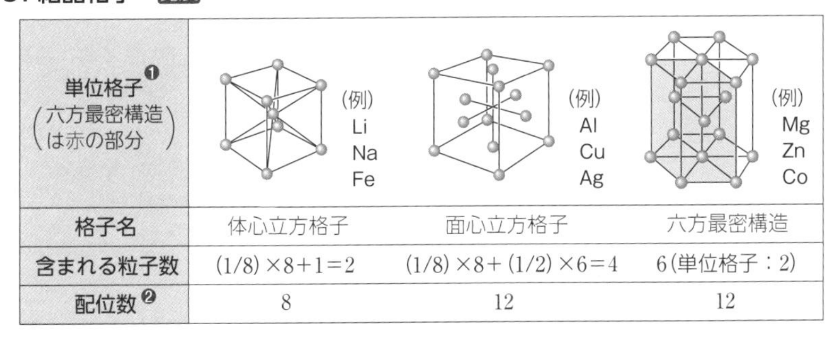

単位格子❶（六方最密構造は赤の部分）	(例) Li Na Fe	(例) Al Cu Ag	(例) Mg Zn Co
格子名	体心立方格子	面心立方格子	六方最密構造
含まれる粒子数	(1/8)×8+1=2	(1/8)×8+(1/2)×6=4	6(単位格子：2)
配位数❷	8	12	12

❶結晶の粒子配列を示したものを結晶格子といい，その最小単位を単位格子という。

❷ 1個の原子が接している原子の数。

4 結晶の比較

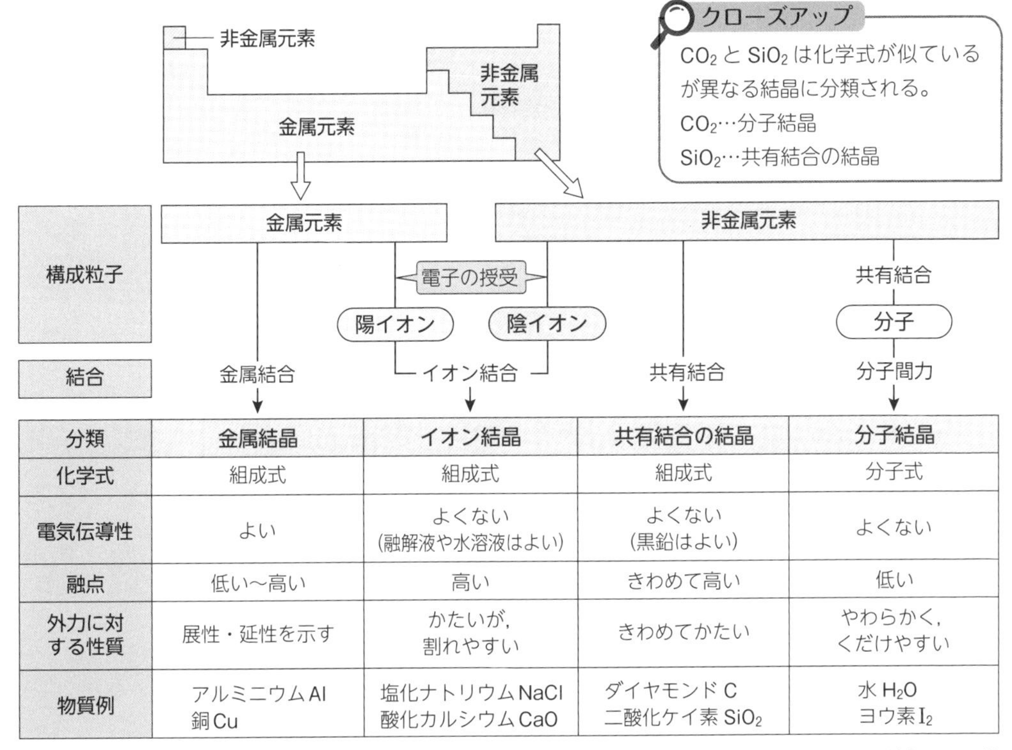

分類	金属結晶	イオン結晶	共有結合の結晶	分子結晶
化学式	組成式	組成式	組成式	分子式
電気伝導性	よい	よくない（融解液や水溶液はよい）	よくない（黒鉛はよい）	よくない
融点	低い～高い	高い	きわめて高い	低い
外力に対する性質	展性・延性を示す	かたいが，割れやすい	きわめてかたい	やわらかく，くだけやすい
物質例	アルミニウム Al 銅 Cu	塩化ナトリウム NaCl 酸化カルシウム CaO	ダイヤモンド C 二酸化ケイ素 SiO_2	水 H_2O ヨウ素 I_2

一般に，結合力の強さは共有結合＞イオン結合，金属結合≫水素結合＞極性分子間にはたらく引力による結合＞ファンデルワールス力による結合の順である。結晶を構成する粒子間の結合が強いほど，結晶はかたく，融点が高くなる。

Check 次の文中の(　　　)に適切な語句を入れよ。

1. 陽イオンと陰イオンとが(　ア　)力(クーロン力)によって結びついて生じる結合を(　イ　)結合という。一般に，金属元素と非金属元素からなる物質には(イ)結合が含まれる。

1 (ア) 静電気
(イ) イオン

2. 物質を構成している粒子の種類と数を，最も簡単な整数比で表した式を(　ウ　)という。

2 (ウ) 組成式

3. 陽イオンと陰イオンとが結びついてできた結晶を(　エ　)という。(エ)は固体では電気を導かないが，(　オ　)液や水溶液の状態では電気を導く。

3 (エ) イオン結晶
(オ) 融解

4. 物質が水溶液中で陽イオンと陰イオンにわかれる現象を(　カ　)という。水溶液中で(カ)する物質を(　キ　)，(カ)しない物質を(　ク　)という。

4 (カ) 電離
(キ) 電解質
(ク) 非電解質

5. 一般に，非金属元素の原子どうしは，互いの価電子を共有し合って結びつく。このような結合を(　ケ　)結合という。(ケ)結合によって生じた粒子を(　コ　)という。

5 (ケ) 共有
(コ) 分子

6. 電子式において，①のように対をつくっていない電子を(　サ　)電子といい，②のように共有結合をつくる電子対を(　シ　)，③のような電子対を(　ス　)という。

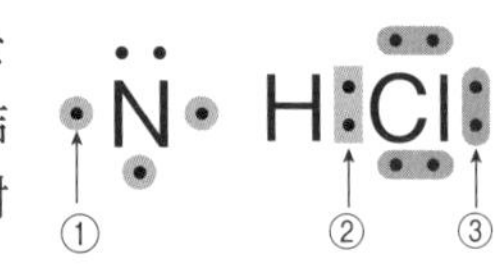

6 (サ) 不対
(シ) 共有電子対
(ス) 非共有電子対

7. 一方の原子から供与された非共有電子対を共有して生じる共有結合を(　セ　)結合という。非共有電子対をもつ分子やイオンが，金属イオンと(セ)結合を形成して生じるイオンを(　ソ　)という。

7 (セ) 配位
(ソ) 錯イオン

8. 原子が共有電子対を引き寄せる強さの尺度を表す数値を(　タ　)という。(タ)に差がある原子間の結合では，共有電子対が一方の原子にかたより，結合に(　チ　)が生じる。

8 (タ) 電気陰性度
(チ) 極性

9. ドライアイスは，二酸化炭素分子が(　ツ　)力で集合してできた結晶である。多数の分子が集合してできた結晶を(　テ　)という。

9 (ツ) 分子間
(テ) 分子結晶

10. ダイヤモンドは，すべての原子が(　ト　)結合で結びついてできている。このような結晶を(　ナ　)という。

10 (ト) 共有
(ナ) 共有結合の結晶

11. 固体の金属では，原子が(　ニ　)電子によって結びつき，(　ヌ　)結合を形成している。金属が電気や(　ネ　)をよく導くのは，(ニ)電子の作用による。

11 (ニ) 自由
(ヌ) 金属
(ネ) 熱

1 組成式(1)　次の各イオンの組み合わせからできる物質の組成式を記せ。

	NO_3^-	O^{2-}	PO_4^{3-}
K^+	(ア)	(イ)	(ウ)
Mg^{2+}	(エ)	(オ)	(カ)
Fe^{3+}	(キ)	(ク)	(ケ)

➡まとめ 1 −2
正負の電荷の総量が等しくなるように，陽イオンと陰イオンの最も簡単な整数比を考える。

2 組成式(2)　次の各物質の名称を記せ。

(1)　KCl　(2)　$CaCO_3$　(3)　NH_4Cl
(4)　$NaHCO_3$　(5)　CH_3COONa　(6)　$FeSO_4$
(7)　$Fe_2(SO_4)_3$

➡まとめ 1 −2

3 分子式(1)　次の各分子を分子式で記せ。

(1)　水素　(2)　窒素　(3)　酸素
(4)　塩素　(5)　水　(6)　塩化水素
(7)　二酸化炭素　(8)　メタン　(9)　アンモニア
(10)　硫酸　(11)　オゾン

➡まとめ 2 −2

4 分子式(2)　次の分子式で示される分子の名称を記せ。

(1)　Ne　(2)　O_2　(3)　I_2　(4)　HF
(5)　CO　(6)　H_2S　(7)　SO_2　(8)　HNO_3

➡まとめ 2 −2

5 原子の電子式　次の各原子の電子式を記せ。

(1)　${}_{1}H$　(2)　${}_{6}C$　(3)　${}_{7}N$　(4)　${}_{8}O$　(5)　${}_{9}F$
(6)　${}_{10}Ne$　(7)　${}_{12}Mg$　(8)　${}_{16}S$　(9)　${}_{17}Cl$　(10)　${}_{18}Ar$

➡まとめ 2 −3
最外殻電子がなるべく対をつくらないように電子を書く。

6 分子の電子式　次の分子の電子式を記せ。

(1)　H_2　(2)　N_2　(3)　NH_3
(4)　CO_2　(5)　H_2O　(6)　CH_4

➡まとめ 2 −4

7 構造式　次の分子の構造式を記せ。

(1)　H_2　(2)　N_2　(3)　NH_3
(4)　CO_2　(5)　H_2O　(6)　CH_4

➡まとめ 2 −5

8 組成式(3)　次の物質の組成式を記せ。

(1)　黒鉛　(2)　ダイヤモンド　(3)　ケイ素
(4)　二酸化ケイ素　(5)　鉄　(6)　アルミニウム

➡まとめ 4

例題
解説動画

基本例題 4　イオン結合

関連問題➡ 42, 43, 44

次の文の(　　)にあてはまる語句を入れ，後の問いに答えよ。

食塩として用いられる塩化ナトリウムでは，ナトリウムイオンと塩化物イオンが(　ア　)力によって結合している。このような結合を(　イ　)結合という。一般に(イ)結合は，(　ウ　)性の大きい金属元素と(　エ　)性の大きい非金属元素からなる化合物に見られる。

(1)　次の各イオンの組み合わせで生じる物質の組成式と名称を記せ。

(a)　Li^+とCl^-　(b) Ca^{2+}とF^-　(c) $NH_4{}^+$と$SO_4{}^{2-}$

(2)　塩化ナトリウムの結晶は電気を導かないが，融解すると電気を導くようになる。その理由を説明せよ。

解説 電気を導くためには，イオンが移動できる必要がある。結晶中の陽イオンと陰イオンは互いに結びついて移動できないが，融解したり水溶液にしたりすると，イオンが移動できるようになって電気を導く。

アドバイス
(1)　組成式では，
陽イオンの価数×陽イオンの数
＝陰イオンの価数×陰イオンの数

解答 (ア) **静電気(クーロン)**　(イ) **イオン**　(ウ) **陽**　(エ) **陰**

(1)　(a) **LiCl　塩化リチウム**　(b) **CaF_2　フッ化カルシウム**　(c) **$(NH_4)_2SO_4$　硫酸アンモニウム**

(2)　**結晶中のNa^+とCl^-はイオン結合によって互いに結びついて移動できないが，融解するとこれらが移動できるようになるため。**

基本例題 5　共有結合と電子式

関連問題➡ 49

次の(ア)～(エ)の各分子について，下の各問いに答えよ。

(ア)　H_2　(イ)　N_2　(ウ)　NH_3　(エ)　CH_4

(1)　各分子の電子式および構造式をそれぞれ記せ。

(2)　共有電子対が最も少ないものを選べ。

(3)　非共有電子対が最も多いものを選べ。

解説 原子の電子式をもとに，不対電子が残らないように分子の電子式をつくる。また，構造式において，各原子の線の数は，各原子の不対電子の数に等しく，構造式は，各原子の原子価を満たすようにつくる。

アドバイス
各原子のもつ価電子の数を考慮して，分子の電子式をつくる。共有電子対1組について，1本の線を使って構造式を書く。

解答 (1)

	(ア)	(イ)	(ウ)	(エ)
電子式	H:H（共有電子対）	:N⋮⋮N:（非共有電子対）	H:N̈:H（下にH）	H:C:H（上下にH）
構造式	H−H	N≡N	H−N−H（下にH）	H−C−H（上下にH）

(2)　**(ア)**　(3)　**(イ)**

基本例題 6　分子の極性

関連問題➲ 52

次の各分子を極性分子，無極性分子に分類せよ。(　　)は分子の形を表す。
(ア)　HCl(直線形)　　(イ)　H_2O(折れ線形)　　(ウ)　CO_2(直線形)

解説 各分子の形状と結合の極性は，次のようになる。

(ア)　HCl
$\overset{\delta+}{H}-\overset{\delta-}{Cl}$　直線形
→ 結合の極性
極性分子

(イ)　H_2O
$\overset{\delta+}{H}$–$\overset{\delta-}{O}$–$\overset{\delta+}{H}$　折れ線形
分子の極性
極性分子

(ウ)　CO_2
$\overset{\delta-}{O}=\overset{\delta+}{C}=\overset{\delta-}{O}$　直線形
← →
無極性分子

HClのような二原子分子では，結合の極性がそのまま分子全体の極性になる。H_2Oの場合，各原子間における結合の極性は互いに打ち消し合わず，H_2Oは極性分子となる。CO_2では，結合の極性の大きさが同じで，その向きが逆なので，これらは互いに打ち消し合い，CO_2は無極性分子となる。

解答 (ア)　**極性分子**　　(イ)　**極性分子**　　(ウ)　**無極性分子**

> **アドバイス**
> 結合の極性を共有電子対が引き寄せられる向きに矢印(ベクトル)で示すと，次のようになる。
> H−Cl　O−H　C=O
> →　←　→
> 分子全体の極性は，分子の立体構造にもとづき，この矢印を合成して判断する。

基本例題 7　結晶の分類と性質

関連問題➲ 58

次の(1)～(4)の結晶について，A群の分類およびB群の性質から最も関係の深いものを1つずつ選び，それぞれ記号で答えよ。
(1)　ダイヤモンド　(2)　酸化カルシウム　(3)　アルミニウム　(4)　ヨウ素
〈A群〉(ア)　イオン結晶　(イ)　金属結晶　(ウ)　共有結合の結晶
(エ)　分子結晶
〈B群〉(a)　昇華しやすい。　(b)　固体は電気を通さないが，液体にすると電気を通す。
(c)　展性，延性に富む。　(d)　非常にかたく，融点も高い。

解説 (1)　ダイヤモンドCは，すべての炭素原子が共有結合で結びついてできた共有結合の結晶であり，非常にかたい。
(2)　酸化カルシウムCaOは，Ca^{2+}とO^{2-}がイオン結合で結びついてできたイオン結晶である。イオン結晶は，融解して液体にしたり，水溶液にすると電気を導く。
(3)　アルミニウムAlは金属結晶であり，展性，延性に富む。
(4)　ヨウ素I_2は，ヨウ素分子I_2が分子間力で集合してできた分子結晶である。分子間力は，非常に弱い引力であり，分子結晶は一般に融点が低く，昇華しやすいものがある。

解答 (1)　(ウ)，(d)　　(2)　(ア)，(b)　　(3)　(イ)，(c)
(4)　(エ)，(a)

> **アドバイス**
> 結晶の分類とおもな特徴は，確実に押さえておくこと。
> **イオン結晶**…固体は電気を導かないが，融解液は導く。
> **共有結合の結晶**…きわめてかたい。融点が高い。
> **金属結晶**…固体でも電気をよく導く。展性，延性に富む。
> **分子結晶**…やわらかく，融点が低い。

基本問題

知識

42 **イオン結合**　次の文中の(　　　)に適当な語句を入れ，下の問いに答えよ。

ナトリウムのような金属元素の原子は，一般に陽性が強く,(　ア　)イオンになりやすい。一方,塩素のような非金属元素の原子は陰性が強く,(　イ　)イオンになりやすい。生じた(ア)イオンと(イ)イオンは,(　ウ　)力によって結びつく。このような結合を(　エ　)という。

(問)　次の各原子の組み合わせで，イオン結合を形成するものをすべて選び，番号で答えよ。

①　Li と Na　②　Na と O　③　O と S　④　Ca と Cl

知識

43 **組成式と名称**　次の表の空欄に適当な名称や組成式を記せ。

陰イオン ＼ 陽イオン	Cl^- 塩化物イオン	OH^- (　ア　)	$SO_4{}^{2-}$ (　イ　)	$PO_4{}^{3-}$ リン酸イオン
Na^+ ナトリウムイオン	(例)　NaCl 塩化ナトリウム	(　ウ　) (　エ　)	(　オ　) (　カ　)	(　キ　) (　ク　)
Ca^{2+} (　ケ　)	(　コ　) (　サ　)	$Ca(OH)_2$ (　シ　)	(　ス　) (　セ　)	(　ソ　) (　タ　)
Al^{3+} アルミニウムイオン	(　チ　) (　ツ　)	(　テ　) (　ト　)	(　ナ　) (　ニ　)	$AlPO_4$ リン酸アルミニウム

思考

44 **イオン結晶の性質**　次の記述のうち，**誤りを含むもの**を(ア)～(オ)から１つ選べ。

(ア)　イオン結晶は，かたくて融点が高いものが多い。
(イ)　イオン結晶は，陽イオンと陰イオンが静電気力(クーロン力)で結合している。
(ウ)　イオン結晶は，水に溶けるものが多い。
(エ)　イオン結晶は，固体でも液体でも電気をよく導く。
(オ)　イオン結晶は，かたいが強い力を加えると割れやすい。

知識

45 **電解質と非電解質**　次の(ア)～(エ)の物質を電解質，非電解質に分類せよ。

(ア)　塩化ナトリウム　(イ)　硝酸カリウム　(ウ)　エタノール　(エ)　スクロース

知識

46 **原子の電子式**　次の(ア)～(エ)の原子について，下の各問いに答えよ。

(ア)　リチウム原子 $_3Li$　(イ)　窒素原子 $_7N$
(ウ)　ネオン原子 $_{10}Ne$　(エ)　塩素原子 $_{17}Cl$

(1)　各原子の電子式を例にならって記せ。
(2)　各原子の不対電子の数はいくらか。

例 炭素原子 $_6C$
電子式 ·C· (上下左右に1個ずつの点)

知識

47 **共有結合と電子**　次の文中の(　　　)に適当な語句を記せ。

多くの分子では，各原子のすべての価電子が電子対をつくっている。これらの電子対のうち，共有結合を構成しているものを(　ア　)，共有結合を構成していないものを(　イ　)という。原子間で１組の(ア)が共有されて生じる共有結合を(　ウ　)，２組の(ア)および３組の(ア)が共有されて生じる共有結合を，それぞれ(　エ　),(　オ　)という。

知識

48 共有結合の形成　図は，水素原子Hとフッ素原子Fが結合を形成するようすを表したものである。次の文中の(　　)に適当な語句を入れよ。

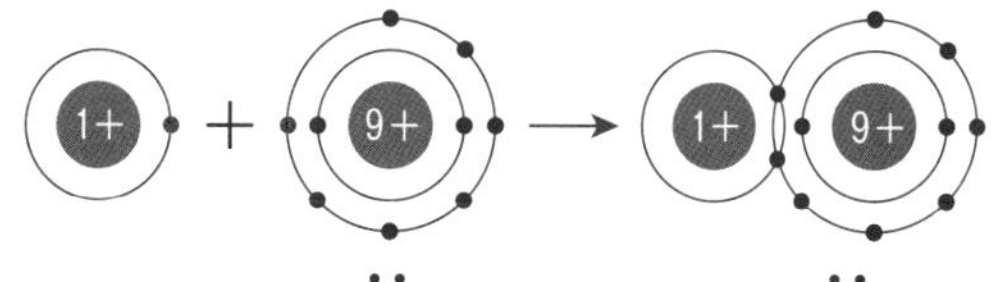

電子式において，HやF中の•印の電子は(　ア　)とよばれる。HとFはこの電子を共有して(　イ　)電子対を形成する。このような結合を(　ウ　)結合という。フッ化水素分子HF中のFの電子配置は，貴ガスの(　エ　)の電子配置，Hの電子配置は，貴ガスの(　オ　)の電子配置に似ている。

知識

49 分子の電子式と構造式　次の(ア)～(オ)の各分子について，下の各問いに答えよ。

(ア)　Cl_2　　(イ)　H_2O　　(ウ)　CO_2　　(エ)　CH_4　　(オ)　N_2

(1)　各分子の電子式と構造式をそれぞれ示せ。

(2)　非共有電子対をもたない分子を選び，記号を記せ。

(3)　二重結合を含む分子を選び，記号を記せ。

知識

50 構造式　次の(a)～(f)の分子について，下の各問いに答えよ。

(a)　フッ素 F_2　　(b)　アンモニア NH_3　　(c)　二酸化炭素 CO_2

(d)　メタン CH_4　　(e)　エチレン C_2H_4　　(f)　シアン化水素 HCN

(1)　単結合だけからなる分子のうち，単結合を最も多く含む分子を選び，構造式を記せ。

(2)　二重結合を1つ含む分子を選び，構造式を記せ。

(3)　三重結合を含む分子を1つ選び，構造式を記せ。

思考

51 電気陰性度と結合の極性　次の文中の(　　)に適切な語句を入れ，下の各問いに答えよ。

原子が共有電子対を引き寄せる強さの尺度を(　ア　)という。一般に，(ア)は，貴ガスを除き，周期表の右上にある元素ほど(　イ　)い。電気陰性度の異なる2原子間の共有結合では，結合に電荷のかたよりがあり，これを結合の(　ウ　)という。

(1)　次の結合①～④で，わずかに負の電荷をもつ原子をそれぞれ元素記号で答えよ。ただし，電気陰性度の値は次の値を用いよ。　H：2.2，C：2.6，N：3.0，O：3.4，F：4.0

①　C—H　　②　N—H　　③　O—H　　④　H—F

(2)　①～④の結合のうち，結合の極性が最も大きいものはどれか。

思考

52 分子の形と極性　次の(a)～(d)の分子について，下の各問いに答えよ。

(a)　水 H_2O　　(b)　メタン CH_4　　(c)　アンモニア NH_3　　(d)　二酸化炭素 CO_2

(1)　(a)～(d)の分子の形を，次の①～⑤からそれぞれ選べ。

① 直線形　　② 折れ線形　　③ 正方形　　④ 三角錐形　　⑤ 正四面体形

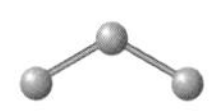
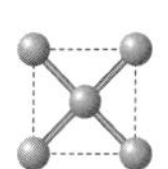
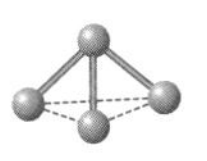
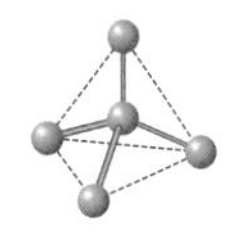

(2)　(a)～(d)のうち，極性分子を2つ選び，記号で答えよ。

思考

53 **物質の溶解性**　次の組み合わせのうち，互いによく溶け合うものを3つ選べ。

(ア)　ヨウ素とヘキサン　　(イ)　塩化ナトリウムとヘキサン　　(ウ)　ヨウ素と水
(エ)　スクロースと水　　(オ)　塩化水素と水　　(カ)　水とヘキサン

思考

54 **配位結合**　次の記述のうち，**誤りを含むもの**を1つ選べ。

(ア)　アンモニア NH_3 の非共有電子対が H^+ に供与されると，NH_4^+ が生じる。
(イ)　NH_4^+ 中の4組のN－H結合は区別できない。
(ウ)　NH_4^+ 中の各原子の電子配置は，貴ガスの電子配置と似ている。
(エ)　NH_4^+ は，非共有電子対をもち，他の陽イオンに配位結合をする。
(オ)　$[Cu(NH_3)_4]^{2+}$ のように，金属イオンに分子やイオンが配位結合してできたイオンを錯イオンという。

思考

55 **分子結晶の性質**　分子結晶に関する次の記述のうち，正しいものを1つ選べ。

(ア)　分子結晶では，多数の分子が共有結合で結びつき，規則正しく配列している。
(イ)　分子結晶は，やわらかく，融点はきわめて高いものが多い。
(ウ)　分子結晶には，電気をよく導くものが多い。
(エ)　分子結晶には，ドライアイスのように，昇華しやすいものがある。

知識

56 **共有結合の結晶**　次の文中の(　　)に適当な語句，数値を入れよ。

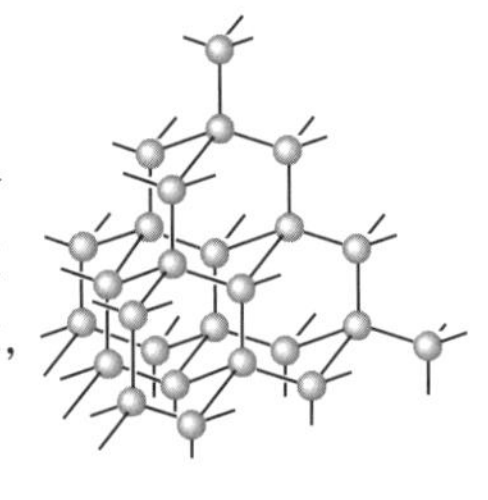

ダイヤモンドの結晶は，すべての原子が(　ア　)結合で連なってできており，図のように1個の炭素原子が(　イ　)個の炭素原子と(ア)結合を形成している。結晶の大きさによって，結合している炭素原子の数は異なり，化学式は(　ウ　)式を用いてCと表される。共有結合の結晶は，かたく，電気を導きにくい。また，融点はきわめて(　エ　)い。

知識

57 **金属**　次の文中の(　　)に適当な語句を入れよ。

金属では，各原子の価電子が特定の原子間に固定されず，原子間を自由に動くことができる。このような電子を(　ア　)という。金属結晶では，(ア)が結晶内を動きまわり，金属原子どうしを結びつけており，このような結合を(　イ　)結合という。

金属結晶は，熱や(　ウ　)をよく導く。また，たたくと箔のように薄く広がる(　エ　)性，引っ張ると線のように伸びる(　オ　)性を示す。

知識

58 **結晶の分類**　次の(ア)～(エ)の結晶について，下の各問いに答えよ。

(ア)　金属結晶　　(イ)　共有結合の結晶　　(ウ)　イオン結晶　　(エ)　分子結晶

(1)　(ア)～(エ)の結晶に該当する物質を，次の①～④から選び，番号で答えよ。
　①　ヨウ素　　②　ナトリウム　　③　硫化ナトリウム　　④　ダイヤモンド
(2)　各結晶中の構成粒子間にはたらく結合を次の①～④から選び，番号で答えよ。
　①　イオン結合　　②　共有結合　　③　金属結合　　④　分子間力
(3)　(ア)～(エ)のうち，非金属元素と金属元素でつくられるものを1つ選び，記号で答えよ。
(4)　(ア)～(エ)のうち，固体でも電気を通すものを1つ選び，記号で答えよ。

標準例題 3　原子の電子配置と化学結合

関連問題➡ 62

下の(ア)～(エ)は，原子の電子配置を示している。これらの原子について，次の(1)～(4)の結合を考えるとき，生じる結合はそれぞれ何結合か。また，生じる物質の化学式を記せ。

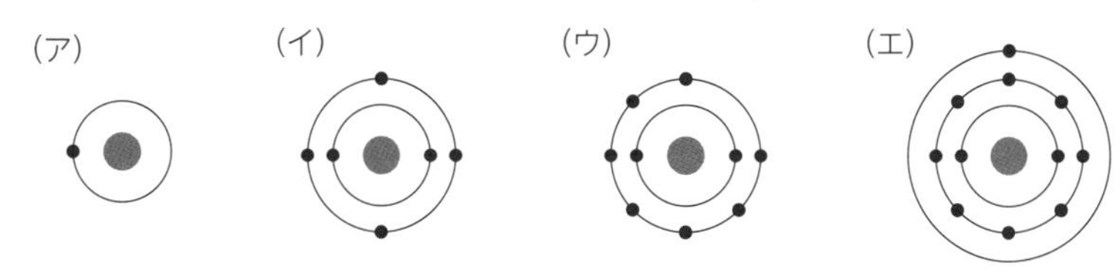

(1)　1個の(ア)原子と1個の(ウ)原子　　(2)　多数の(イ)原子どうし
(3)　多数の(ウ)原子と多数の(エ)原子　　(4)　多数の(エ)原子どうし

解説 (ア)は水素原子H,(イ)は炭素原子C,(ウ)はフッ素原子F,(エ)はナトリウム原子Naである。
H，C，Fは非金属元素の原子，ナトリウムNaは金属元素の原子である。一般に，非金属元素の原子どうしは共有結合，金属元素の原子どうしは金属結合，非金属元素と金属元素の原子はイオン結合を形成する。

解答 (1)　**共有結合，HF**　　(2)　**共有結合，C**
(3)　**イオン結合，NaF**　　(4)　**金属結合，Na**

アドバイス

まず，電子配置からどの原子であるかを特定し，元素の種類から，結合のなりたちを考える。
非金属元素どうし→共有結合
非金属元素＋金属元素→イオン結合
金属元素どうし→金属結合

標準例題 4　結晶と化学結合

関連問題➡ 67

次の(1)～(4)の物質の結晶中に含まれる化学結合を下の(ア)～(エ)からすべて選べ。

(1) CO_2　　(2)　ダイヤモンド　　(3)　$CaCl_2$　　(4)　NH_4Cl

(ア)　イオン結合　　(イ)　共有結合　　(ウ)　金属結合　　(エ)　分子間力

解説 (1) 二酸化炭素CO_2の結晶(ドライアイス)は，分子結晶である。CO_2分子内に炭素原子と酸素原子の共有結合があり，分子どうしが分子間力(ファンデルワールス力)によって結合している。

(2) ダイヤモンドは共有結合の結晶であり，多数の炭素原子どうしが共有結合でつながっている。

(3) 塩化カルシウム$CaCl_2$はカルシウムイオンCa^{2+}と塩化物イオンCl^-がイオン結合で結びついたイオン結晶である。

(4) NH_4Cl(塩化アンモニウム)の結晶にはアンモニウムイオンNH_4^+と塩化物イオンCl^-とのイオン結合がある。アンモニウムイオンはアンモニア分子に水素原子が配位結合したイオンであり，アンモニア分子には水素原子と窒素原子の共有結合がある。

アドバイス

結晶を構成している粒子が何であるかを考える。イオンが含まれる場合にはイオン結合があり，多原子イオンが含まれる場合には共有結合がある。分子が含まれる場合には，分子間に分子間力による結合があり，分子内に共有結合がある。

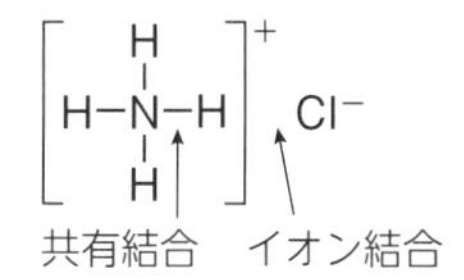

解答 (1)　**(イ),(エ)**　　(2)　**(イ)**　　(3)　**(ア)**　　(4)　**(ア),(イ)**

思考
59 化学結合 次の(ア)~(オ)の記述のうち，正しいものを2つ選べ。

(ア) イオン結合でできた物質は，水溶液にするか融解すると電気を通すようになる。

(イ) イオン結合とは，電子が原子間を自由に動き回ることによって各原子を結び付けている結合である。

(ウ) 共有結合とは，2個の原子がそれぞれ電子対を出し合って結びついている結合である。

(エ) ダイヤモンドは，炭素原子が他の3個の炭素原子と共有結合して平面状の網目構造をしている物質である。

(オ) 配位結合とは，一方の原子が供与する電子対をもう一方の原子と共有する結合である。

(20 日本大)

知識
60 化学結合の種類 次の物質について，下の各問いに答えよ。

CO_2　C(ダイヤモンド)　NaCl　CH_4　KI　I_2　$Ca(OH)_2$　Al　SiO_2

(1) イオン結合からなる物質をすべて選べ。

(2) 分子式で表される物質をすべて選べ。

(3) 共有結合の結晶であるものをすべて選べ。

知識
61 イオン結合とイオン結晶 イオン結晶に関する次の(ア)~(オ)の記述のうちから，誤っているものを1つ選べ。

(ア) イオン結晶は電気を通さないが，水に溶解すると電気を通す。

(イ) イオン結晶中の正負の電荷の総和は，陽イオンと陰イオンの価数が同じであればゼロであるが，価数が異なると電荷の総和がゼロにならない場合がある。

(ウ) イオン結晶がもろいのは，結晶に力が加わり，結晶中の粒子の配列がずれると，同種の電荷をもつイオンどうしが反発するためである。

(エ) イオン結晶の組成式は，陽イオンと陰イオンの価数の組み合わせのみで決まる。

(オ) 同じ構成元素からなるイオン結晶でも，組成式が異なる場合がある。 (20 東北大 改)

思考
62 原子の電子配置と化学結合 5種の原子の電子配置を図に示す。次の各問いに答えよ。

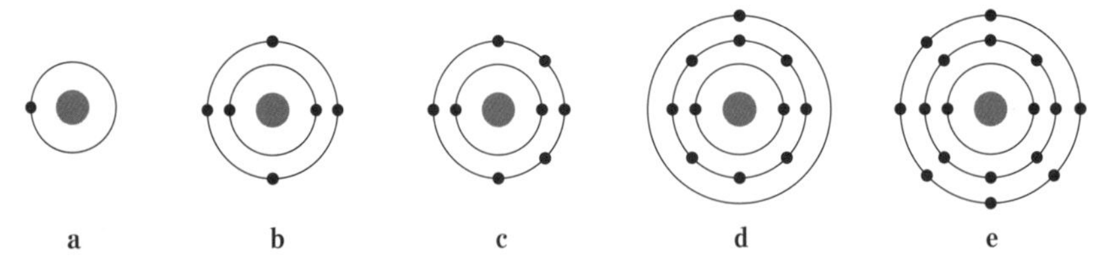

(1) 組成比が1:1のイオン結合をつくる原子の組み合わせを，下から1つ選べ。

(2) 組成比が1:4の共有結合をつくる原子の組み合わせを，下から2つ選べ。

(3) 組成比が1:2で，二重結合を2つもつ分子をつくる原子の組み合わせを，下から1つ選べ。

(ア) a, b　(イ) a, c　(ウ) a, e　(エ) b, c　(オ) b, e
(カ) c, e　(キ) d, e

(10 大妻女子大 改)

知識

63 共有結合と分子 次の(a)～(g)の分子について，下の各問いに記号で答えよ。

(a) N_2 (b) O_2 (c) Cl_2 (d) CH_4 (e) NH_3 (f) H_2O (g) HCl

(1) 共有電子対を4組もつ分子はどれか。

(2) 非共有電子対を1組もつ分子はどれか。

(3) 非共有電子対をもたない分子はどれか。

(4) 三重結合をもつ分子はどれか。

(5) 極性分子をすべて選べ。

発展 (6) 同じ分子の間に水素結合を生じるものをすべて選べ。 (11 東京女子大 改)

思考

64 金属結合 金属に関する記述として**誤りを含むもの**を，次の(ア)～(オ)の中から1つ選べ。

(ア) 金属元素は陽性が強いので，価電子が原子から離れやすい。

(イ) 金属が展性や延性を示すのは，自由電子の存在による。

(ウ) 金属は，常温常圧ですべて固体である。

(エ) 金属の単体は，一般によく電気を導く。

(オ) 金属の単体を化学式で表すときは，組成式を用いる。 (20 佛教大 改)

思考

65 結晶と化学結合 次の記述**a**～**c**は，ダイヤモンド，塩化ナトリウム，アルミニウムの性質に関するものである。記述中の物質A～Cにあてはまる物質の名称をそれぞれ記せ。

a A，B，Cのうち，固体状態で最も電気伝導性がよいのはAである。

b AとBは水に溶けないが，Cは水に溶ける。

c AとCの融点に比べて，Bの融点は非常に高い。 (03 センター追試 改)

思考

66 結晶の性質 結晶に関する次の(ア)～(エ)の記述のうちから，正しいものを2つ選べ。

(ア) 炭酸カルシウムの結晶は，イオン結晶で水に溶けやすい。

(イ) 二酸化ケイ素の結晶は，分子結晶で電気伝導性を示さない。

(ウ) 銅の結晶は，金属結晶で展性や延性を示す。

(エ) ナフタレンの結晶は，分子間にはたらく引力が弱く，昇華しやすい。

(20 武庫川女子大 改)

思考

67 結晶と化学結合 次の各問いに答えよ。

(1) (ア)～(エ)にあげる結晶の例を，下の(a)～(f)からそれぞれすべて選び，記号で答えよ。

(ア) 分子結晶 (イ) イオン結晶 (ウ) 金属結晶 (エ) 共有結合の結晶

(結晶の例) (a) 塩化カルシウム (b) ドライアイス (c) 塩化アンモニウム

(d) 鉄 (e) 二酸化ケイ素 (f) 氷

(2) (a)～(f)の結晶のうち，結晶内に共有結合を含むものをすべて選び，記号で答えよ。

(3) (ア)～(エ)の結晶の性質を，次の①～④からそれぞれ選べ。

① 融点の高いものが多い。結晶内に自由電子が存在し，電気をよく導く。

② 融点が低く，昇華するものもある。融解しても電気を導かない。

③ 融点が非常に高く，きわめてかたい。

④ 融点が高い。結晶は電気を導かないが，融解すれば電気を導く。 (工学院大 改)

発展 化学結合＋α －分子間力・結晶の構造－

化学結合に関する発展的な学習内容（「化学」での学習内容）を取り上げています。

知識

68 **水素結合**　図は，14 族元素と 16 族元素の水素化合物の分子量と沸点の関係を示している。次の文中の(　　　)に適当な語句を下の語群から選べ。

14 族元素の水素化合物では，分子量が大きくなるほど，化合物の沸点が高くなる傾向がある。これは，分子量が大きくなるほど，(　ア　)力が強くはたらくからである。

一方，16 族元素の水素化合物では，分子量の最も小さい H_2O が他の水素化合物に比べて，特に高い沸点を示している。これは，H－O 間の電気陰性度の差が特に(　イ　)ため，分子間に(ア)力よりも強い(　ウ　)結合がはたらくためである。(ウ)結合は，H_2O のほかに，HF や NH_3 の分子間でもはたらく。(ア)力や(ウ)結合などを総称して(　エ　)力という。

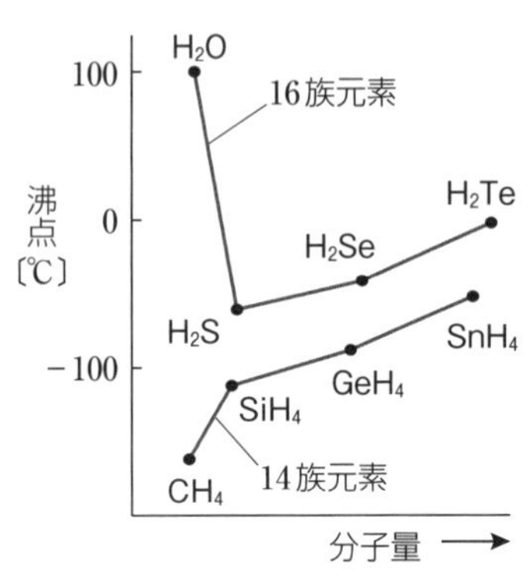

〈語群〉 分子間　　ファンデルワールス　　水素　　酸素　　大きい　　小さい　　等しい

思考

69 **分子間の相互作用**　次の各問いに答えよ。

(1)　次の物質を，沸点の低いものから順に，記号で並べよ。

(ア)　I_2　　(イ)　F_2　　(ウ)　Cl_2　　(エ)　Br_2

(2)　次の物質のうち，分子間に水素結合がはたらくものをすべて選び，記号で答えよ。

(ア)　H_2　　(イ)　CH_4　　(ウ)　HF　　(エ)　H_2O

思考

70 **物質の沸点**　次の物質の組み合わせのうち，下線の物質の沸点が最も高い。その理由を(ア)～(エ)から記号で選べ。

(1)　<u>HF</u>，HCl，HBr　　(2)　<u>SiO_2</u>，CO_2，O_2　　(3)　<u>H_2S</u>，O_2，N_2

(ア)　この物質は極性分子からなる。

(イ)　この物質は水素結合を形成する分子からなる。

(ウ)　いずれも無極性分子からなり，この物質をつくる分子間にはたらくファンデルワールス力が最大である。

(エ)　この物質のみ共有結合の結晶であり，ほかは分子からなる物質である。

知識

71 **氷の特徴**　次の文中の(　　)に適切な語句を記せ。

物質の密度は，一般に，固体よりも液体の方が(　ア　)い。しかし，水は固体よりも液体の方が密度が(　イ　)い。これは，氷では水分子が，図のように，(　ウ　)結合で固定され，すき間の多い構造をとっているのに対して，液体の水になると，その配列がくずれ，すき間の少ない構造となるためである。

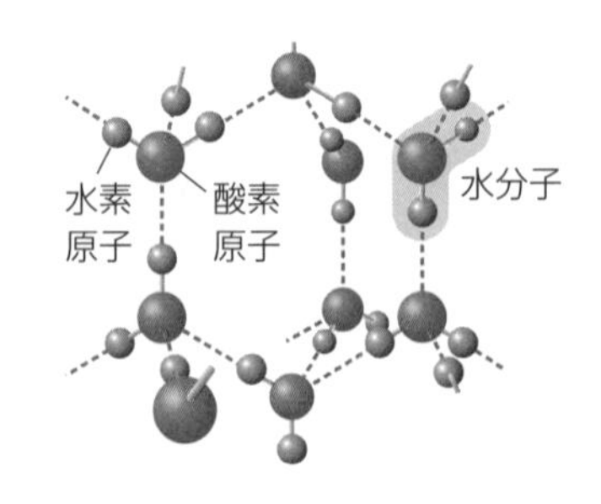

例題
解説動画

例題 ＋α　結晶格子

図は，金属結晶における単位格子を示したものである。次の各問いに答えよ。

(1)　この単位格子の名称を答えよ。

(2)　図中①，②の原子は，この単位格子中に何分の1個含まれていると考えればよいか。それぞれ分数で記せ。

(3)　この単位格子に含まれる原子の数を求めよ。

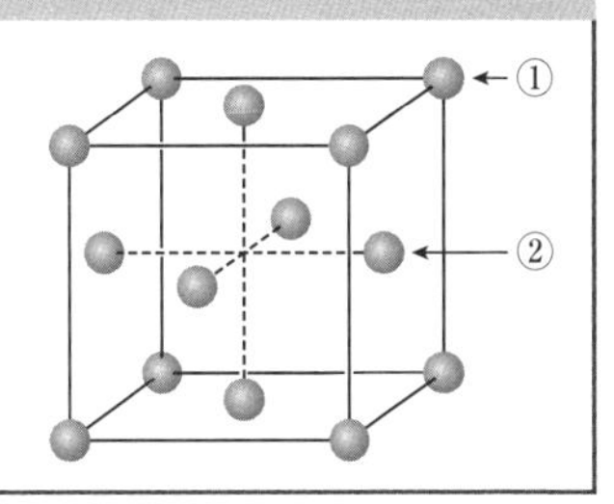

解説 (1)　図の単位格子は面の中心に原子が位置しており，面心立方格子である。

(2)　単位格子の頂点の原子は$\frac{1}{8}$個分，面の中心の原子は$\frac{1}{2}$個分が単位格子に含まれている。

(3)　①と同様のものが8個(立方体の頂点は8箇所)，②と同様のものが6個(立方体は正六面体)あるので，次のように求められる。

$$\frac{1}{8}個\times8+\frac{1}{2}個\times6=4個$$

アドバイス

(1)　金属の結晶には，体心立方格子，面心立方格子，六方最密構造などがある。

(2)　面心立方格子の8つの頂点の原子は1/8個，各面の中心の原子は1/2個分が単位格子に含まれる。

解答 (1)　**面心立方格子**　(2)　① $\frac{1}{8}$　② $\frac{1}{2}$　(3)　**4個**

知識

72　金属の結晶　金属の結晶格子AおよびBについて，次の各問いに答えよ。

(1)　結晶格子AおよびBの名称をそれぞれ記せ。

(2)　結晶格子AおよびBの単位格子中に含まれる原子の個数はそれぞれ何個か。ただし，単位格子の面上の原子は$\frac{1}{2}$個，頂点上の原子は$\frac{1}{8}$個として数えよ。

(3)　結晶格子AおよびBにおいて，1個の原子に最も近接する原子の個数はそれぞれ何個か。

A

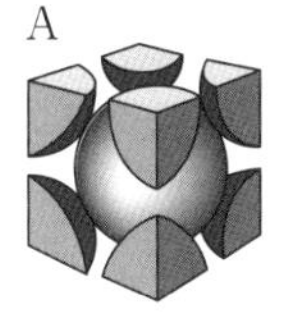

B

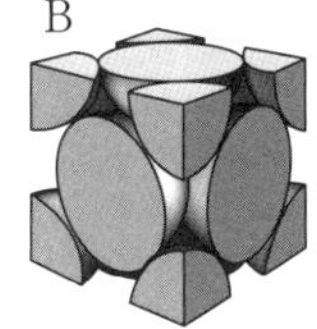

(13　鹿児島大　改)

知識

73　金属原子の配列　図は，金属原子の配列を示したものである。次の各問いに答えよ。

(1)　図のように原子が配列している結晶構造は何とよばれるか。

(2)　図の結晶と同じ充塡率を示す単位格子はどれか。

(ア)　体心立方格子　(イ)　面心立方格子

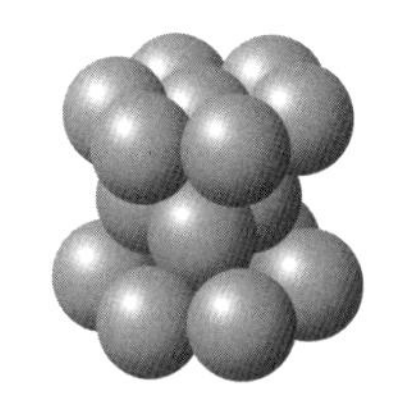

知識

74　塩化ナトリウムの結晶格子　図は，塩化ナトリウムNaClの単位格子である。次の各問いに答えよ。

(1)　単位格子内にNa^+は何個あるか。

(2)　単位格子内にCl^-は何個あるか。

(3)　Na^+とCl^-の数の比を最も簡単な整数比で表せ。

(4)　1個のNa^+に接するCl^-は何個か。

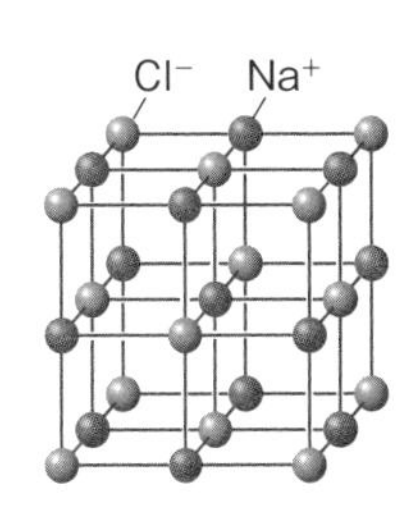

第Ⅰ章 共通テスト対策問題①

1 **純物質と混合物** 純物質・混合物に関する記述として**誤りを含むもの**を，次の①～⑤のうちから1つ選べ。

① ドライアイスは純物質である。
② 塩化ナトリウムは純物質である。
③ 塩酸は混合物である。
④ 純物質を構成する元素の組成は，常に一定である。
⑤ 互いに同素体である酸素とオゾンからなる気体は，純物質である。 （11 センター追試）

2 **混合物の分離と状態変化** 次の記述 **a** ～ **c** に関連する現象または操作の組み合わせとして最も適当なものを，右の①～⑧のうちから1つ選べ。

a ナフタレンからできている防虫剤を洋服ダンスの中に入れておくと徐々に小さくなる。
b ティーバッグに湯を注いで，紅茶を入れる。
c ぶどう酒から，アルコール濃度のより高いブランデーがつくられている。 （18 プレテスト）

	a	b	c
①	蒸発	抽出	蒸留
②	蒸発	蒸留	ろ過
③	蒸発	蒸留	抽出
④	蒸発	中和	蒸留
⑤	昇華	抽出	ろ過
⑥	昇華	蒸留	抽出
⑦	昇華	抽出	蒸留
⑧	昇華	中和	ろ過

3 **蒸留** 図に示す器具ア～オと穴のあいたゴム栓をすべて組み合わせて，塩化ナトリウム水溶液の蒸留を行うための装置を組み立てた。この装置の組み立て方，および，蒸留の操作に関する記述として下線部に**誤りを含むもの**を，下の①～⑤のうちから1つ選べ。ただし，スタンドや冷却水用のゴム管，ガスバーナーなどは省略してある。

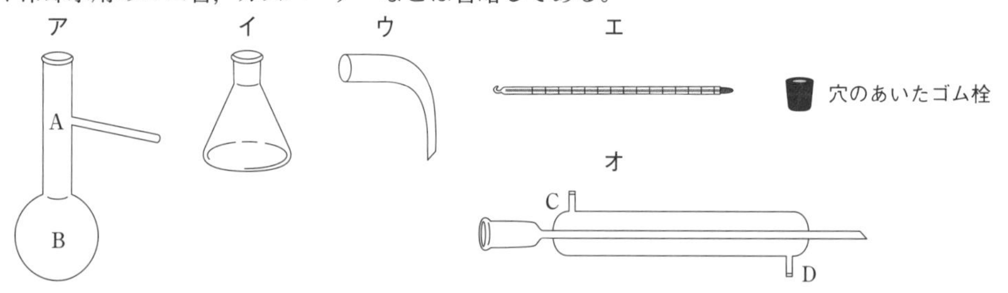

① ア～オの5つの器具を正しく接続して組み立てたとき，穴のあいたゴム栓は最低でも4個必要である。
② 器具アに入れる塩化ナトリウム水溶液の量はフラスコの半分以下にし，フラスコに沸騰石を入れる。
③ 器具アと器具エを接続するとき，器具エの先端部は，図中の器具アのAとBのうち，Aの位置に合わせるように調整する。
④ 器具オに冷却水を流す方向は，図のDからCの方向にする。
⑤ 塩化ナトリウム水溶液の代わりに，硝酸カリウム水溶液を用いて蒸留を行っても，得られる液体は同じ物質になる。

4 **周期表と原子の性質**　次の図に示す電子配置をもつ原子 **a** ～ **d** に関する記述として**誤っているもの**を，下の①～⑤から1つ選べ。ただし，図の中心の丸は原子核を，その外側の同心円は電子殻を，円周上の黒丸は電子をそれぞれ表す。

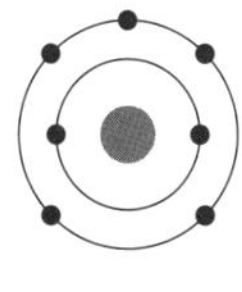

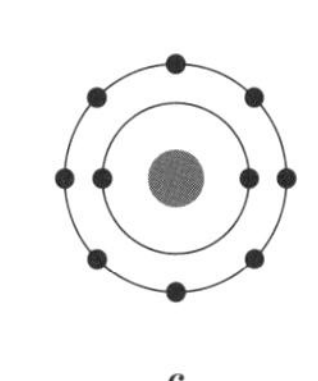
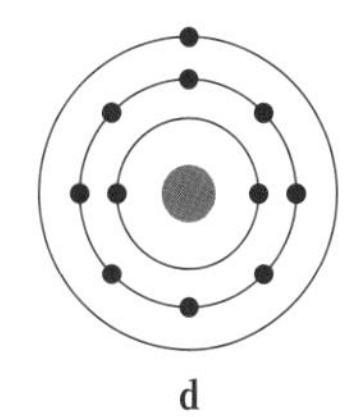

a　　**b**　　**c**　　**d**

①　**a** ～ **c** は，いずれも周期表の第2周期に含まれる元素の原子である。
②　**a** のみからなる二原子分子において，原子間で共有される価電子は4個である。
③　**b** は，**a** ～ **d** の中で最も1価の陰イオンになりやすい。
④　**c** の価電子数は，**a** ～ **d** の中で最も少ない。
⑤　**d** の第1イオン化エネルギーは，**a** ～ **d** の中で最も小さい。　(11　センター本試)

5 **最外殻電子の数**　電子が入っている最も外側の電子殻の電子数が同じでない原子やイオンの組み合わせを，次の①～⑥のうちから1つ選べ。

①　H と Li　　②　He と Ne　　③　O と S
④　Ar と K^{+}　　⑤　F^{-} と Na^{+}　　⑥　S^{2-} と Cl^{-}　(13　センター追試)

6 **イオンとイオン結晶**　イオンに関する記述として**誤りを含むもの**を，次の①～⑤のうちから1つ選べ。

①　イオン化エネルギー(第1イオン化エネルギー)は，原子から電子を1個取り去って陽イオンにするのに必要な最小のエネルギーである。
②　イオン結晶に含まれる陽イオンの数と陰イオンの数は，必ず等しい。
③　塩素原子は，電子を受け取って1価の陰イオンになりやすい。
④　ナトリウムイオンは，ネオン原子と同じ電子配置をもつ。
⑤　イオン結合は，陽イオンと陰イオンの静電気的な引力による結合である。

(09　センター本試)

7 **イオン・分子の構造**　次の記述 **a**・**b** にあてはまる分子またはイオンとして最も適当なものを，下の①～⑥のうちから1つずつ選べ。ただし，同じものを選んでもよい。

a　非共有電子対が存在しない
b　共有電子対が2組だけ存在する

①　H_2O　　②　OH^{-}　　③　NH_3
④　NH_4^{+}　　⑤　HCl　　⑥　Cl_2　(16　センター本試)

8 **化学結合**　化学結合に関する記述として**誤りを含むもの**を，次の①～⑤のうちから１つ選べ。

① 無極性分子を構成する化学結合の中には，極性が存在するものもある。

② 塩化ナトリウムの結晶では，ナトリウムイオン Na^+ と塩化物イオン Cl^- が静電気的な力で結合している。

③ 金属が展性・延性を示すのは，原子どうしが自由電子によって結合しているからである。

④ ２つの原子が電子を出し合って生じる結合は，共有結合である。

⑤ オキソニウムイオン H_3O^+ の３つの O−H 結合のうち，１つは配位結合であり，他の２つの結合とは性質が異なる。　（16 センター本試）

9 **結晶の性質**　身のまわりにある固体に関する記述として**誤りを含むもの**を，次の①～⑤のうちから１つ選べ。

① 食塩(塩化ナトリウム)はイオン結合の結晶であり，融点が高い。

② 金は金属結合の結晶であり，たたいて金箔にできる。

③ ケイ素の単体は金属結合の結晶であり，半導体の材料として用いられる。

④ 銅は自由電子をもち，電気や熱をよく伝える。

⑤ ナフタレンは分子どうしを結びつける力が弱く，昇華性がある。　（13 センター追試）

10 **結晶の性質**　結晶の電気伝導性に関する次の文章中の［ア］～［ウ］にあてはまる語句の組み合わせとして最も適当なものを，下の①～⑥のうちから１つ選べ。

結晶の電気伝導性には，結晶内で自由に動くことのできる電子が重要な役割を果たす。たとえば，［ア］結晶は自由電子をもち電気をよく通すが，ナフタレンの結晶のような［イ］結晶は，一般に自由電子をもたず電気を通さない。また［ウ］結晶は電気を通さないものが多いが，［ウ］結晶の一つである黒鉛は，炭素原子がつくる網目状の平面構造の中を自由に動く電子があるために電気をよく通す。

	ア	イ	ウ
①	共有結合の	金属	分子
②	共有結合の	分子	金属
③	分子	金属	共有結合の
④	分子	共有結合の	金属
⑤	金属	分子	共有結合の
⑥	金属	共有結合の	分子

（21 共通テスト）

11 **飲料水とその性質**　ヒトのからだは，成人で体重の約60％を水が占めており，体重50 kgの人なら約30 Lの水が体内に存在する。こうした水によって，生命活動に必要な電解質の濃度が維持されている。また，点滴などに用いられている生理食塩水は，塩化ナトリウムを水に溶かしたもので，ヒトの体液と塩分濃度がほぼ等しい水溶液であり，10 mLの生理食塩水にはナトリウムイオンが35 mg含まれている。一方，ヒトは1日あたり約2 Lの水を体外に排出するので，それを食物や(a)飲料などで補給している。

問１　生理食塩水に関する記述として**誤りを含むもの**を，次の①～④のうちから1つ選べ。

① 純粋な水と同じ温度で凍る。
② 硝酸銀水溶液を加えると，白色の沈殿を生じる。
③ ナトリウムイオンと塩化物イオンの数は等しい。
④ 黄色の炎色反応を示す。

問２　下線部(a)に関連して，図1のラベルが貼ってある3種類の飲料水X～Zのいずれかが，コップⅠ～Ⅲにそれぞれ入っている。どのコップにどの飲料水が入っているかを見分けるために，BTB(ブロモチモールブルー)溶液と図2の装置を用いて実験を行った。その結果を表1に示す。

飲料水X

名称：ボトルドウォーター	
原材料名：水（鉱水）	
栄養成分（100 mLあたり）	
エネルギー	0 kcal
たんぱく質・脂質・炭水化物	0 g
ナトリウム	0.8 mg
カルシウム	1.3 mg
マグネシウム	0.64 mg
カリウム	0.16 mg
pH値 8.8～9.4	硬度 59 mg/L

飲料水Y

名称：ミネラルウォーター	
原材料名：水（鉱水）	
栄養成分（100 mL あたり）	
エネルギー	0 kcal
たんぱく質・脂質・炭水化物	0 g
ナトリウム	0.4～1.0 mg
カルシウム	0.6～1.5 mg
マグネシウム	0.1～0.3 mg
カリウム	0.1～0.5 mg
pH 値 約7	硬度 約30 mg/L

飲料水Z

名称：ミネラルウォーター	
原材料名：水（鉱水）	
栄養成分（100 mLあたり）	
たんぱく質・脂質・炭水化物	0 g
ナトリウム	1.42 mg
カルシウム	54.9 mg
マグネシウム	11.9 mg
カリウム	0.41 mg
pH 値 7.2	硬度 約1849 mg/L

図1

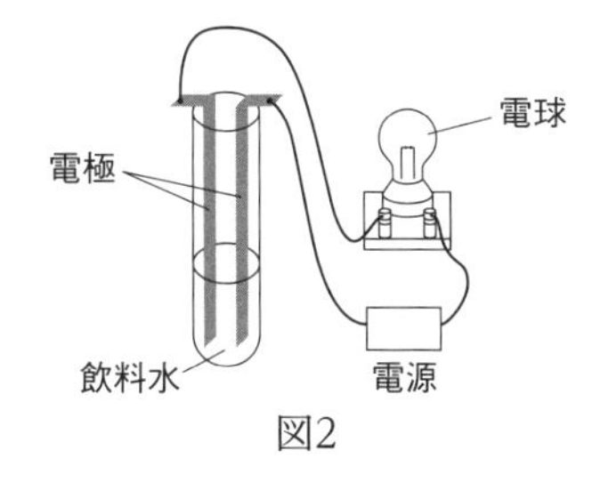

図2

表1　実験操作とその結果

	BTB溶液を加えて色を調べた結果	図2の装置を用いて電球がつくか調べた結果
コップⅠ	緑	ついた
コップⅡ	緑	つかなかった
コップⅢ	青	つかなかった

コップⅠ～Ⅲに入っている飲料水として最も適当なものを，次の①～③のうちからそれぞれ選べ。ただし，飲料水X～Zに含まれる陽イオンはラベルに示されている元素のイオンだけとし，水素イオンや水酸化物イオンの量は無視できるものとする。

① X　　② Y　　③ Z

（18　プレテスト　改）

指数と有効数字 —第Ⅱ章を学習する前に—

1 指数

化学では，非常に大きい数値や非常に小さい数値を扱うことが多く，このような場合には，**指数**を用いて，$a\times10^n$ の形で表すことが多い$(1\leqq a<10)$。指数は，正の整数のほか，0 や負の整数の場合にも定められる。

① 10 を n 回かけたもの $\overbrace{10\times10\times\cdots\cdots\times10}^{n回}$ を 10^n と表す。

② 10^{-1} は$\dfrac{1}{10}$を表し，$\dfrac{1}{10}$を n 回かけたもの$\left(\dfrac{1}{10}\right)^n$ を 10^{-n} と表す。

③指数の計算には，次の関係を用いる。

$$10^m\times10^n=10^{m+n} \qquad 10^m\div10^n=10^{m-n} \qquad (10^m)^n=10^{m\times n} \qquad 10^0=1$$

●指数どうしの計算

① $a\times10^m\times b\times10^n=a\times b\times10^{m+n}$　　例　$2\times10^3\times3\times10^5=2\times3\times10^{3+5}=6\times10^8$

②指数どうしの足し算や引き算の場合には，桁数をそろえてから足し算，引き算を行う。

例　$1.00\times10^4+5.0\times10^2=1.00\times10^4+0.050\times10^4=1.05\times10^4$

(1.05 よりも下の位は数値が不明であるため，1.050×10^4 とはしない)

2 有効数字

測定で読み取った桁までの数字を**有効数字**という。右図の場合，最小目盛り 0.1 mL の$\dfrac{1}{10}$までを読み取り，測定値 5.22 mL を得ることができる。このとき，5，2，2 が有効数字であり,「有効数字は 3 桁である」という。有効数字の桁数を明らかにする場合，通常 $a\times10^n(1\leqq a<10)$の形を用いる。

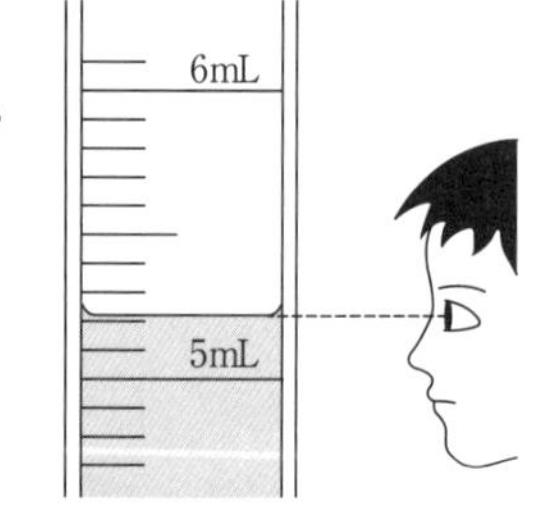

例　約 1500 を 1.5×10^3 と表した場合 ⟶ 有効数字は 2 桁

約 1500 を 1.50×10^3 と表した場合 ⟶ 有効数字は 3 桁

●有効数字どうしの計算

①有効数字の足し算・引き算

和や差を求めたのち，最も位取りの大きいものに合うように，四捨五入する。このとき，有効数字の桁数が変わる場合がある。

例　$\underline{15.2}+\underline{7.59}=22.7\underline{9}=22.8$　(15.2 の次の位の数値が不明なので小数第 2 位を四捨五入)

小数第 1 位　2 位　　四捨五入して第 1 位にする

$\underline{5.2}+\underline{7.59}=12.7\underline{9}=12.8$　(有効数字が 3 桁になる)

小数第 1 位　2 位　　四捨五入して第 1 位にする

②有効数字の掛け算・割り算

桁数の最も少ない数字よりも 1 桁多く計算し，最も少ない桁数に合うように四捨五入する。

例　$\underline{1.2}\times\underline{3.47}=4.1\underline{6}=4.2$　(3 桁目を四捨五入)

有効数字 2 桁　3 桁　　四捨五入して 2 桁にする

$\underline{80}\div\underline{22.4}=3.5\underline{7}=3.6$　(3 桁目を四捨五入)

有効数字 2 桁　3 桁　　四捨五入して 2 桁にする

3 単位の取り扱い

化学では，g や L，mol などのさまざまな単位を扱う。計算問題では，単位に注意しながら，計算を行う。

①数値と同様に，単位どうしをかけ合わせたり，割ったりできる。

例　密度 $1.00\ g/cm^3$ の水 $100\ cm^3$ の質量〔g〕

$1.00\ g/cm^3 \times 100\ cm^3 = 100\ g$

（単位についてみると，$g/cm^3 \times cm^3 = g$）

2.0 L の気体が 4.0 g であったときの密度〔g/L〕

$4.0\ g \div 2.0\ L = 2.0\ g/L$

（単位についてみると，$g \div L = g/L$）

②単位は，表のような接頭辞をつけて表す場合もある。

例　$1\ kg = 10^3\ g = 1000\ g$

$10\ mL = 10 \times 10^{-3}\ L = 0.010\ L$

$1.4\ nm = 1.4 \times 10^{-9}\ m = 1.4 \times 10^{-7}\ cm$

③足し算や引き算は，同じ単位どうしで行う。

例　1.000 kg の水に 50 g の食塩を加えたときの質量〔g〕

$1.000\ kg + 50\ g = 1000\ g + 50\ g = 1050\ g$

クローズアップ

体積 V など，量を表す記号には，数値と単位が含まれる。

例　$V = \underline{2.0}\ \underline{L}$　（2.0：数値，L：単位）

本書では，単位を分かりやすくするために V〔L〕のように示している。

接頭辞	読み方	意味
M	メガ	10^6
k	キロ	10^3
h	ヘクト	10^2
d	デシ	10^{-1}
c	センチ	10^{-2}
m	ミリ	10^{-3}
μ	マイクロ	10^{-6}
n	ナノ	10^{-9}

ドリル

1　次の指数計算をせよ。

(1)　$10^2 \times 10^3$　(2)　$10^4 \div 10^2$　(3)　$(10^4)^2$　(4)　$(2 \times 10^{-3})^2$

2　次の数値を(　　)で示した有効数字で表せ。必要に応じて，$a \times 10^n$ の形にせよ。

(1)　100000　(2 桁)　(2)　100000　(4 桁)

(3)　0.05000　(2 桁)　(4)　96485　(3 桁)

(5)　0.000328　(2 桁)

3　有効数字に注意して，次の計算をせよ。

(1)　6.0×1.2　(2)　6.00×1.2　(3)　$2.0 \times 10^2 \times 3.50$

(4)　$5 \times 10^3 \div 2.5$　(5)　$2.0 + 1.20$　(6)　$2.0 - 1.20$

(7)　$2.0 + 8.92$　(8)　$22.4 - 22.26$

4　次の各問いに答えよ。

(1)　体積 $10\ cm^3$ の物質の質量が 5.0 g のとき，その密度は何 g/cm^3 か。

(2)　密度 $4.0\ g/cm^3$ の物質が $2.0\ cm^3$ あったとき，その質量は何 g か。

(3)　密度 $4.0\ g/cm^3$ の物質が 2.0 g あったとき，その体積は何 cm^3 か。

第Ⅱ章　物質の変化

4 物質量と濃度

Step1 / 2 / 3 / 4

1 原子量・分子量・式量

1．原子量

(a)　原子の相対質量　質量数 12 の炭素原子 ^{12}C の質量を基準(12)とした原子の質量の相対値。原子の相対質量は，その原子の質量数にほぼ等しい。

例

原子	質量	相対質量
^{12}C	1.993×10^{-23}g	12
^{27}Al	4.481×10^{-23}g	27

例　^{27}Al の相対質量 $=12\times\dfrac{^{27}\text{Al 原子 1 個の質量}}{^{12}\text{C 原子 1 個の質量}}=12\times\dfrac{4.481\times10^{-23}\,\text{g}}{1.993\times10^{-23}\,\text{g}}=26.98\fallingdotseq27$

(b)　元素の原子量　各同位体の天然存在比から求めた相対質量の平均値。同位体の存在しない元素の原子量は，原子の相対質量に一致。

例

原子	相対質量	天然存在比
^{12}C	12	98.90
^{13}C	13.01	1.10

C 原子 1000 個のうち，^{12}C 原子は 989 個，^{13}C 原子は 11 個存在

C の原子量 $=\underset{^{12}\text{Cの相対質量}}{12}\times\underset{^{12}\text{Cの天然存在比}}{\dfrac{98.90}{100}}+\underset{^{13}\text{Cの相対質量}}{13.01}\times\underset{^{13}\text{Cの天然存在比}}{\dfrac{1.10}{100}}=12.01$

（すべての C 原子の相対質量を 12.01 として扱う）

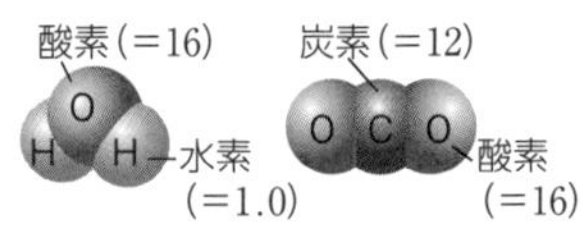

2．分子量　分子を構成している原子の原子量の総和。

例　H_2O の分子量 $=1.0\times2+16\times1=18$

3．式量　イオンや組成式を構成している原子の原子量の総和。

(a)　イオンの式量　イオンを構成している原子の原子量の総和。

例　$Na^+=23$　　$OH^-=16+1=17$

（電子の質量は，陽子や中性子に比べて非常に小さいので無視できる）

(b)　組成式の式量　組成式を構成している原子の原子量の総和。

例　$NaCl=23+35.5=58.5$　　$Fe=56$

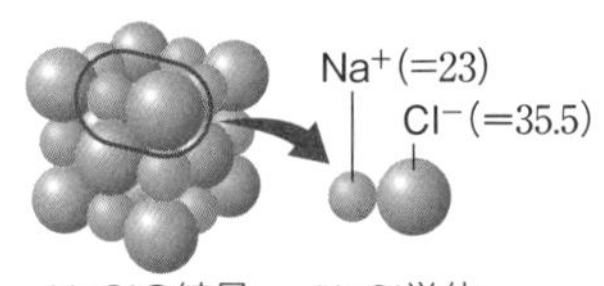

2 物質量

1．物質量　6.0×10^{23} 個の粒子の集団を 1 mol といい，mol を単位として示された量を物質量という。

(a)　アボガドロ定数　1 mol あたりの粒子の数。N_A… 6.0×10^{23} /mol

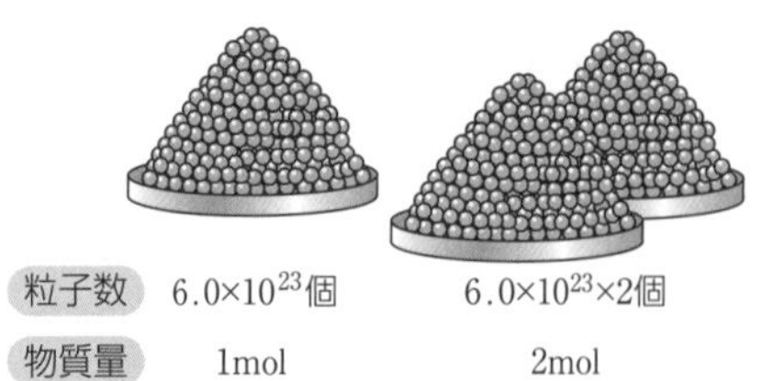

クローズアップ

物質中の粒子の数を表す場合，着目する粒子が何であるかに留意する。

例　H_2 1 mol 中には H 原子が 2 mol 含まれる。

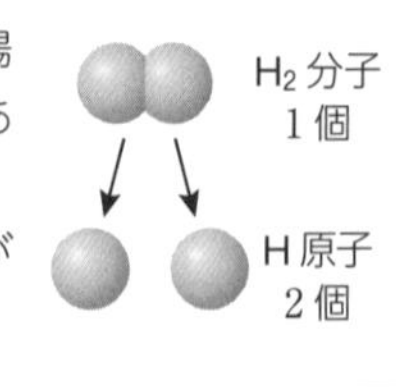

$$\text{物質量〔mol〕}=\frac{\text{構成粒子の数}}{\text{アボガドロ定数〔/mol〕}}$$

例　1.2×10^{23} 個のヘリウム He の物質量

$$\text{物質量〔mol〕}=\frac{1.2\times10^{23}}{6.0\times10^{23}/\text{mol}}=0.20\text{ mol}$$

(b)　モル質量　物質 1 mol あたりの質量(単位は g/mol)。値は原子量，分子量，式量に等しい。

	化学式量	1 mol の個数	モル質量
水素原子 H	1.0	H 原子　6.0×10^{23} 個	1.0 g/mol
水素分子 H_2	2.0	H_2 分子　6.0×10^{23} 個	2.0 g/mol
塩化物イオン Cl^-	35.5	Cl^-イオン　6.0×10^{23} 個	35.5 g/mol
塩化ナトリウム NaCl	58.5	Na^+，Cl^-それぞれ 6.0×10^{23} 個	58.5 g/mol

$$\text{物質量〔mol〕}=\frac{\text{質量〔g〕}}{\text{モル質量〔g/mol〕}}$$

例　36 g の水 H_2O(モル質量 18 g/mol)の物質量

$$\text{物質量〔mol〕}=\frac{36\text{ g}}{18\text{ g/mol}}=2.0\text{ mol}$$

(c)　モル体積(気体 1 mol の体積)　0 ℃，1.013×10^5 Pa(**標準状態**)の気体分子 1 mol あたりの占める体積は，気体の種類に関係なく **22.4 L/mol** である。

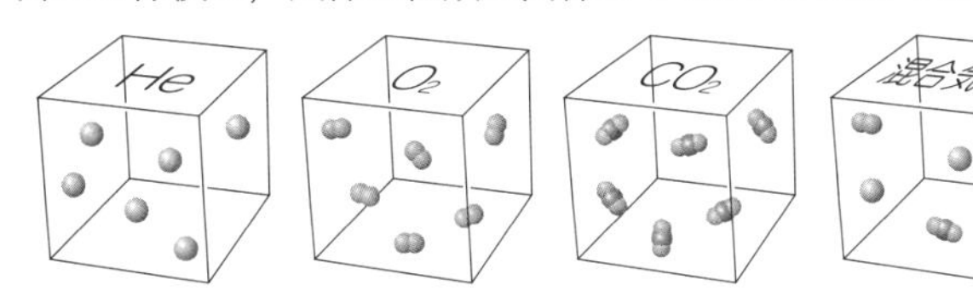

アボガドロの法則
すべての気体は，同温・同圧下で同体積中に同数の分子を含む。
⇒ 同温・同圧では，
気体の体積比＝物質量の比

$$\text{物質量〔mol〕}=\frac{\text{気体の体積〔L〕}}{\text{モル体積〔L/mol〕}}$$

例　33.6 L の酸素 O_2 の物質量(0 ℃，1.013×10^5 Pa)

$$\text{物質量〔mol〕}=\frac{33.6\text{ L}}{22.4\text{ L/mol}}=1.50\text{ mol}$$

(d)　気体の分子量　0 ℃，1.013×10^5 Pa における気体の密度〔g/L〕から 22.4 L の質量(モル質量)を求める。

例　密度 1.25 g/L の気体
1.25 g/L×22.4 L/mol＝28.0 g/mol ⇒ 分子量 28.0

クローズアップ
分子量が 28.8 より大きい
→空気より重い
分子量が 28.8 より小さい
→空気より軽い

(e)　混合気体の平均分子量　成分気体の分子量と混合割合から求める。

例　空気の平均分子量(N_2(分子量 28.0)：O_2(分子量 32.0)＝4：1(物質量の比))

$$\underbrace{28.0\text{ g/mol}}_{N_2\text{ のモル質量}}\times\underbrace{\frac{4}{4+1}}_{N_2\text{ の混合割合}}+\underbrace{32.0\text{ g/mol}}_{O_2\text{ のモル質量}}\times\underbrace{\frac{1}{4+1}}_{O_2\text{ の混合割合}}=28.8\text{ g/mol}\Rightarrow\text{分子量 }28.8$$

2. 物質量の求め方

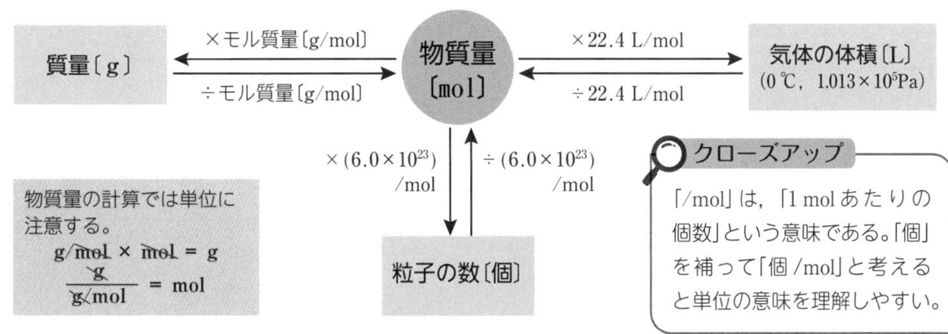

3 溶液の濃度

1．溶解と溶液　物質が水などに溶けて均一な状態になる現象を溶解といい，生じた液体を溶液という。溶媒が水の場合は水溶液という。

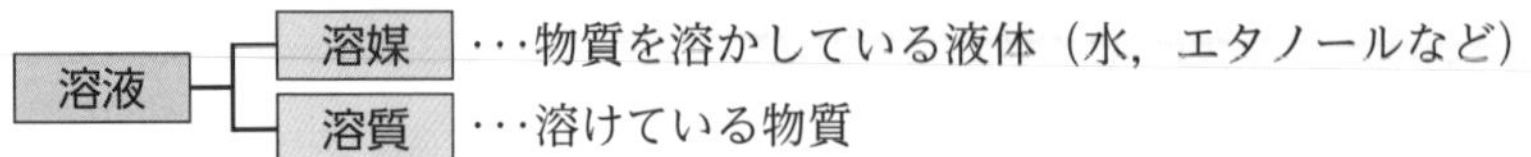

・・・物質を溶かしている液体（水，エタノールなど）
・・・溶けている物質

2．濃度

(a)　質量パーセント濃度〔%〕　溶液の質量に対する溶質の質量の百分率。

$$\text{質量パーセント濃度}=\frac{\text{溶質の質量〔g〕}}{\text{溶液の質量〔g〕}}\times 100=\frac{\text{溶質の質量〔g〕}}{\text{溶媒の質量〔g〕}+\text{溶質の質量〔g〕}}\times 100$$

(b)　モル濃度〔mol/L〕　溶液 1L 中に溶けている溶質の物質量。

一定モル濃度の溶液の調製にはメスフラスコを使用する。

$$\text{モル濃度〔mol/L〕}=\frac{\text{溶質の物質量〔mol〕}}{\text{溶液の体積〔L〕}}$$

c〔mol/L〕水溶液の V〔L〕中に含まれる溶質の物質量〔mol〕

c〔mol/L〕× V〔L〕＝ cV〔mol〕

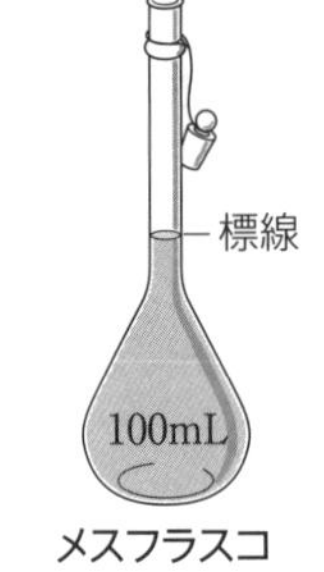

メスフラスコ

3．水溶液の調製

例　1.00 mol/L 塩化ナトリウム NaCl 水溶液 100 mL の調製

NaCl のモル質量は 58.5 g/mol なので，58.5 g/mol×1.00 mol/L×0.100 L＝5.85 g を水に溶かして 100 mL にすればよい。

①塩化ナトリウムを正確に測り取る。
②ビーカーで水に溶かす。
③②の水溶液をメスフラスコに入れ，ビーカーを数回蒸留水で洗い，洗液も入れる。
④メスフラスコの標線まで蒸留水を加えてよく振って均一にする。

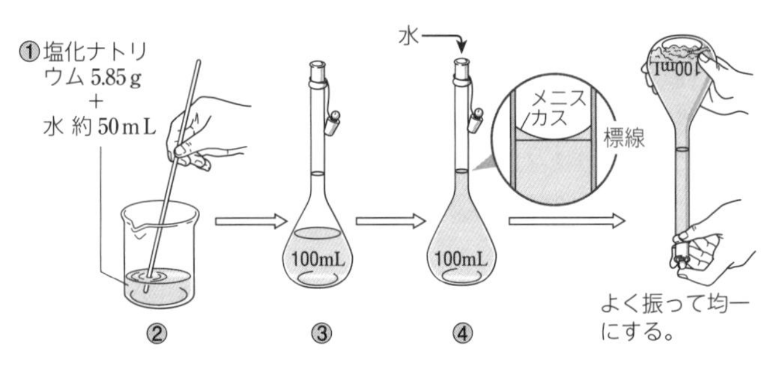

クローズアップ +α　固体の溶解度

(a)　溶解度　溶媒 100 g に溶けうる溶質の最大量〔g〕。

(b)　飽和溶液　溶質が溶解度まで溶けた溶液

(c)　溶解度曲線　溶解度の温度変化を示すグラフ。

(d)　結晶の析出　図において，温度 t_0 から徐々に冷却していくと，温度が t_1 になったときに飽和に達し，さらに冷却して t_2 になると，溶解度の差 $S_1 - S_2$ に相当する量の結晶が析出する。この現象を利用して，混合物である溶液から純粋な結晶を得る操作を再結晶という。

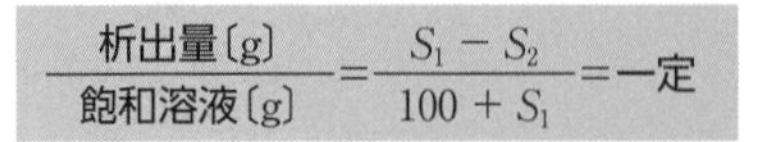

$$\frac{\text{析出量〔g〕}}{\text{飽和溶液〔g〕}}=\frac{S_1 - S_2}{100 + S_1}=\text{一定}$$

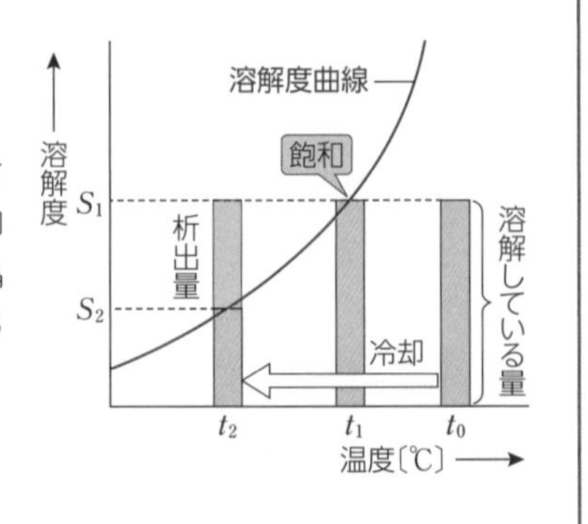

Check 次の文中の(　　　)に適切な語句，数字を入れよ。

1. 質量数12の炭素原子 ^{12}C の質量を(　ア　)としたときの，各原子の相対的な質量を(　イ　)といい，各同位体の天然存在比から求めた(イ)の平均値を元素の(　ウ　)という。

1 (ア) 12
(イ) 相対質量
(ウ) 原子量

2. 分子式中の元素の原子量の総和を(　エ　)といい，イオンを表す化学式や組成式中の元素の原子量の総和を(　オ　)という。イオンの生成には(　カ　)の出入りを伴うが，その質量は陽子や中性子に比べてきわめて(　キ　)いので無視できる。

2 (エ) 分子量
(オ) 式量
(カ) 電子
(キ) 小さ

3. 粒子が(　ク　)個集まったとき，その集団を1 molという。物質1 molあたりの構成粒子の数(ク)/molを(　ケ　)定数という。また，物質1 molあたりの質量[g/mol]を(　コ　)といい，その値は(　サ　)，分子量，式量に等しい。

3 (ク) 6.0×10^{23}
(ケ) アボガドロ
(コ) モル質量
(サ) 原子量

4. 気体1molあたりの体積は(　シ　)といい，0℃，1.013×10^5 Paにおける気体1 molの体積は，気体の種類によらず常に(　ス　)Lである。このように，すべての気体は，同温・同圧下で同体積中に同数の(　セ　)を含む。これを(　ソ　)の法則という。

4 (シ) モル体積
(ス) 22.4
(セ) 分子
(ソ) アボガドロ

5. 気体の分子量は，0℃，1.013×10^5 Paにおける気体の密度(単位(　タ　))から求められる。また，混合気体において，成分気体の分子量と混合割合から求めた分子量を(　チ　)という。

5 (タ) g/L
(チ) 平均分子量

6. 物質が水などに溶けて均一な状態になる現象を(　ツ　)といい，溶けている物質を(　テ　)，溶かしている液体を(　ト　)という。

6 (ツ) 溶解
(テ) 溶質
(ト) 溶媒

7. 物質が溶解して得られた液体を(　ナ　)といい，溶媒が水のときは特に(　ニ　)という。

7 (ナ) 溶液
(ニ) 水溶液

8. 水溶液の濃度には，溶液の質量に対する溶質の質量の割合を百分率で表した(　ヌ　)濃度や，溶液1L中に溶解している溶質の量を物質量で表した(　ネ　)濃度がある。一定(ネ)濃度の溶液の調製には，(　ノ　)を使用する。

8 (ヌ) 質量パーセント
(ネ) モル
(ノ) メスフラスコ

9. 固体の溶解度は，溶媒(　ハ　)gに溶けうる溶質の最大量[g]で表し，溶質が溶解度まで溶けた溶液を(　ヒ　)溶液という。また，固体の溶解度が温度によって異なることを利用すると，混合物である溶液から純粋な結晶を得ることができる。この操作を(　フ　)という。

9 (ハ) 100
(ヒ) 飽和
(フ) 再結晶

ドリル —集中トレーニング—

H=1.0	He=4.0	C=12	N=14	O=16	F=19	Na=23
Mg=24	S=32	Ca=40	Cl=35.5	Fe=56	Cu=64	

1 **分子量** 次の各物質の分子量を求めよ。

(1) 水素 H_2　(2) ヘリウム He　(3) 窒素 N_2
(4) メタン CH_4　(5) アンモニア NH_3　(6) 水 H_2O
(7) 塩化水素 HCl　(8) 硫酸 H_2SO_4　(9) グルコース $C_6H_{12}O_6$

➡まとめ1−2
分子量=原子量の総和

2 **式量** 次の各イオンや各物質の式量を求めよ。

(1) フッ化物イオン F^-　(2) アンモニウムイオン NH_4^+
(3) ダイヤモンド C　(4) 鉄 Fe
(5) 水酸化ナトリウム NaOH　(6) 水酸化マグネシウム $Mg(OH)_2$
(7) 塩化カルシウム $CaCl_2$　(8) 硫酸銅(Ⅱ) $CuSO_4$

➡まとめ 1−3
式量=原子量の総和

3 **物質 1 mol の質量** 次の表の空欄に適切な数値を入れよ。

物質	黒鉛(炭素)	水	アルミニウム	塩化ナトリウム
構成粒子	C	H_2O	Al	NaCl 単位
分子量・式量	12	(ア)	27	(イ)
物質 1mol	炭素棒			
質量	(ウ)g	(エ)g	(オ)g	58.5 g

➡まとめ 2−1
粒子 1 mol の質量は原子量・分子量・式量の値に g をつけたものとなる。

4 **物質量** 次の図中の空欄に適切な数値を入れよ。

(1) 粒子の数と物質量の関係			
粒子の数	6.0×10^{23} 個	1.2×10^{24} 個	(イ)個
物質量	1.0 mol	(ア)mol	0.50 mol
(2) 質量と物質量の関係	水 H_2O		
質量	9.0 g	18 g	(オ)g
物質量	(ウ)mol	(エ)mol	2.0 mol
(3) 気体の体積と物質量の関係 (0 ℃, 1.013×10^5 Pa)	酸素 O_2		
気体の体積	22.4 L	(カ)L	44.8 L
物質量	1.00 mol	0.500 mol	(キ)mol

➡まとめ 2−1
1 mol あたりの質量をモル質量[g/mol]という。原子量・分子量・式量の値に g/mol をつけたものとなる。
水 H_2O のモル質量は 18 g/mol である。

5 **物質量を介した量の換算** 次の空欄に適切な数値を入れよ。ただし，気体の体積はすべて0℃，1.013×10^5 Pa における値とする。

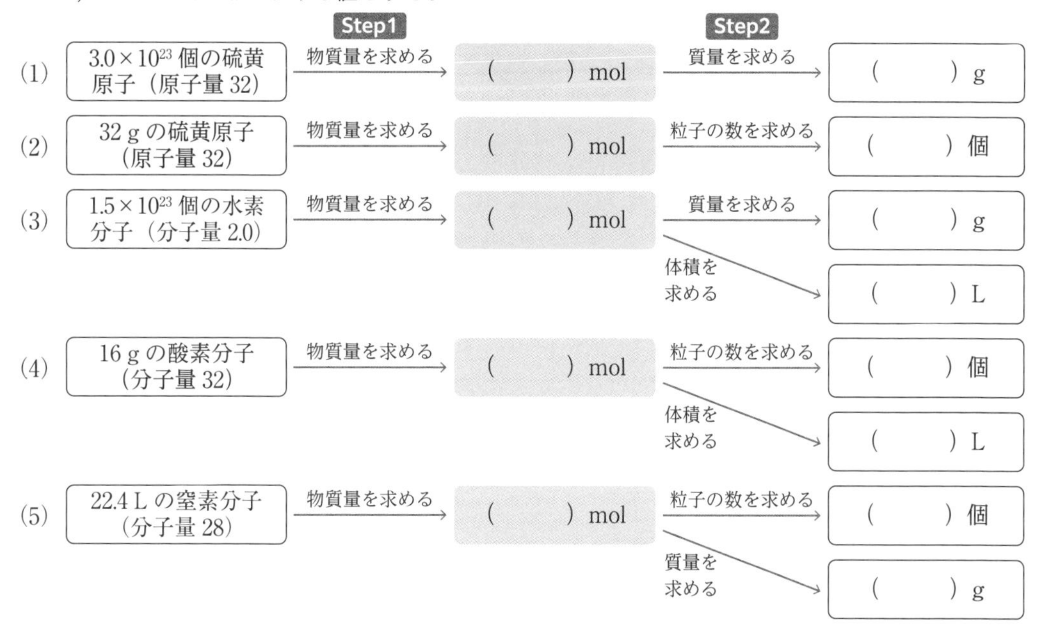

6 **物質中の粒子の数** 次の空欄に適切な数値を入れよ。

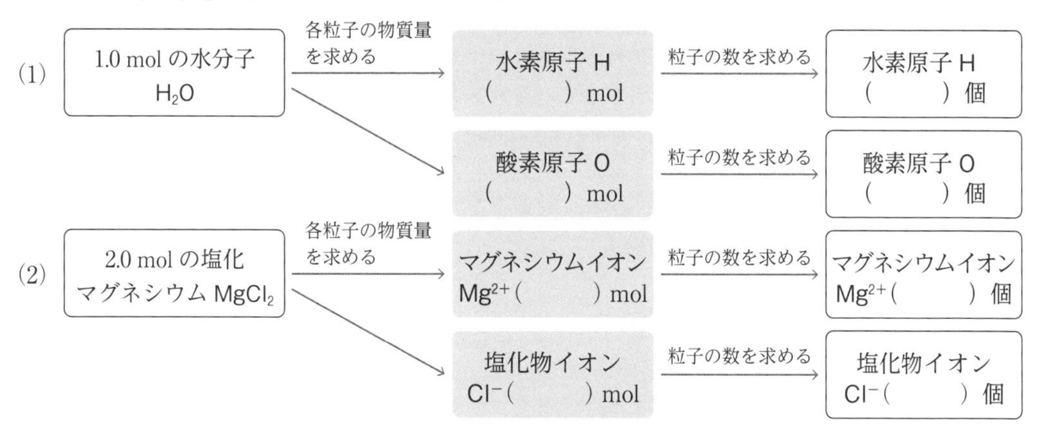

7 **単位の換算** 次の単位の換算をし，空欄に適切な単位を入れよ。

(1) $\dfrac{\text{質量〔g〕}}{\text{モル質量〔g/mol〕}}$＝物質量〔　　〕

(2) 気体のモル体積〔L/mol〕×物質量〔mol〕＝気体の体積〔　　〕

(3) 気体の密度〔g/L〕×気体のモル体積〔L/mol〕＝モル質量〔　　〕

(4) 溶液のモル濃度〔　　〕×溶液の体積〔L〕＝溶質の物質量〔mol〕

(5) アボガドロ定数〔　　〕×物質量〔mol〕＝粒子の個数

➡まとめ **2**－2

x〔g/~~mol~~〕×y〔~~mol~~〕＝xy〔g〕

$\dfrac{x\text{〔~~g~~〕}}{y\text{〔~~g~~/mol〕}}=\dfrac{x}{y}$〔mol〕

＼は分数の約分のように単位が換算できることを示している。

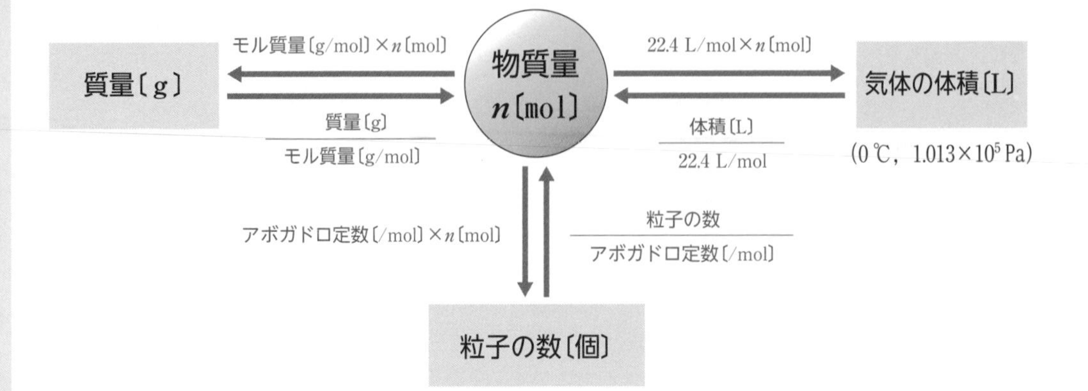

各問いでは，気体の体積，密度はすべて 0 ℃，1.013×10^5 Pa における値とする。

8　物質量と粒子の数(1)　次の各物質の物質量は何 mol か。

➡まとめ 2－1

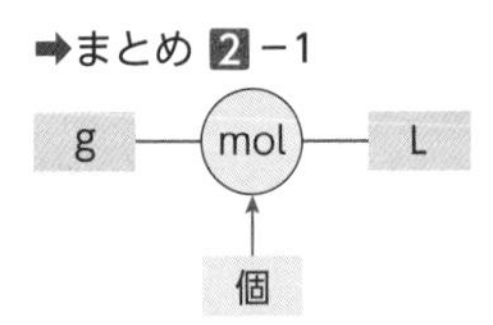

(1)　1.5×10^{23} 個の炭素原子 C
(2)　9.0×10^{23} 個の酸素分子 O_2
(3)　1.8×10^{24} 個のアルミニウムイオン Al^{3+}
(4)　1.2×10^{24} 個の水 H_2O に含まれる水素原子 H

9　物質量と粒子の数(2)　次の各物質に含まれる粒子の数は何個か。

➡まとめ 2－1

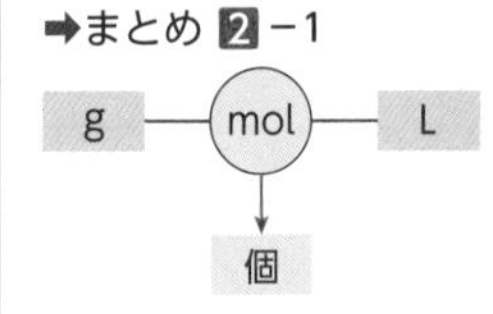

(1)　0.50 mol のアルミニウム Al に含まれるアルミニウム原子 Al
(2)　0.25 mol の水 H_2O に含まれる水分子 H_2O
(3)　1.0 mol の塩化ナトリウム NaCl に含まれるナトリウムイオン Na^+
(4)　0.30 mol の二酸化炭素 CO_2 に含まれる酸素原子 O

10　物質量と質量(1)　次の物質量〔mol〕を求めよ。

➡まとめ 2－1

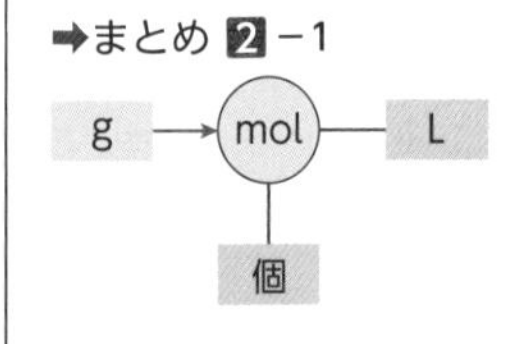

(1)　3.2 g のメタン CH_4(分子量 16)
(2)　14 g の窒素 N_2(分子量 28)
(3)　4.4 g のプロパン C_3H_8(分子量 44)

11　物質量と質量(2)　次の質量〔g〕を求めよ。

➡まとめ 2－1

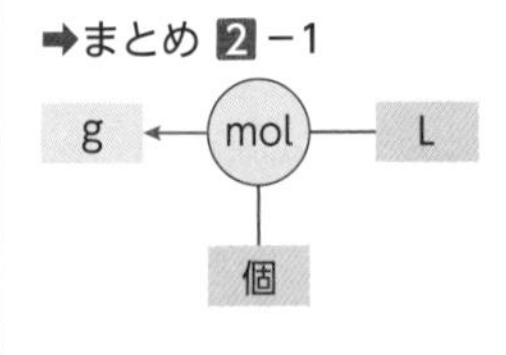

(1)　5.0 mol の酸素分子 O_2(分子量 32)
(2)　2.0 mol のアンモニア NH_3(分子量 17)
(3)　0.20 mol の塩化マグネシウム $MgCl_2$(式量 95)

12　物質量と気体の体積(1)　次の気体の物質量〔mol〕を求めよ。

➡まとめ 2－1

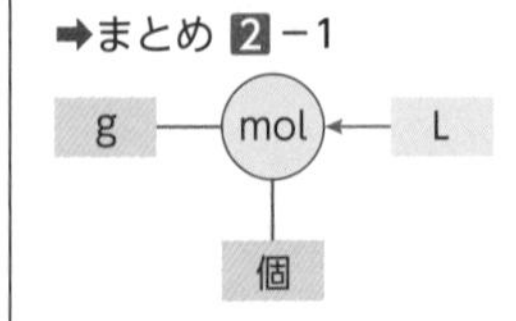

(1)　11.2 L の二酸化炭素 CO_2
(2)　5.6 L のメタン CH_4
(3)　224 mL の酸素 O_2

13 物質量と気体の体積(2)　次の気体の体積〔L〕を求めよ。

(1)　2.00 mol の水素 H_2

(2)　0.25 mol の酸素 O_2

(3)　0.500 mol の二酸化炭素 CO_2

➡まとめ 2－1

g　mol　L

個

14 質量と粒子の数　次の各問いに答えよ。

(1)　8.0 g のメタン CH_4(分子量 16)中に含まれるメタン分子は何個か。

(2)　56 g の窒素 N_2(分子量 28)中に含まれる窒素分子は何個か。

(3)　9.0×10^{23} 個の水分子 H_2O(分子量 18)は何 g か。

➡まとめ 2－2

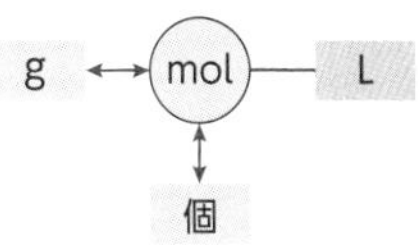

15 質量と気体の体積　次の各問いに答えよ。

(1)　16.0 g の酸素 O_2(分子量 32)は何 L か。

(2)　5.6 L の酸素 O_2(分子量 32)の質量は何 g か。

(3)　1.12 L の二酸化炭素 CO_2(分子量 44)の質量は何 g か。

➡まとめ 2－2

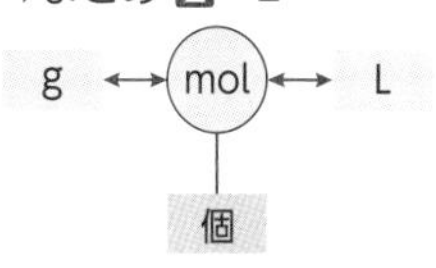

16 気体の体積と粒子の数　次の各問いに答えよ。

(1)　33.6 L の水素 H_2 に含まれる水素分子は何個か。

(2)　5.6 L のメタン CH_4 に含まれるメタン分子は何個か。

(3)　6.0×10^{22} 個のアルゴン Ar は何 L か。

➡まとめ 2－2

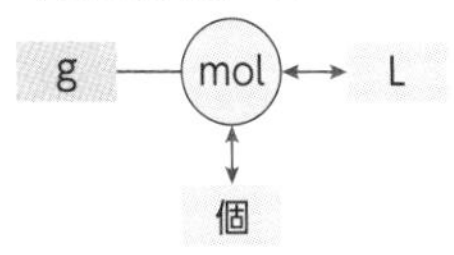

17 気体の密度と分子量　次の各問いに答えよ。

(1)　密度が 0.72 g/L の気体のモル質量は何 g/mol か。

(2)　密度が 2.6 g/L の気体のモル質量は何 g/mol か。

(3)　モル質量が 32 g/mol の気体の密度は何 g/L か。

➡まとめ 2－1

モル質量＝密度〔g/L〕×モル体積〔L/mol〕

18 質量パーセント濃度　次の各問いに答えよ。

(1)　25 g の塩化ナトリウム NaCl を水 100g に溶かした水溶液の質量パーセント濃度は何%か。

(2)　20 %の塩化ナトリウム水溶液 80 g 中に溶けている NaCl は何 g か。

➡まとめ 3－2

$$\text{質量パーセント濃度〔\%〕} = \frac{\text{溶質の質量〔g〕}}{\text{溶液の質量〔g〕}}\times100$$

19 モル濃度　次の各問いに答えよ。

(1)　酢酸 0.50 mol を溶かして 500 mL にした水溶液は何 mol/L か。

(2)　5.85 g の塩化ナトリウム NaCl(モル質量 58.5 g/mol)を水に溶かして 200 mL にした水溶液は何 mol/L か。

(3)　4.0 g の水酸化ナトリウム NaOH(モル質量 40 g/mol)を溶かして 1.0 L にした水溶液は何 mol/L か。

(4)　0.20 mol/L の塩化ナトリウム水溶液 50 mL には何 mol の塩化ナトリウムが含まれているか。

(5)　1.0 mol/L の塩酸(塩化水素の水溶液)1.0 L 中には，何 g の塩化水素(モル質量 36.5 g/mol)が含まれているか。

➡まとめ 3－2

$$\text{モル濃度〔mol/L〕} = \frac{\text{溶質の物質量〔mol〕}}{\text{水溶液の体積〔L〕}}$$

基本例題 8 原子量

関連問題➡ 76

原子量について，次の各問いに答えよ。

(1) 塩素原子には，天然に ^{35}Cl と ^{37}Cl の同位体があり，それぞれの存在比は 75.5%および 24.5%である。塩素の原子量を有効数字 3 桁で求めよ。ただし，^{35}Cl と ^{37}Cl の相対質量は，それぞれ 35.0 と 37.0 である。

(2) アルミニウムの結晶を調べたところ，アルミニウム原子 4 個の質量が 1.8×10^{-22} g であることがわかった。アルミニウムの原子量を求めよ。

解説 (1) ^{35}Cl と ^{37}Cl の相対質量は 35.0 と 37.0 なので，

$$塩素の原子量 = 35.0\times\frac{75.5}{100}+37.0\times\frac{24.5}{100}=35.49$$

(2) アルミニウム原子 Al 1 個の質量は $\frac{1.8\times10^{-22}}{4}$ g である。

したがって，1 mol(6.0×10^{23} 個)の質量は次のようになる。

$$\frac{1.8\times10^{-22}}{4}\ \mathrm{g}\times6.0\times10^{23}=27.0\ \mathrm{g}$$

この値がそのまま原子量となる。

解答 (1) **35.5** (2) **27**

> **アドバイス**
> (1) 元素の原子量は，各同位体の相対質量を，天然存在比を考慮して平均したものである。
> (2) 原子 1 mol の質量は，原子量にグラム単位をつけた値になるので，アルミニウム原子 6.0×10^{23} 個の質量を求めればよい。

基本例題 9 物質量

関連問題➡ 80

二酸化炭素 CO_2 について，次の各問いに答えよ。ただし，気体の体積，密度はすべて 0 ℃，1.0×10^5 Pa における値とする。

(1) 8.8 g の二酸化炭素 CO_2 の物質量は何 mol か。また，何 L の体積を占めるか。

(2) 0.50 mol の二酸化炭素に含まれる酸素原子は何個か。

(3) 二酸化炭素の密度は何 g/L か。

解説 (1) 二酸化炭素のモル質量は 44 g/mol なので，8.8 g の物質量は，

$$\frac{8.8\ \mathrm{g}}{44\ \mathrm{g/mol}}=0.20\ \mathrm{mol}$$

したがって体積は，22.4 L/mol×0.20 mol=4.48 L

(2) CO_2 1 mol 中に O 原子は 2 mol 含まれるので，0.50 mol の二酸化炭素に含まれる酸素原子は 0.50 mol×2=1.0 mol である。その個数は 6.0×10^{23}/mol×1.0 mol=6.0×10^{23} 個である。

(3) 一定量の気体の質量〔g〕をその体積〔L〕で割れば，密度〔g/L〕が求まる。二酸化炭素の気体 1 mol あたりの質量と体積に着目すると，気体の密度は次式で求められる。

$$密度〔g/L〕=\frac{モル質量〔g/mol〕}{22.4\ \mathrm{L/mol}}=\frac{44\ \mathrm{g/mol}}{22.4\ \mathrm{L/mol}}=1.964\ \mathrm{g/L}$$

解答 (1) **0.20 mol，4.5 L** (2) **6.0×10^{23} 個** (3) **1.96 g/L**

> **アドバイス**
> (1) 質量から，物質量を求めたのち，気体の体積に換算する。
> (2) CO_2 の 1 分子中に O 原子が 2 個含まれるので，CO_2 1 mol 中には，O 原子は 2 mol 含まれる。
> (3) 0 ℃，1.0×10^5 Pa における気体の密度〔g/L〕は，
> 密度〔g/L〕$=\frac{モル質量〔g/mol〕}{22.4\ \mathrm{L/mol}}$

H=1.0　C=12　O=16　Na=23

基本例題 10　混合気体の物質量

関連問題➡ 83

メタン CH_4 と酸素 O_2 を1：3の物質量の比で混合した気体について，次の各問いに答えよ。ただし，気体の体積はすべて0℃，1.013×10^5 Pa における値とする。
(1)　この混合気体の平均分子量はいくらか。
(2)　5.6 L のこの混合気体の質量は何 g か。
(3)　この混合気体とほぼ同じ密度〔g/L〕である気体は次のうちどれか。
　(ア)　水素 H_2　　(イ)　窒素 N_2　　(ウ)　アルゴン Ar　　(エ)　二酸化炭素 CO_2

解説 (1)　CH_4(分子量 16)と O_2(分子量 32)が1：3の物質量の比で混合しているので，分子量の平均値は，

$$16\times\frac{1}{1+3}+32\times\frac{3}{1+3}=28$$

(2)　混合気体は $\frac{5.6\ \mathrm{L}}{22.4\ \mathrm{L/mol}}=0.25\ \mathrm{mol}$ である。
(1)から，この気体 1 mol の質量が 28 g なので，
$28\ \mathrm{g/mol}\times0.25\ \mathrm{mol}=7.0\ \mathrm{g}$
(3)　気体の密度〔g/L〕はモル質量と比例するため，分子量と比例する。(1)から，混合気体の平均分子量が 28 なので，分子量 28 の窒素 N_2 と密度はほぼ等しい。

解答 (1)　28　　(2)　7.0 g　　(3)　(イ)

アドバイス
(1)　平均分子量は，成分気体の混合割合にもとづく分子量の平均値である。
(2)　混合気体 1 mol は 0℃，1.013 $\times10^5$ Pa で 22.4 L であり，その質量は，平均分子量に g 単位をつけたものになる。
(3)　0℃，1.013×10^5 Pa における気体の密度は，モル質量と比例関係にある。

$$密度〔\mathrm{g/L}〕=\frac{モル質量〔\mathrm{g/mol}〕}{22.4\ \mathrm{L/mol}}$$

基本例題 11　溶液の濃度

関連問題➡ 88

炭酸ナトリウム Na_2CO_3 5.3 g を純水に溶かし，100 mL の水溶液を調製した。
(1)　この水溶液のモル濃度はいくらか。
(2)　この水溶液を希釈して，0.10 mol/L の炭酸ナトリウム水溶液を 100 mL つくりたい。このとき必要なもとの炭酸ナトリウム水溶液は何 mL か。

解説 (1)　炭酸ナトリウムのモル質量は 106 g/mol なので，その 5.3 g は，$\frac{5.3\ \mathrm{g}}{106\ \mathrm{g/mol}}=0.050\ \mathrm{mol}$ である。したがって，水溶液のモル濃度は，

$$\frac{0.050\ \mathrm{mol}}{0.100\ \mathrm{L}}=0.50\ \mathrm{mol/L}$$

(2)　求める水溶液の体積を V〔L〕とする。希釈する前と後では，含まれる溶質の物質量が等しいため，次の関係が成立する。

$$0.50\ \mathrm{mol/L}\times V〔\mathrm{L}〕=0.10\ \mathrm{mol/L}\times\frac{100}{1000}\ \mathrm{L}\qquad V=\frac{20}{1000}\ \mathrm{L}$$

解答 (1)　0.50 mol/L　　(2)　20 mL

アドバイス
(1)　モル濃度〔mol/L〕

$$=\frac{溶質の物質量〔\mathrm{mol}〕}{溶液の体積〔\mathrm{L}〕}$$

(2)　薄める前と後では，含まれている溶質の物質量〔mol〕が等しい。
溶質の物質量〔mol〕
$=c$〔mol/L〕$\times V$〔L〕

知識

75 **原子の相対質量**　次の文中の(　　)に適当な数値を入れよ。

原子1個の質量はきわめて小さいので，質量数12の炭素原子 $^{12}_{6}C$ の質量を(　ア　)と定め，これを基準とした相対値(相対質量)を用いて原子の質量を表す。

たとえば，^{12}C 原子1個の質量は 2.0×10^{-23}g，アルミニウム原子1個の質量は 4.5×10^{-23}g なので，アルミニウム原子の相対質量は(　イ　)である。一方，ベリリウム原子1個の質量は ^{12}C 原子1個の質量の0.75倍であり，ベリリウム原子の相対質量は(　ウ　)である。

思考

76 **原子量**　次の各問いに答えよ。

(1)　銅には ^{63}Cu と ^{65}Cu の同位体がある。各同位体の相対質量と存在比を表に示す。銅の原子量を求めよ。

	^{63}Cu	^{65}Cu
相対質量	63.0	65.0
存在比〔%〕	69.0	31.0

(2)　ホウ素には ^{10}B と ^{11}B の2種類の同位体があり，ホウ素の原子量は10.8である。^{10}B と ^{11}B の相対質量をそれぞれ10.0と11.0とすると，これら2種の同位体は，それぞれ何%ずつ存在するか。整数値で答えよ。

知識

77 **分子量・式量**　次の(1)～(8)の分子量または式量を求めよ。

(1)　酸素 O_2
(2)　エタン C_2H_6
(3)　尿素 $CO(NH_2)_2$
(4)　ナトリウムイオン Na^+
(5)　炭酸イオン CO_3^{2-}
(6)　水酸化カルシウム $Ca(OH)_2$
(7)　硫酸アンモニウム $(NH_4)_2SO_4$
(8)　硫酸銅(Ⅱ)五水和物 $CuSO_4 \cdot 5H_2O$

知識

78 **物質量の定義**　次の文中の(　　)に適当な数値または語句を入れよ。

原子，分子，イオンなどの構成粒子が(　ア　)個集まった集団を1mol といい，mol を単位として表された量を(　イ　)という。また,(ア)/mol を(　ウ　)定数という。

物質1mol あたりの質量は(　エ　)とよばれ，原子量・分子量・式量の数値に g/mol の単位をつけて表される。水 H_2O の分子量は18なので，水分子1mol の質量は(　オ　)g であり，この中に(　カ　)個の水分子が含まれる。

気体の場合，標準状態といわれる(　キ　)℃,(　ク　)Pa の状態では，その種類に関係なく1mol の体積は(　ケ　)L で一定である。

知識

79 **物質量**　次の表中の空欄に適当な数値を入れよ。ただし，体積は0℃，1.013×10^5 Pa における値である。

	分子式	分子量	物質量〔mol〕	質量〔g〕	分子の数〔個〕	体積〔L〕
メタン	CH_4	(　ア　)	0.50	(　イ　)	(　ウ　)	(　エ　)
酸素	O_2	(　オ　)	(　カ　)	8.0	(　キ　)	(　ク　)
硝酸	HNO_3	63	(　ケ　)	(　コ　)	1.2×10^{24}	−

H=1.0	He=4.0	C=12	N=14	O=16	Ne=20	Na=23	Mg=24
Al = 27	S=32	Cl=35.5	Ar=40	Ca=40	Fe=56	Cu=64	

知識
80 物質量　1.50 mol のアンモニア NH_3 について，次の各問いに答えよ。

(1)　質量は何 g か。

(2)　0℃，1.013×10^5 Pa で何 L の体積を占めるか。

(3)　アンモニア分子は何個含まれるか。

(4)　窒素原子および水素原子は，それぞれ何個含まれるか。

知識
81 物質量と構成粒子の数　次の各問いに答えよ。

(1)　19 g の $MgCl_2$ 中に含まれる Mg^{2+} と Cl^- はそれぞれ何 mol か。

(2)　14.2 g の Na_2SO_4 中に含まれるイオンの総数は何個か。

(3)　25 g の硫酸銅(Ⅱ)五水和物 $CuSO_4\cdot5H_2O$ 中に含まれる水分子は何 g か。

知識
82 気体の分子量　次の(1)～(3)の気体の分子量をそれぞれ求め，下の(ア)～(オ)のどの気体であるか答えよ。ただし，気体の体積は 0 ℃，1.013×10^5 Pa における値である。

(1)　1.12 L の気体の質量が 1.0 g である気体。

(2)　密度が 1.25 g/L である気体。

(3)　ある体積の質量が同体積の酸素の質量の 2.0 倍の気体。

(ア)　H_2　(イ)　Ne　(ウ)　N_2　(エ)　CO_2　(オ)　SO_2

知識
83 混合気体　空気を，窒素と酸素が体積比 4：1 で混合した気体として，次の各問いに答えよ。

(1)　空気の平均分子量はいくらか。

(2)　0℃，1.013×10^5 Pa で 5.6 L の空気の質量は何 g か。

(3)　空気よりも軽い気体は次のうちどれか。記号で答えよ。

(ア)　Cl_2　(イ)　CO_2　(ウ)　NH_3　(エ)　Ar

思考
84 粒子の質量と粒子の数　次の各問いに答えよ。

(1)　次の原子，分子，イオンのそれぞれ 1 個の質量[g]を求めよ。

(ア)　マグネシウム原子 Mg　(イ)　水分子 H_2O　(ウ)　硫酸イオン SO_4^{2-}

(2)　次の物質を 1 g ずつとったとき，含まれる原子の数が最も多いものはどれか。また，最も少ないものはどれか。それぞれ次の(ア)～(オ)から選べ。

(ア)　ナトリウム　(イ)　炭素　(ウ)　ヘリウム　(エ)　アルミニウム　(オ)　鉄

知識
85 元素の割合　次の物質中に含まれる(　　)内の元素の質量の割合はそれぞれ何%か。

(1)　メタン CH_4(C)　(2)　二酸化硫黄 SO_2(S)　(3)　グルコース $C_6H_{12}O_6$(C)

思考
86 金属元素の原子量　次の各問いに答えよ。

(1)　ある金属元素 M と酸素 O の化合物 MO がある。この MO 中に M は質量の割合で 60%含まれている。M の原子量はいくらか。

(2)　ある金属元素 M の単体 1.30 g を加熱すると，すべてが反応して酸化物 MO となり，その質量は 1.62 g であった。M の原子量はいくらか。

知識

87 質量パーセント濃度　スクロースの水溶液について，次の各問いに答えよ。

(1)　スクロース 30 g を水 120 g に溶かした水溶液の質量パーセント濃度は何％か。

(2)　質量パーセント濃度が 20 ％のスクロース水溶液 200 g に溶けているスクロースは何 g か。

(3)　10 ％のスクロース水溶液 80 g と 20 ％のスクロース水溶液 20 g を混合した水溶液の質量パーセント濃度は何％か。

知識

88 モル濃度　水酸化ナトリウム NaOH 水溶液について，次の各問いに答えよ。

(1)　0.10 mol の水酸化ナトリウムを水に溶かして 500 mL にした水溶液は何 mol/L か。

(2)　4.0 g の水酸化ナトリウムを水に溶かして 200 mL にした水溶液は何 mol/L か。

(3)　0.50 mol/L の水溶液 400 mL に溶けている水酸化ナトリウムは何 mol か。

(4)　0.20 mol/L の水溶液 500 mL をつくるのに必要な水酸化ナトリウムは何 g か。

知識 実験

89 溶液の調製　1.00 mol/L の塩化ナトリウム水溶液 100 mL の調製に関する次の文中の(　　　)に適切な語句，数値を入れよ。

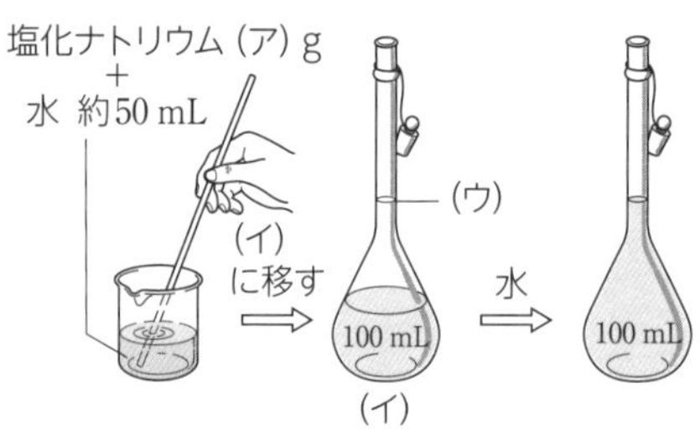

① 塩化ナトリウム(　ア　)g を正確に測り取る。

② ①の塩化ナトリウムをビーカーに移し，約 50 mL の蒸留水を加えて，完全に溶かす。

③ ②の水溶液を 100 mL の(　イ　)に入れ，ビーカーを数回蒸留水で洗い，その洗液も(イ)に入れる。

④ (イ)の(　ウ　)まで蒸留水を加え，栓をしてよく振る。

知識

90 水溶液の濃度の換算　次の文中の(　　)に適当な数値を入れよ。

(1)　質量パーセント濃度が 10.0 ％で，密度が 1.01 g/cm^3 の水酸化ナトリウム NaOH 水溶液がある。この水溶液 1 L の質量は(　ア　)g であり，このうち，NaOH は(　イ　)g 含まれている。(イ)g の NaOH は(　ウ　)mol であり，水溶液 1 L 中に(ウ)mol の NaOH が含まれるので，この水溶液のモル濃度は(　エ　)mol/L である。

(2)　モル濃度が 0.500 mol/L で，密度が 1.02 g/cm^3 のグルコース $C_6H_{12}O_6$ 水溶液がある。この水溶液 1 L の質量は(　オ　)であり，この中に(　カ　)mol のグルコースが含まれる。(カ)mol のグルコースの質量は(　キ　)g なので，この水溶液の質量パーセント濃度は(　ク　)％である。

思考

91 物質量と文字式　アボガドロ定数を N_A〔/mol〕，気体のモル体積を V_m〔L/mol〕として，次の各問いに答えよ。

(1)　ある金属原子が n〔個〕あり，その質量は w〔g〕であった。この金属原子のモル質量〔g/mol〕を求めよ。

(2)　モル質量 M〔g/mol〕の気体の質量が w〔g〕であるとき，この気体の体積は何 L か。

(3)　モル質量 M〔g/mol〕の気体がある。この気体の密度〔g/L〕を求めよ。

(4)　モル質量 M〔g/mol〕の溶質を溶かしたモル濃度 c〔mol/L〕の水溶液がある。この水溶液を V〔L〕とったとき，含まれる溶質の質量は何 g か。

H=1.0	C=12	O=16
Na=23	S=32	Cl=35.5

標準例題 5 溶液の濃度

関連問題➲ 100

(1) 質量パーセント濃度が 20 %，密度が 1.1 g/cm^3 の硫酸水溶液のモル濃度は何 mol/L か。

(2) 12.0 mol/L の塩酸(塩化水素 HCl 水溶液)の密度は 1.20 g/cm^3 であった。この塩酸の質量パーセント濃度は何 % か。

解説 (1) 硫酸水溶液 1 L(= 1000 cm^3)の質量〔g〕は，

$$1.1\ \mathrm{g/cm^3} \times 1000\ \mathrm{cm^3} = 1.1 \times 10^3\ \mathrm{g}$$

このうちの 20 % が溶質の硫酸の質量なので，

$$1.1 \times 10^3\ \mathrm{g} \times \frac{20}{100} = 2.2 \times 10^2\ \mathrm{g}$$

したがって，硫酸 H_2SO_4(モル質量 98 g/mol)の物質量は，

$$\frac{2.2 \times 10^2\ \mathrm{g}}{98\ \mathrm{g/mol}} = 2.24\ \mathrm{mol}$$

これが水溶液 1 L 中に含まれるので，モル濃度は 2.24 mol/L である。

(2) 塩酸 1 L の質量は，1.20 g/cm^3×1000 cm^3=1.20×10^3 g

一方，溶質の塩化水素 HCl(モル質量 36.5 g/mol)は，水溶液 1L 中に 12.0 mol 含まれるので，その質量は，36.5 g/mol×12.0 mol で求められる。

したがって，質量パーセント濃度は，

$$\frac{36.5\ \mathrm{g/mol} \times 12.0\ \mathrm{mol}}{1.20 \times 10^3\ \mathrm{g}} \times 100 = 36.5$$

解答 (1) **2.2 mol/L** (2) **36.5 %**

アドバイス

(1) モル濃度は溶液 1 L あたりの物質量を表しているので，溶液が 1 L あるとして考えればよい。

モル濃度（この値を求める）

$$= \frac{H_2SO_4\ \text{の物質量〔mol〕}}{\text{水溶液の体積〔L〕}}$$

（水溶液の体積 ← 1 L）

(2) 同様に 1 L あたりで考える。

質量パーセント濃度

$$= \frac{\text{溶質の質量〔g〕}}{\text{溶液の質量〔g〕}} \times 100$$

約分できる場合には，計算を最後にまとめると，計算が簡単になる。

標準例題 6 溶解度と結晶の析出

関連問題➲ 101

水 100g に対する硝酸カリウム KNO_3 の溶解度は，20 ℃で 30，60 ℃で 110 である。次の各問いに整数値で答えよ。

(1) 60 ℃の硝酸カリウムの飽和水溶液 100 g 中に溶けている硝酸カリウムは何 g か。

(2) 60 ℃の硝酸カリウムの飽和水溶液 100 g を 20 ℃に冷却すると，析出する結晶は何 g か。

解説 (1) 飽和水溶液 100 g 中の硝酸カリウムを x〔g〕とすると，

$$\frac{\text{溶質の量〔g〕}}{\text{飽和水溶液の量〔g〕}} = \frac{110\mathrm{g}}{100\ \mathrm{g} + 110\ \mathrm{g}} = \frac{x\text{〔g〕}}{100\ \mathrm{g}} \qquad x = 52.3\ \mathrm{g}$$

(2) 60 ℃の飽和水溶液 100 g+110 g=210 g を 20 ℃に冷却すると，溶解度の差に相当する 110 g−30 g=80 g の結晶が析出する。したがって，飽和水溶液 100 g から析出する量を y〔g〕とすると，

$$\frac{\text{析出量〔g〕}}{\text{飽和水溶液の量〔g〕}} = \frac{80\ \mathrm{g}}{210\ \mathrm{g}} = \frac{y\text{〔g〕}}{100\ \mathrm{g}} \qquad y = 38.0\ \mathrm{g}$$

解答 (1) **52 g** (2) **38 g**

アドバイス

(1) 60 ℃の溶解度から，飽和水溶液(100 + 110) g 中には硝酸カリウムが 110 g 溶けている。

(2) 冷却すると，飽和水溶液中の水 100 g あたり，溶解度の差に相当する量の結晶が析出する。

思考

92 分子の存在割合 塩素 Cl には質量数が 35 と 37 の同位体が存在する。分子を構成する原子の質量数の総和を M とすると，2 つの塩素原子から生成する塩素分子 Cl_2 には，M が 70，72 および 74 のものが存在することになる。天然に存在するすべての Cl 原子のうち，質量数が 35 のものの存在比は 76%，質量数が 37 のものの存在比は 24% である。

これらの Cl 原子 2 個から生成する Cl_2 分子のうちで，M が 70 の Cl_2 分子の割合は何 % か。最も適当な数値を，次の①～⑥のうちから 1 つ選べ。

① 5.8　② 18　③ 24　④ 36　⑤ 58　⑥ 76　(20 センター本試)

思考

93 アボガドロ定数の測定 アボガドロ定数を測定するため，次の①～③を行った。下の各問いに答えよ。

ステアリン酸分子　分子の断面積　水面

① ステアリン酸 $C_{17}H_{35}COOH$(モル質量 284 g/mol)7.10 mg をはかり取り，ヘキサンに溶かして正確に 100 mL とした。

② ①の溶液 0.640 mL を水面に滴下した。

③ ヘキサンが蒸発すると，図のように，ステアリン酸分子がすき間なく並んだ単分子膜が生成した。この単分子膜の面積は 220 cm^2 であった。

(1) 滴下したヘキサン溶液 0.640 mL 中に含まれるステアリン酸は何 mol か。

(2) ステアリン酸 1 分子が水面上で占める面積を 2.20×10^{-15} cm^2 とすると，③のステアリン酸の単分子膜中に含まれる分子の数はいくらか。

(3) この実験から求められるアボガドロ定数[/mol]はいくらか。　(20 千葉工業大 改)

思考

94 金属の酸化物 原子量が 51 のある金属元素の酸化物について，その質量組成を調べると，金属 M が 56%，酸素 O が 44% であった。この酸化物の組成式は，次の①～⑤のうちどれか。

① MO　② MO_2　③ M_2O_3　④ M_2O_5　⑤ M_3O_2

思考

95 合金 青銅は銅 Cu とスズ Sn の合金である。2.8 kg の青銅 A(質量パーセント：Cu 96 %，Sn 4.0 %)と 1.2 kg の青銅 B(Cu 70 %，Sn 30 %)を混合して融解し，均一な青銅 C を 4.0 kg つくった。1.0 kg の青銅 C に含まれるスズの物質量は何 mol か。最も適当な数値を，次の①～⑤のうちから 1 つ選べ。

① 0.12　② 0.47　③ 0.99　④ 4.0　⑤ 12　(16 センター本試)

知識

96 物質量 次の物質量[mol]のうち，最も多いものはどれか。下の①～⑥から選べ。

① 7.8×10^{23} 個のネオン原子の物質量

② 0.50 mol の塩化マグネシウム $MgCl_2$ に含まれる塩化物イオンの物質量

③ 0℃，1.013×10^5 Pa で 5.6 L を占めるメタン CH_4 に含まれる水素原子の物質量

④ 2.0 mol/L のグルコース $C_6H_{12}O_6$ 水溶液 500 mL に含まれるグルコース分子の物質量

⑤ 32 g のカルシウム中に含まれるカルシウム原子の物質量

⑥ 0℃，1.013×10^5 Pa で 22.4 L の空気中に含まれる気体分子の全物質量　(08 明星大 改)

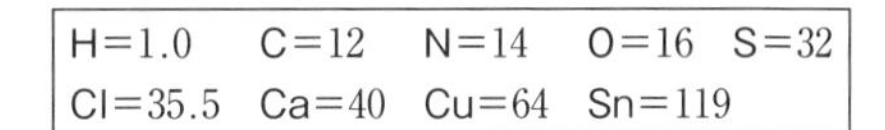

思考

97 気体の密度　窒素と水素からなる混合気体がある。この混合気体の密度は，0℃，1.013×10^5 Pa で 0.300 g/L であった。次の各問いに答えよ。

(1)　この混合気体の平均分子量はいくらか。

(2)　0℃，1.013×10^5 Pa において，この混合気体 22.4 L 中の窒素の物質量は何 mol か。

(13　芝浦工業大　改)

知識

98 硫酸銅(Ⅱ)水溶液の調製　硫酸銅(Ⅱ)五水和物 $CuSO_4 \cdot 5H_2O$ の結晶を水に溶かして，0.20 mol/L の硫酸銅(Ⅱ)水溶液を 50 mL つくった。その方法として最も適切なものを選び，番号で答えよ。ただし，硫酸銅(Ⅱ)の式量を 160 とする。

①　50 mL の水に結晶 1.6 g を溶かす。
②　50 mL の水に結晶 2.5 g を溶かす。
③　50 mL の水に結晶 5.0 g を溶かす。
④　結晶 1.6 g を少量の水に溶かしたのち，水を加えて 50 mL にする。
⑤　結晶 2.5 g を少量の水に溶かしたのち，水を加えて 50 mL にする。
⑥　結晶 5.0 g を少量の水に溶かしたのち，水を加えて 50 mL にする。

(09　日本大)

知識

99 濃塩酸の希釈　濃塩酸を希釈し，0.100 mol/L の希塩酸 500 mL をつくった。使用した濃塩酸の体積は何 mL か。最も近い数値を，次の①～⑤のうちから 1 つ選べ。ただし，濃塩酸の質量パーセント濃度は 36.5 %，密度は 1.18 g/cm^3 であるものとする。

①　1.55　　②　1.83　　③　4.24　　④　5.00　　⑤　8.47

(20　北里大)

思考

100 溶液の濃度の変換　溶液の濃度に関する次の各問いに答えよ。ただし，(2)では x などの記号は，数値のみを表すものとする。

(1)　14 mol/L のアンモニア水の質量パーセント濃度は何%か。最も適当な数値を，次の①～⑥のうちから選べ。ただし，このアンモニア水の密度は 0.90 g/cm^3 とする。

①　2.1　　②　2.4　　③　2.6　　④　21　　⑤　24　　⑥　26

(12　センター追試)

(2)　分子量 M の化合物を水に溶かして，x %(質量パーセント濃度)の溶液を調製した。この水溶液の密度を d g/cm^3 とすると，モル濃度〔mol/L〕はどのように表されるか。正しいものを次の①～⑥のうちから選べ。

(14　福岡大　改)

①　$\dfrac{10dx}{M}$　　②　$\dfrac{dx}{10M}$　　③　$\dfrac{dx}{100M}$　　④　$\dfrac{10x}{dM}$　　⑤　$\dfrac{x}{10dM}$　　⑥　$\dfrac{x}{100dM}$

思考 グラフ

101 溶解度　図は，ある結晶 X の溶解度曲線である。次の各問いに答えよ。

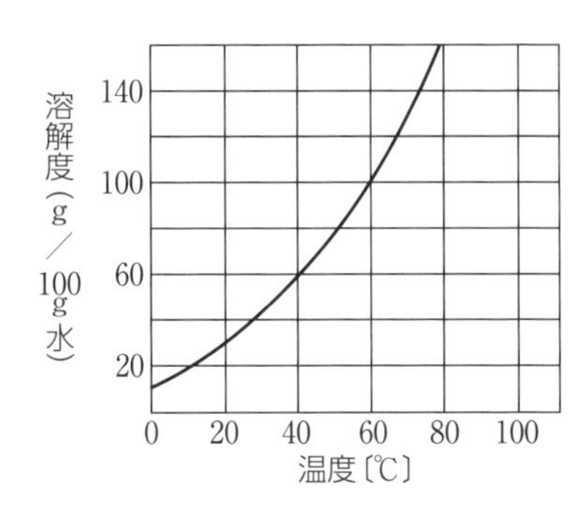

(1)　40 ℃の飽和溶液が 160 g ある。この溶液を 60 ℃にすると，あと何 g まで結晶 X を溶かすことができるか。

(2)　40 ℃の飽和溶液が 120 g ある。この溶液中に溶けている結晶 X は何 g か。

(3)　40 ℃の飽和溶液 120 g を 20 ℃に冷却すると，結晶 X が何 g 析出するか。

5 第Ⅱ章　物質の変化
化学変化と化学反応式

Step1 / 2 / 3 / 4

1 状態変化と化学変化

1．状態変化　物質の三態(固体，液体，気体)間の変化。温度や圧力の変化によって起こる。構成粒子そのものは変化せず，構成粒子の集合状態が変化する物理変化である。

2．化学変化(化学反応)　ある物質から別の化学式で表される物質が生じる変化。構成粒子をつくる原子の組み合わせが変わる変化で，反応の前後で原子の種類と数は変わらない。

2 化学反応の量的関係

1．化学反応式　化学式を用いて化学変化を表した式。反応物(左辺)と生成物(右辺)で，原子の種類と数が等しくなるように，最も簡単な整数比で係数をつける(係数が 1 の場合は省略する)。

化学反応式を書き表す順序		メタンと酸素が反応して，二酸化炭素と水を生じる	
①	反応物と生成物の化学式をかき，矢印で結ぶ。	$CH_4 + O_2 \longrightarrow CO_2 + H_2O$ メタン　酸素　二酸化炭素　水	
②	CH_4 の係数を 1 とおき，炭素原子の数を合わせる。	$1CH_4 + O_2 \longrightarrow 1CO_2 + H_2O$	C 原子が左辺で 1 個なので，CO_2 の係数を 1 にする。
③	水素原子の数を合わせる。	$1CH_4 + O_2 \longrightarrow 1CO_2 + 2H_2O$	H 原子が左辺で 4 個なので，H_2O の係数を 2 にする。
④	酸素原子の数を合わせる。	$1CH_4 + 2O_2 \longrightarrow 1CO_2 + 2H_2O$	O 原子が右辺で 4 個なので，O_2 の係数を 2 にする。
⑤	係数の 1 を省略する。	$CH_4 + 2O_2 \longrightarrow CO_2 + 2H_2O$	分数がある場合は最も簡単な整数比にする。

注　反応の前後で変化しない溶媒や触媒などは化学反応式中に書かない。

例 過酸化水素水に，触媒として酸化マンガン(Ⅳ)を加えると，水と酸素が生成する。

$2H_2O_2 \longrightarrow 2H_2O + O_2$　(酸化マンガン(Ⅳ)は触媒なので書かない)

注　複雑な反応式に係数をつける場合は，未定係数法を用いる。

2．イオン反応式　反応に関係したイオンだけに着目した反応式。

イオン反応式では，両辺のイオンの電荷の総和が等しい。

例　$Ag^+ + Cl^- \longrightarrow AgCl$　(左辺の電荷の和＝(＋1)＋(－1)＝0，右辺の電荷の和＝0)

3．化学反応式と量的関係　化学反応式の係数は，各物質の物質量の比を表す。

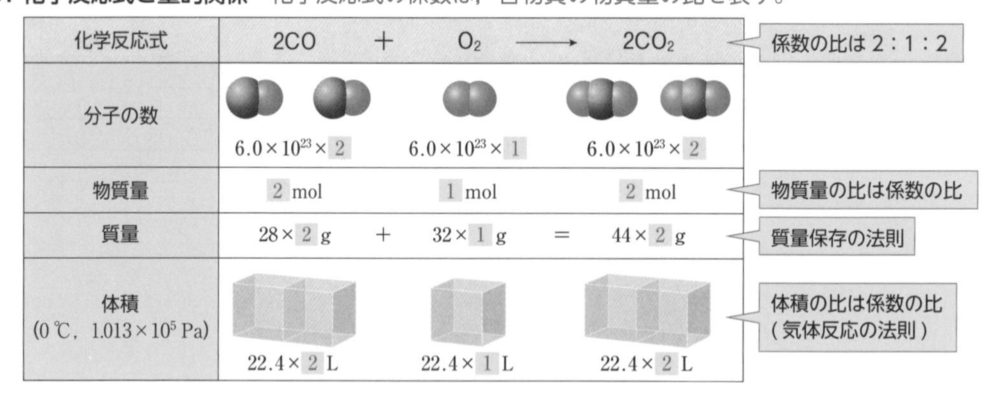

化学反応式	$2CO$	＋	O_2	$\longrightarrow$	$2CO_2$
分子の数	$6.0 \times 10^{23} \times 2$		$6.0 \times 10^{23} \times 1$		$6.0 \times 10^{23} \times 2$
物質量	2 mol		1 mol		2 mol
質量	28 × 2 g	＋	32 × 1 g	＝	44 × 2 g
体積 (0 ℃，1.013×10^5 Pa)	22.4 × 2 L		22.4 × 1 L		22.4 × 2 L

4. 過不足のある反応　一方の物質が残る場合，すべて反応する方の物質の物質量を基準に考える。

例　マグネシウム 0.10mol と塩化水素 0.30 mol を含む塩酸を反応させた場合

	Mg	+	2HCl	⟶	$MgCl_2$	+	H_2
反応前	0.10 mol		0.30 mol		0		0
変化量	−0.10 mol		−0.20 mol		+0.10 mol		+0.10 mol
反応後	0 mol		0.10 mol		0.10 mol		0.10 mol

変化量の比＝係数の比

3 化学変化における基本法則

法則名・発見年	発見者	内容
質量保存の法則(1774 年)	ラボアジエ	化学変化の前後で，反応物と生成物の質量の総和は変わらない。 例 水素 2.0 g と酸素 16 g が反応すると，水 18 g を生じる。
定比例の法則(1799 年)	プルースト	化合物を構成する元素の質量比は常に一定である。 例 水 H_2O 中の H と O の質量比は常に H：O=1：8
倍数比例の法則(1803 年)	ドルトン	2 種の元素からなる 2 種以上の化合物では，一方の元素の一定量と結びつく他の元素の質量比は簡単な整数比になる。 例 水 H：O=1：8　過酸化水素 H：O=1：16 水素の一定量と結びつく酸素の質量比は，8：16=1：2
気体反応の法則(1808 年)	ゲーリュサック	気体が関係する反応では，各気体の体積は，同温・同圧のもとで簡単な整数比になる。　例 水素と酸素から水蒸気ができるとき，体積比は，水素：酸素：水蒸気=2：1：2
アボガドロの法則(1811 年)	アボガドロ	すべての気体は，同温・同圧で同体積中に同数の分子を含む。 例 0 ℃，1.013×10^5 Pa で 22.4 L の気体は 6.0×10^{23} 個の分子を含む。

クローズアップ +α　原子説と分子説

(a) 原子説 (ドルトン，1803年) … 水素や酸素などの気体は，**原子**からできているとした。

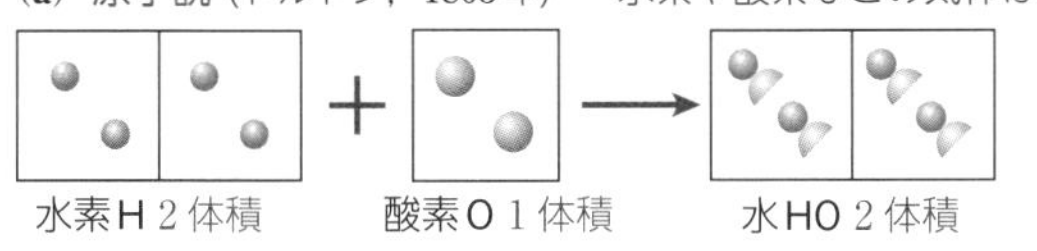

水素 H 2 体積　＋　酸素 O 1 体積　⟶　水 HO 2 体積

同体積中に同数の粒子が含まれると考えると，酸素原子が分割される必要があり，原子説と矛盾する。

(b) 分子説 (アボガドロ，1811年) … 気体の構成粒子は，原子が結びついてできた**分子**であるとした。

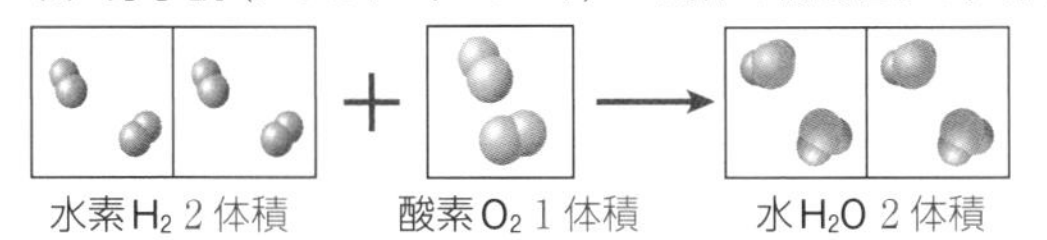

水素 H_2 2 体積　＋　酸素 O_2 1 体積　⟶　水 H_2O 2 体積

気体の構成粒子を分子であると考えると，原子の組み合わせを変えるだけでよく，気体反応の法則と矛盾しない。

Check　次の文中の(　　)に適切な語句を入れよ。

1. 物質の構成粒子をつくる原子の組み合わせが変化し，物質が別の物質になることを(　ア　)変化という。

2. 化学反応式では，反応物と(　イ　)で原子の種類と(　ウ　)が変わらないように，化学式に(　エ　)をつける。

1 (ア) 化学

2 (イ) 生成物
(ウ) 数
(エ) 係数

ドリル ―集中トレーニング―

1 化学反応式のつくり方　エタン C_2H_6 と酸素 O_2 が反応して，二酸化炭素 CO_2 と水 H_2O を生じる反応を化学反応式で表したい。次表の左列の指示にしたがって，右列の(　　)内に適切な数値を入れよ。

➡まとめ 2 −1

反応物と生成物の化学式を書き，矢印で結ぶ。	C_2H_6 ＋　O_2 ⟶　CO_2 ＋　H_2O
C_2H_6 の係数を 1 として，炭素原子 C の数を合わせる。	$1C_2H_6$ ＋　O_2 ⟶(　a　)CO_2 ＋　H_2O
水素原子 H の数を合わせる。	$1C_2H_6$ ＋　O_2 ⟶(　a　)CO_2 ＋(　b　)H_2O
酸素原子 O の数を合わせる。	$1C_2H_6$ ＋(　c　)O_2 ⟶(　a　)CO_2 ＋(　b　)H_2O
係数に分数があるので，最も簡単な整数比にする。	(　d　)C_2H_6 ＋(　e　)O_2 ⟶(　f　)CO_2 ＋(　g　)H_2O

2 化学反応式の係数　次の各化学反応式の係数を求めよ。係数が 1 の場合は 1 と記せ。

➡まとめ 2 −1

(1)　(　　)O_2 ⟶ (　　)O_3

(2)　(　　)H_2 ＋(　　)Cl_2 ⟶ (　　)HCl

(3)　(　　)N_2 ＋(　　)H_2 ⟶ (　　)NH_3

(4)　(　　)Cu ＋(　　)O_2 ⟶ (　　)CuO

(5)　(　　)CO ＋(　　)O_2 ⟶ (　　)CO_2

(6)　(　　)Zn ＋(　　)HCl ⟶ (　　)$ZnCl_2$ ＋(　　)H_2

(7)　(　　)Ca ＋(　　)H_2O ⟶ (　　)$Ca(OH)_2$ ＋(　　)H_2

(8)　(　　)H_2S ＋(　　)SO_2 ⟶ (　　)H_2O ＋(　　)S

3 イオン反応式の係数　次のイオン反応式の係数を求めよ。係数が 1 の場合は 1 と記せ。

➡まとめ 2 −2

(1)　(　　)Ag^+ ＋(　　)Br^- ⟶ (　　)$AgBr$

(2)　(　　)Pb^{2+} ＋(　　)OH^- ⟶ (　　)$Pb(OH)_2$

(3)　(　　)Zn ＋(　　)H^+ ⟶ (　　)Zn^{2+} ＋(　　)H_2

(4)　(　　)Ag^+ ＋(　　)Cu ⟶ (　　)Ag ＋(　　)Cu^{2+}

4 有機化合物の燃焼　次の(1)～(4)の化合物が完全燃焼すると，いずれも二酸化炭素と水が生成する。その化学変化を化学反応式で示せ。

➡まとめ 2 −1

(1)　プロパン C_3H_8

(2)　エチレン C_2H_4

(3)　アセチレン C_2H_2

(4)　エタノール C_2H_6O

H=1.0　C=12　O=16　Mg=24

5 **化学反応と粒子の数**　水素と酸素から水が生じる変化について，次の文中の(　　)に適切な数値を入れよ。

➡まとめ 2 −3

$2H_2 + O_2 \longrightarrow 2H_2O$

(1)　2個の水素分子と(　ア　)個の酸素分子が反応すると，水分子が(　イ　)個生成する。

(2)　4.0 mol の水素を燃焼させるのに必要な酸素は(　ウ　)mol である。

(3)　4.0 mol の水素がすべて酸素と反応したとき，生成する水 H_2O は(　エ　)mol である。

6 **化学反応と質量**　2.4 g のマグネシウムが燃焼して酸化マグネシウムが生じる変化について，次の各問いに答えよ。

➡まとめ 2 −3

$2Mg + O_2 \longrightarrow 2MgO$

(1)　2.4 g の Mg は(　ア　)mol である。Mg をすべて燃焼させるには(　イ　)mol の O_2 が必要であり，その質量は(　ウ　)g である。

(2)　2.4 g の Mg がすべて酸素と反応すると，(　エ　)mol の MgO が生成する。この MgO の質量は(　オ　)g である。

7 **化学反応と気体の体積**　44.8 L の水素が塩素と反応して塩化水素が生じる変化について，次の各問いに答えよ(体積は 0 ℃，1.013×10^5 Pa における値とする)。　$H_2 + Cl_2 \longrightarrow 2HCl$

➡まとめ 2 −3

0 ℃，1.013×10^5 Pa における気体 1 mol の体積は 22.4 L である。

(1)　44.8 L の水素は(　ア　)mol である。水素をすべて反応させるには(　イ　)mol の塩素が必要であり，その体積は(　ウ　)L である。

(2)　44.8 L の水素がすべて塩素と反応すると，(　エ　)mol の塩化水素が生成し，その体積は(　オ　)L である。

➡まとめ 2 −3

8 **化学反応の量的関係**　メタン CH_4 の燃焼について，表中の(　　)に適切な数値を入れよ。ただし，気体の体積は，0 ℃，1.013×10^5 Pa におけるものとする。

化学反応式	CH_4	+	$2O_2$	$\longrightarrow$	CO_2	+	$2H_2O$
物質量	1 mol		2 mol		(　ア　)mol		(　イ　)mol
分子の数〔個〕	6.0×10^{23}		(　ウ　)		(　エ　)		(　オ　)
質量	16 g		(　カ　)g		44 g		(　キ　)g
気体の体積	22.4 L		(　ク　)L		22.4 L		(液体)

9 **過不足がある反応**　0.10 mol の Mg と 0.50 mol の HCl を反応させたときの物質量の関係を表す下表の空欄に，適切な数値を記せ。

化学反応式	Mg	+	2HCl	$\longrightarrow$	$MgCl_2$	+	H_2
反応前	0.10 mol		0.50 mol		0 mol		0 mol
変化量	− 0.10 mol		−(　ア　)mol		+(　イ　)mol		+(　ウ　)mol
反応後	0 mol		(　エ　)mol		(　オ　)mol		(　カ　)mol

基本例題 12　化学反応式

関連問題➡ 103

次の化学反応式の係数を求めよ。係数が 1 の場合は 1 と記せ。

(1)　(a)CH_4O + (b)O_2 ⟶ (c)CO_2 + (d)H_2O

(2)　(a)Al + (b)H^+ ⟶ (c)Al^{3+} + (d)H_2

解説 (1)　CH_4O の係数を 1 にすると，C 原子の数から，CO_2 の係数が 1，H 原子の数から，H_2O の係数が 2 になる。このとき右辺の O 原子の数の和は 1 × 2 + 2 × 1 = 4 なので，O_2 の係数が $\frac{3}{2}$ となる。係数が分数になるので，最後に全体を 2 倍して整数にする。

(2)　Al の係数を 1 にすると，Al^{3+} の係数が 1 になる。このとき右辺の電荷の和は+3 なので，左辺の電荷の和を+3 にするために H^+ の係数を 3 にする。H の数を等しくするためには H_2 の係数を $\frac{3}{2}$ にしなければならない。係数が分数になるので，最後に全体を 2 倍して整数にする。

アドバイス
化学反応式の係数を決めるときには，化学式が複雑なものの係数を 1 として，他の係数を求めていくとよい。

解答 (1)　(a) **2**　(b) **3**　(c) **2**　(d) **4**　　(2)　(a) **2**　(b) **6**　(c) **2**　(d) **3**

基本例題 13　化学反応の量的関係

関連問題➡ 110

酸化鉄(Ⅲ)Fe_2O_3 とアルミニウム Al の粉末を混合して点火すると，鉄 Fe と酸化アルミニウム Al_2O_3 が生成する。この反応について，次の各問いに答えよ。

$$Fe_2O_3 + 2Al \longrightarrow 2Fe + Al_2O_3$$

(1)　2.0 mol の Fe_2O_3 と反応する Al は何 mol か。

(2)　32.0 g の Fe_2O_3 と反応する Al は何 g か。

(3)　32.0 g の Fe_2O_3 から得られる Fe は何 g か。

解説 (1)　係数の比から，1 mol の Fe_2O_3 と反応する Al は 2 mol である。

	Fe_2O_3	+	2Al	⟶	2Fe	+	Al_2O_3
物質量の比	1 mol		2 mol		2 mol		1 mol

したがって，2.0 mol の Fe_2O_3 と反応する Al は 4.0 mol である。

(2)　Fe_2O_3 のモル質量は 160 g/mol なので，32.0 g の Fe_2O_3 の物質量は，次のように求められる。

$$\frac{32.0\ \text{g}}{160\ \text{g/mol}} = 0.200\ \text{mol}$$

1 mol の Fe_2O_3 は 2 mol の Al と反応するので，0.200 mol の Fe_2O_3 と反応する Al は 0.400 mol である。Al のモル質量は 27 g/mol なので，その質量は，

$$27\ \text{g/mol} \times 0.400\ \text{mol} = 10.8\ \text{g}$$

(3)　1 mol の Fe_2O_3 から得られる Fe は 2 mol なので，0.200 mol の Fe_2O_3 から得られる Fe は 0.400 mol である。Fe のモル質量は 56 g/mol なので，その質量は，

$$56\ \text{g/mol} \times 0.400\ \text{mol} = 22.4\ \text{g}$$

アドバイス
反応式の係数の比は物質量の比に等しい。各物質の物質量を求め，質量に換算する。

解答 (1)　**4.0 mol**　　(2)　**10.8 g**　　(3)　**22.4 g**

例題
解説動画

O=16　Al=27　Fe=56　Zn=65.4

基本例題 14　気体どうしの反応

関連問題➲ 111

窒素と水素が反応すると，アンモニアが生成する。11.2 L の窒素と反応する水素は何 L か。また，このとき生成するアンモニアは何 L か。気体の体積は，0℃，1.013×10^5 Pa での値とする。

$N_2 + 3H_2 \longrightarrow 2NH_3$

解説 0℃，1.013×10^5 Pa で 11.2 L の N_2 の物質量は，次のように求められる。

$$物質量〔mol〕=\frac{気体の体積〔L〕}{22.4\ L/mol}=\frac{11.2\ L}{22.4\ L/mol}=0.500\ mol$$

反応式の係数から，0.500 mol の N_2 と反応する H_2 の物質量は 1.50 mol である。このとき生成する NH_3 の物質量は 1.00 mol なので，求める体積は，それぞれ次のようになる。

H_2：22.4 L/mol×1.50 mol=33.6 L

NH_3：22.4 L/mol×1.00 mol=22.4 L

【別解】 同温・同圧における気体どうしの反応の場合，反応式の係数の比は，反応する気体の体積の比を示す。したがって，反応式の係数から，H_2 の体積および NH_3 の体積はそれぞれ次のように求められる。

H_2：11.2 L×3=33.6 L，NH_3：11.2 L×2=22.4 L

アドバイス
気体どうしの反応の場合，同温・同圧において，反応式の係数の比は，反応する気体の体積の比に等しい。

解答 H_2：**33.6 L**　NH_3：**22.4 L**

基本例題 15　過不足のある反応

関連問題➲ 112, 113

6.54 g の亜鉛を 1.00 mol の塩化水素を含む塩酸と反応させると，次の反応が起こり，一方の物質がすべて反応した。この反応について，次の各問いに答えよ。

$Zn + 2HCl \longrightarrow ZnCl_2 + H_2$

(1) 反応が終了した後で残っている物質は亜鉛か塩化水素か。また，何 mol 残っているか。

(2) 発生した水素の体積は，0℃，1.013×10^5 Pa で何 L か。

解説 (1) 亜鉛 Zn(モル質量 65.4 g/mol)は，$\frac{6.54\ g}{65.4\ g/mol}$=0.100 mol である。

反応式の係数から，0.100 mol の Zn と反応する塩化水素 HCl は 0.200 mol である。HCl は 1.00 mol あるので，反応が終了した時点では，HCl が残る。この反応における物質量の変化は，次表のようになる。

	Zn	+	2HCl	⟶	$ZnCl_2$	+	H_2
反応前	0.100 mol		1.00 mol		0 mol		0 mol
変化量	− 0.100 mol		− 0.200 mol		+ 0.100 mol		+ 0.100 mol
反応後	0 mol		0.800 mol		0.100 mol		0.100 mol

(2) 発生した水素の物質量は 0.100 mol であり，その体積は次のようなる。

22.4 L/mol×0.100 mol=2.24 L

アドバイス
どちらか一方がすべて反応したと仮定して，もう一方の反応量を考える。過不足がある反応では，すべて反応した物質の量を基準に考える。

解答 (1) **塩化水素，0.800 mol**　(2) **2.24 L**

知識

102 **状態変化と化学変化**　次の(ア)～(エ)のうちから，化学変化を含むものをすべて選べ。

(ア)　熱いお茶を飲もうとすると，眼鏡がくもった。

(イ)　容器中でろうそくに火をつけると，容器の内壁がくもった。

(ウ)　ドライアイスを机の上に置いておくと，ドライアイスが消えてなくなった。

(エ)　アルミニウム箔を塩酸に入れると，気体を発生しながら溶けてなくなった。

(ア)

(イ)
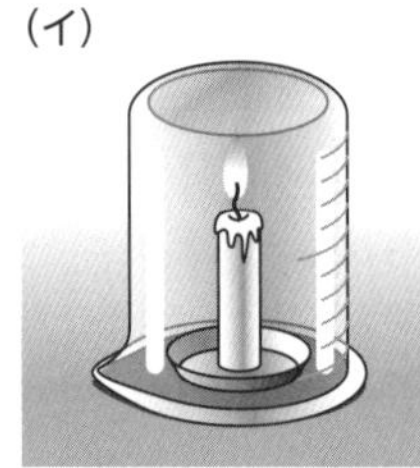
(ウ)
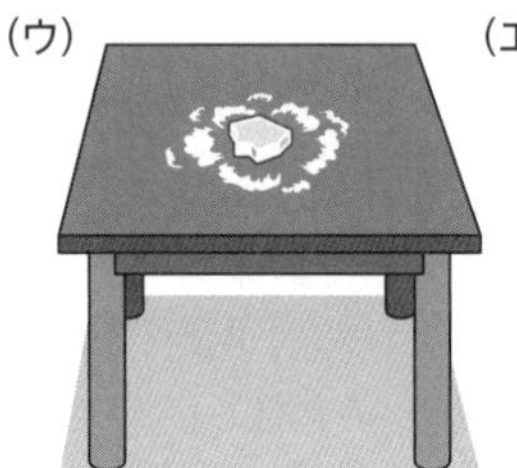
(エ)

知識

103 **化学反応式の係数**　次の化学反応式の係数を求めよ。係数が1の場合は1と記せ。

(1)　(a)Mg + (b)O_2 ⟶ (c)MgO

(2)　(a)CH_4 + (b)O_2 ⟶ (c)CO_2 + (d)H_2O

(3)　(a)C_2H_6O + (b)O_2 ⟶ (c)CO_2 + (d)H_2O

(4)　(a)Al + (b)HCl ⟶ (c)$AlCl_3$ + (d)H_2

(5)　(a)Ag^+ + (b)Zn ⟶ (c)Ag + (d)Zn^{2+}

(6)　(a)Fe^{2+} + (b)Al ⟶ (c)Fe + (d)Al^{3+}

知識

104 **未定係数法**　次の化学反応式について，下の各問いに答えよ。

$$a\,NH_3 + b\,O_2 \longrightarrow c\,NO + d\,H_2O$$

(1)　両辺のN原子の数が等しいことから，aとcの間に成り立つ式を記せ。

(2)　両辺のH原子の数が等しいことから，aとdの間に成り立つ式を記せ。

(3)　両辺のO原子の数が等しいことから，b，c，dの間に成り立つ式を記せ。

(4)　$a=1$と仮定したとき，b，c，dはいくらになるか。

(5)　化学反応式を完成せよ。

知識

105 **未定係数法**　次の化学反応式の係数を未定係数法で求めよ。係数が1の場合は1と記せ。

(1)　(a)Cu + (b)HNO_3 ⟶ (c)$Cu(NO_3)_2$ + (d)H_2O + (e)NO_2

(2)　(a)Cu + (b)HNO_3 ⟶ (c)$Cu(NO_3)_2$ + (d)H_2O + (e)NO

知識

106 **化学反応式(1)**　次の(1)～(4)の変化を化学反応式で表せ。

(1)　水素H_2と塩素Cl_2が反応して，塩化水素HClが生じる。

(2)　アルミニウムAlを燃焼させると，酸化アルミニウムAl_2O_3が生じる。

(3)　ナトリウムNaを水H_2Oに加えると，水酸化ナトリウム$NaOH$と水素H_2が生じる。

(4)　酸化銀Ag_2Oを加熱すると，分解して銀Agと酸素O_2が生じる。

H＝1.0　C＝12　O＝16

知識
107 化学反応式(2)
次の(1)～(5)の変化を化学反応式で表せ。

(1)　ブタン C_4H_{10} が完全燃焼すると，水 H_2O と二酸化炭素 CO_2 が生じる。

(2)　鉄 Fe に塩酸(塩化水素 HCl の水溶液)を加えると，塩化鉄(Ⅱ) $FeCl_2$ が生成し，水素 H_2 が発生する。

(3)　過酸化水素 H_2O_2 水に，触媒として酸化マンガン(Ⅳ) MnO_2 を加えると，水 H_2O と酸素 O_2 が生じる。

(4)　酸化鉄(Ⅲ) Fe_2O_3 とアルミニウム Al の粉末を混合して点火すると，鉄 Fe と酸化アルミニウム Al_2O_3 が生じる。

(5)　炭酸水素ナトリウム $NaHCO_3$ を加熱すると，分解して炭酸ナトリウム Na_2CO_3 と水 H_2O と二酸化炭素 CO_2 を生じる。

知識
108 鉄の燃焼
鉄 Fe が燃焼して酸化鉄(Ⅲ) Fe_2O_3 が生じる変化について，次の各問いに答えよ。

$$4Fe + 3O_2 \longrightarrow 2Fe_2O_3$$

(1)　2.0 mol の Fe と反応する O_2 は何 mol か。

(2)　1.6 mol の Fe が燃焼したとき，生成する Fe_2O_3 は何 mol か。

(3)　4.0 mol の Fe_2O_3 が生成したとき，反応した Fe は何 mol か。

(4)　0.80 mol の Fe_2O_3 が生成したとき，反応した O_2 は何 mol か。

知識
109 メタンの燃焼
メタン CH_4 の燃焼について，文中の(　　　)に適切な数値を入れよ。

$$CH_4 + 2O_2 \longrightarrow CO_2 + 2H_2O$$

メタン 8.0 g の燃焼について考えてみよう。メタンのモル質量は(　ア　)g/mol なので，その 8.0 g は(　イ　)mol である。化学反応式から，メタン 1 mol と酸素(　ウ　)mol が反応するとわかるので，この燃焼で消費される酸素は(　エ　)mol となり，その質量は(　オ　)g である。同様にして，生成する二酸化炭素は(　カ　)mol で(　キ　)g，生成する水は(　ク　)mol で(　ケ　)g と求められる。

知識
110 アセチレンの燃焼
アセチレン C_2H_2 の燃焼について，下の各問いに答えよ。

$$2C_2H_2 + 5O_2 \longrightarrow 4CO_2 + 2H_2O$$

(1)　1.0 mol のアセチレンを燃焼させると，二酸化炭素は何 mol 生じるか。

(2)　3.9 g のアセチレン C_2H_2 を燃焼させると，水は何 g 生成するか。

(3)　4.4 g の二酸化炭素が発生したとき，アセチレンは何 g 燃焼したか。

(4)　0 ℃，1.013×10^5 Pa において，11.2 L のアセチレンを燃焼させるのに必要な酸素は何 L か。

知識
111 気体の反応
一酸化窒素 NO と酸素 O_2 を混合すると，二酸化窒素 NO_2 が生成する。これらの物質はすべて気体であり，体積は 0 ℃，1.013×10^5 Pa での値とする。

$$2NO + O_2 \longrightarrow 2NO_2$$

(1)　3.36 L の一酸化窒素と反応する酸素は何 L か。

(2)　3.36 L の一酸化窒素から生成する二酸化窒素は何 L か。

(3)　10 L の二酸化窒素を生成させるのに必要な一酸化窒素は何 L か。

知識

112 **過不足のある反応**　亜鉛 Zn と塩酸(塩化水素 HCl の水溶液)の反応について，下の各問いに答えよ。

$Zn + 2HCl \longrightarrow ZnCl_2 + H_2$

(1)　1.0 mol の Zn と 4.0 mol の HCl を含む塩酸を反応させると，Zn がすべて溶けた。残った HCl は何 mol か。

(2)　0.20 mol の Zn と 0.50 mol の HCl を反応させると，どちらが何 mol 残るか。

(3)　0.40 mol の Zn と 0.50 mol の HCl を反応させると，どちらが何 mol 残るか。

知識

113 **マグネシウムと塩酸の反応**　マグネシウム 7.2 g と 1.0 mol/L の塩酸 400 mL を反応させた。次の各問いに答えよ。

$Mg + 2HCl \longrightarrow MgCl_2 + H_2$

(1)　反応が終了したとき，どちらが何 mol 反応せずに残るか。

(2)　この反応において，発生する水素は 0 ℃，1.013×10^5 Pa で何 L か。

思考

114 **気体の体積変化**　四酸化二窒素 N_2O_4 を容器に入れておくと，一部が分解して二酸化窒素 NO_2 が生成した。各物質は気体であり，体積は 0 ℃，1.013×10^5 Pa での値とし，下の各問いに答えよ。

$N_2O_4 \longrightarrow 2NO_2$

(1)　11.2 L の四酸化二窒素のうち 10.0 % が二酸化窒素になったとする。このとき生成した二酸化窒素は何 mol か。

(2)　(1)で得られる混合気体の体積は何 L か。

思考

115 **アルミニウムの純度**　不純物を含むアルミニウム粉末がある。この粉末 6.0 g に希硫酸を加えてアルミニウムをすべて溶かしたところ，0.30 mol の水素が発生した。不純物は希硫酸と反応しないものとして，次の各問いに答えよ。

$2Al + 3H_2SO_4 \longrightarrow Al_2(SO_4)_3 + 3H_2$

(1)　この粉末中に含まれていたアルミニウムは何 mol か。

(2)　この粉末のアルミニウムの純度(質量パーセント)は何％か。

知識

116 **基本法則**　次の各記述について，あてはまる法則名を下の(ア)～(オ)からそれぞれ選べ。

(1)　化合物を構成する元素の質量比は常に一定である。

(2)　すべての気体は，同温・同圧で同体積中に同数の分子を含む。

(3)　化学反応の前後で，反応物と生成物の質量の総和は変わらない。

(4)　気体が関係する化学反応では，各気体の体積は簡単な整数比になる。

(5)　2 種の元素からなる 2 種以上の化合物では，一方の元素の一定量と結びつく他の元素の質量比は簡単な整数比になる。

(ア)　気体反応の法則　　(イ)　質量保存の法則　　(ウ)　定比例の法則

(エ)　倍数比例の法則　　(オ)　アボガドロの法則

Mg = 24　Al = 27　Cu = 64　Zn = 65

標準例題 7　金属の原子量の推定

関連問題➡ 119

ある金属 M の原子量を求めるため，以下の実験を行った。右図のように，M の金属片 1.2 g をふたまた試験管の片方の足に入れ，もう片方の足には十分な量の希硫酸を入れた。ふたまた試験管を傾け，希硫酸を金属片に加えたところ，次のような反応が起こり，M は完全に溶解した。

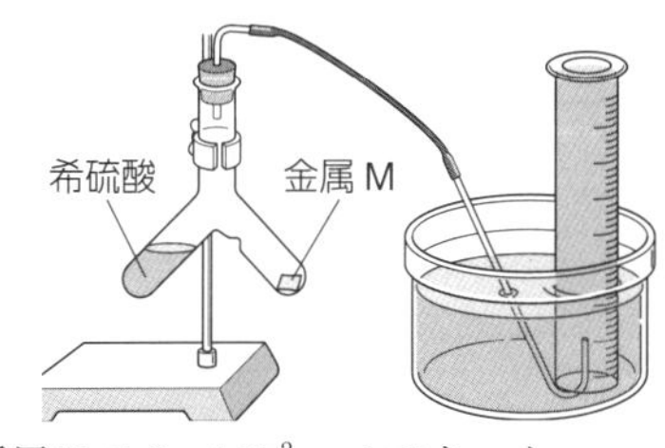

$$M + H_2SO_4 \longrightarrow MSO_4 + H_2$$

発生した水素を水上置換により捕集したところ，水素の物質量は 5.0×10^{-2} mol であった。

(1)　反応した金属 M の物質量は何 mol か。　　(2)　金属 M の原子量を求めよ。

解説 (1)　化学反応式の係数から，水素 H_2 が 1 mol 発生したとき，M は 1 mol 反応したはずである。したがって，反応した金属 M の物質量は，水素と同じ 5.0×10^{-2} mol であることがわかる。

(2)　金属 M のモル質量を x〔g/mol〕とすると，

$$\frac{1.2\ \text{g}}{x\text{〔g/mol〕}} = 5.0\times10^{-2}\ \text{mol}\qquad x = 24\ \text{g/mol}$$

したがって，金属 M の原子量は 24 であることがわかる。

アドバイス
化学反応式の係数の比を使って，生成物 H_2 の物質量から反応物 M の物質量を求める。

解答 (1)　5.0×10^{-2} mol
(2)　24

標準例題 8　合金の反応

関連問題➡ 122

五円硬貨にも使われている真ちゅうは，亜鉛 Zn と銅 Cu からなる合金である。ある真ちゅうの銅の含有量を調べるため，以下の実験を行った。

実験 1：真ちゅうの質量を測定したところ，4.00 g であった。

実験 2：真ちゅうに十分な量の塩酸を加えたところ，亜鉛のみが反応し，塩化亜鉛 $ZnCl_2$ が生成して，0℃，1.0×10^5 Pa で 0.448 L の水素が発生した。

(1)　亜鉛と塩酸の反応を化学反応式で表せ。
(2)　反応した亜鉛の物質量は何 mol か。
(3)　真ちゅうに含まれる銅の含有量は質量パーセントで何％か。

解説 (1) 亜鉛と塩酸の反応の化学反応式は，次のようになる。

$$Zn + 2HCl \longrightarrow ZnCl_2 + H_2$$

(2)　水素が 0.448 L 発生したので，水素の物質量は，

$$発生した水素の物質量 = \frac{0.448\ \text{L}}{22.4\ \text{L/mol}} = 0.0200\ \text{mol}$$

化学反応式の係数から，1 mol の亜鉛 Zn から発生する水素 H_2 は 1 mol である。したがって，反応した亜鉛の物質量は 0.0200 mol である。

(3)　亜鉛のモル質量は 65 g/mol なので，反応した亜鉛の質量は 65 g/mol×0.0200 mol＝1.30 g

真ちゅうに含まれる銅の質量は，真ちゅうの質量から亜鉛の質量を引いた 4.00 g －1.30 g=2.70 g である。したがって，真ちゅうに含まれる銅の含有量は $\frac{2.70\ \text{g}}{4.00\ \text{g}}\times100 = 67.5$ であるとわかる。

アドバイス
反応しなかった銅の質量は真ちゅうの質量から亜鉛の質量を引いて求める。

解答 (1)　$Zn + 2HCl \longrightarrow ZnCl_2 + H_2$　　(2)　0.0200 mol　　(3)　67.5 %

例題
解説動画

標準例題 9　混合気体の燃焼

関連問題➡ 123

メタン CH_4 とプロパン C_3H_8 の混合気体を完全燃焼させると，下の化学反応式にしたがって，二酸化炭素 0.150 mol と水 0.240 mol が生じた。この混合気体中のメタンとプロパンの物質量の比を最も簡単な整数比で答えよ。

$CH_4 + 2O_2 \longrightarrow CO_2 + 2H_2O$

$C_3H_8 + 5O_2 \longrightarrow 3CO_2 + 4H_2O$

解説 メタン CH_4 の物質量を x〔mol〕，プロパン C_3H_8 の物質量を y〔mol〕とすると，メタンとプロパンそれぞれの燃焼によって生じる二酸化炭素 CO_2 と水 H_2O の物質量は次のように表される。

CH_4	+	$2O_2$	$\longrightarrow$	CO_2	+	$2H_2O$
x〔mol〕				x〔mol〕		$2x$〔mol〕
C_3H_8	+	$5O_2$	$\longrightarrow$	$3CO_2$	+	$4H_2O$
y〔mol〕				$3y$〔mol〕		$4y$〔mol〕

生じた CO_2 と H_2O の物質量の合計について，次式が成り立つ。

CO_2 の物質量〔mol〕：$x+3y=0.150$ mol
H_2O の物質量〔mol〕：$2x+4y=0.240$ mol
これを解くと，$x=0.060$ mol，$y=0.030$ mol

したがって，物質量の比は，　$CH_4:C_3H_8=0.060\ \text{mol}:0.030\ \text{mol}=2:1$

解答 2：1

アドバイス
化学反応式の係数の比は，反応物と生成物の物質量の比に等しい。

標準例題 10　気体の発生量とグラフ

関連問題➡ 125, 126, 127

図は，ある濃度の塩酸 10 mL に，いろいろな質量の炭酸カルシウムを加えたとき，発生する二酸化炭素の 0 ℃，1.013×10^5 Pa における体積を表したものである。

$CaCO_3 + 2HCl \longrightarrow CaCl_2 + H_2O + CO_2$

(1)　図中の V はいくらか。

(2)　塩酸の濃度は何 mol/L か。

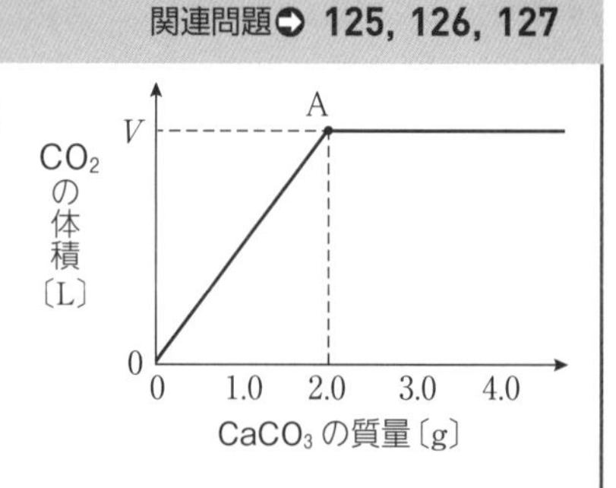

解説 (1)　反応式の係数から，反応した $CaCO_3$ と同じ物質量の CO_2 が発生する。$CaCO_3$ のモル質量は 100 g/mol なので，その 2.0 g は，

$$\frac{2.0\ \text{g}}{100\ \text{g/mol}}=0.020\text{mol}$$

したがって，発生する CO_2 も 0.020 mol であり，体積は，

$V=22.4\ \text{L/mol}\times0.020\ \text{mol}=0.448\ \text{L}$

(2)　塩酸中の HCl の物質量は，反応した $CaCO_3$ の物質量の 2 倍である。したがって，塩酸のモル濃度を x〔mol/L〕とすると，HCl の物質量について，次式が成り立つ。

$$x\text{〔mol/L〕}\times\frac{10}{1000}\ \text{L}=0.020\ \text{mol}\times2\qquad x=4.0\ \text{mol/L}$$

解答 (1)　0.45 L
(2)　4.0 mol/L

アドバイス
グラフから，2.0 g よりも多くの $CaCO_3$ を加えても CO_2 の体積は変わらないので，点 A で $CaCO_3$ と HCl が過不足なく反応したことがわかる。

標準問題

知識

117 化学反応式の係数　次の(　　)に適切な係数を入れて，化学反応式を完成させよ。なお，係数が1の場合は1と記入せよ。

(1)　(a)Cu + (b)O_2 ⟶ (c)CuO

(2)　(a)SO_2 + (b)H_2S ⟶ (c)H_2O + (d)S

(3)　(a)MnO_2 + (b)HCl ⟶ (c)$MnCl_2$ + (d)H_2O + (e)Cl_2

(4)　(a)$KMnO_4$ + (b)SO_2 + (c)H_2O ⟶
　　(d)$MnSO_4$ + (e)K_2SO_4 + (f)H_2SO_4

(10　兵庫県立大　改)

思考

118 メタンの完全燃焼　メタン CH_4 の完全燃焼に関する次の①～⑤の記述の中で，正しいものをすべて選べ。ただし，気体の体積はすべて0℃，1.013×10^5 Pa における値とする。

①　メタン2molが完全燃焼すると，水4molが生じる。

②　メタン1molを完全燃焼させるには，44.8Lの酸素を必要とする。

③　メタン32gが完全燃焼すると，二酸化炭素44gが発生する。

④　44.8Lの二酸化炭素を発生させるには，メタン1molを完全燃焼させればよい。

⑤　酸素96gを使ってメタン16gを完全燃焼させると，二酸化炭素と水が合わせて80g生成する。

(09　千葉工業大　改)

知識

119 金属の完全燃焼　ある金属Mが燃焼して，酸化物 M_3O_4 が生じる変化について答えよ。

$3M + 2O_2 \longrightarrow M_3O_4$

(1)　3.0molのMが燃焼したとき，反応した O_2 の物質量は何molか。

(2)　2.0molの M_3O_4 が生成したとき，反応したMの物質量は何molか。

(3)　4.2gのMを燃焼したとき，5.8gの M_3O_4 が生成した。Mの原子量はいくつか。ただし，燃焼によってMはすべて M_3O_4 になったものとする。

思考

120 気体の体積変化　酸素中で放電を行うと，その一部が次の反応によってオゾンに変化する。

$3O_2 \longrightarrow 2O_3$

150.0mLの酸素がある。放電によってその一部をオゾンに変えたところ，全体の体積が144.0mLになった。反応した酸素は何mLか。最も適当な数値を次の①～⑥のうちから1つ選べ。ただし，気体の体積はすべて0℃，1.013×10^5 Pa における値とする。

①　4.0　　②　6.0　　③　8.0　　④　9.0　　⑤　12　　⑥　18

(15　センター試験〈化学Ⅰ〉　改)

知識

121 化学変化と反応量　16gの酸化銅(Ⅱ)に炭素粉末1.8gを混合し，空気を遮断して加熱したところ，酸化銅(Ⅱ)が還元されて銅が生成した。次の各問いに答えよ。

$2CuO + C \longrightarrow 2Cu + CO_2$

(1)　16gの酸化銅(Ⅱ)の物質量は何molか。

(2)　反応後に残るのは酸化銅(Ⅱ)と炭素のどちらか。また，その質量は何gか。

(3)　このとき発生した二酸化炭素の体積は，0℃，1.013×10^5 Pa で何Lか。

(15　関東学院大　改)

思考

122 **混合物の反応** マグネシウムとアルミニウムを成分として含む合金3.50 gがある。この合金に十分な量の塩酸を反応させたところ，0℃，1.013×10^5 Paで3.36 Lの水素が発生した。

(1) マグネシウムが塩酸と反応すると，塩化マグネシウム $MgCl_2$ と水素が生成する。この反応を化学反応式で表せ。

(2) アルミニウムが塩酸と反応すると，塩化アルミニウム $AlCl_3$ と水素が生成する。この反応を化学反応式で表せ。

(3) この合金中に含まれていたマグネシウムの質量パーセントを求めよ。 (15 近畿大 改)

思考

123 **混合気体の燃焼** 300 mLを占めるメタン CH_4 とエチレン C_2H_4 の混合気体を完全燃焼させると，400 mLの二酸化炭素が得られた。次の各問いに答えよ。ただし，気体の体積はすべて0℃，1.013×10^5 Paにおける値とする。

(1) メタンおよびエチレンの完全燃焼をそれぞれ化学反応式で記せ。

(2) 混合気体中のメタンとエチレンの物質量の比として，最も適切なものを選べ。

① 1：0.2　② 1：0.3　③ 1：0.5　④ 1：2　⑤ 1：3

(3) この混合気体を完全燃焼させるために，消費された酸素の質量は何gか。

① 0.10 g　② 0.20 g　③ 0.50 g　④ 1.0 g　⑤ 2.0 g (12 近畿大 改)

知識

124 **金属の推定** 試験管A，試験管Bにはアルミニウム Al または鉄 Fe が1.0 g入っている。それぞれの試験管に塩酸を加えたところ，塩化アルミニウム $AlCl_3$ と塩化鉄(Ⅱ) $FeCl_2$ が生成し，どちらの試験管からも水素 H_2 が発生した。発生した水素を捕集したところ，試験管Aで発生した水素は0.018 mol，試験管Bから発生した水素は0.056 molであった。

(1) アルミニウムと塩酸，鉄と塩酸の反応をそれぞれ化学反応式で表せ。

(2) 鉄はA，Bどちらの試験管に入っていたと考えられるか。

思考 グラフ

125 **気体の発生とグラフ** 一定量のアルミニウムに塩酸を作用させて水素を発生させた。

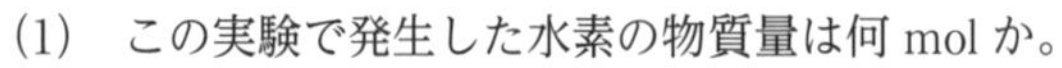

$$2Al + 6HCl \longrightarrow 2AlCl_3 + 3H_2$$

この実験において，加えた塩酸の体積と発生した水素の0℃，1.013×10^5 Paにおける体積の関係は，グラフのようになった。

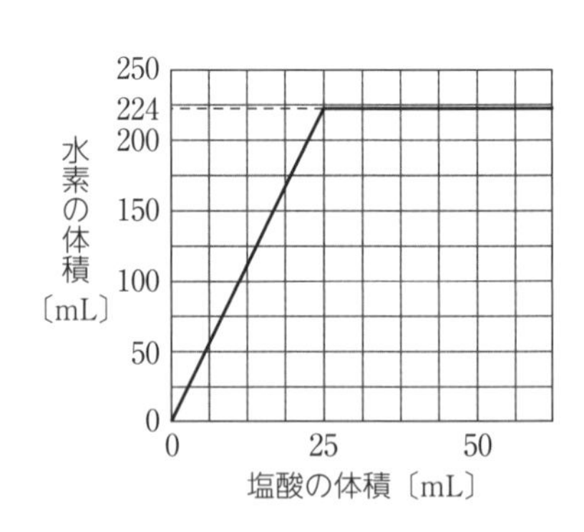

(1) この実験で発生した水素の物質量は何molか。

(2) この実験に用いたアルミニウムの質量は何gか。

(3) この実験に用いた塩酸のモル濃度は何mol/Lか。

(09 神戸松蔭女子学院大 改)

思考 グラフ

126 **気体の発生量とグラフ** 1.30 gの Zn に0.300 mol/Lの希硫酸を加えると，水素を発生しながら Zn が完全に溶解した。

$$Zn + H_2SO_4 \longrightarrow ZnSO_4 + H_2$$

加えた希硫酸の体積と発生する水素の体積との関係は図のようになった。同量の Zn に0.600 mol/Lの希硫酸を加えたとき，希硫酸の体積と水素の体積との関係はどのようになるか，図に記せ。

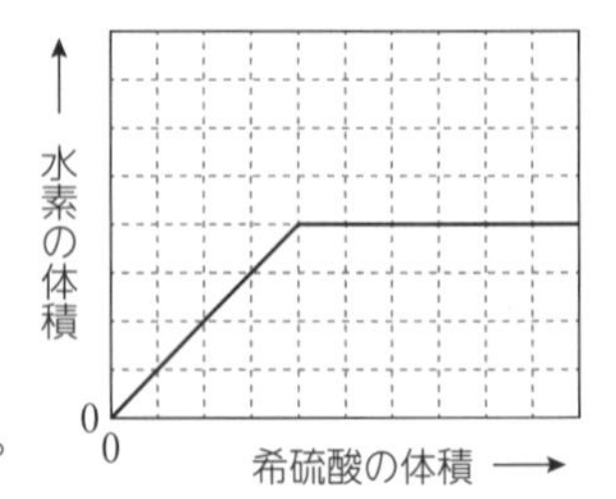

H = 1.0	C = 12	N = 14	O = 16	Na = 23
Mg = 24	Al = 27	Fe = 56	Zn = 65	Ag = 108

思考 グラフ

127 塩化銀の沈殿

1.7 g の硝酸銀 $AgNO_3$ を純水 50 mL に溶かした溶液に 1.0 mol/L 塩酸を加えていくとき，加える塩酸の体積〔mL〕と生じる沈殿の質量〔g〕との関係を表すグラフとして最も適当なものを，次の①～⑥のうちから１つ選べ。

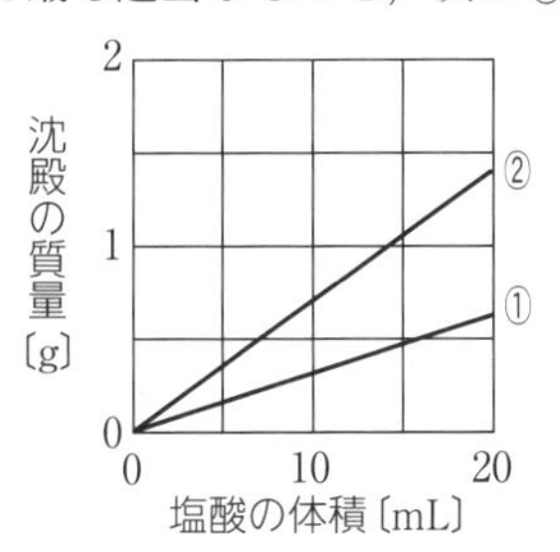

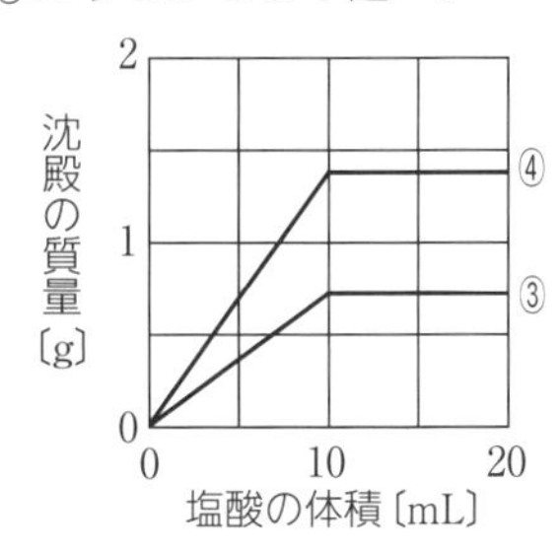

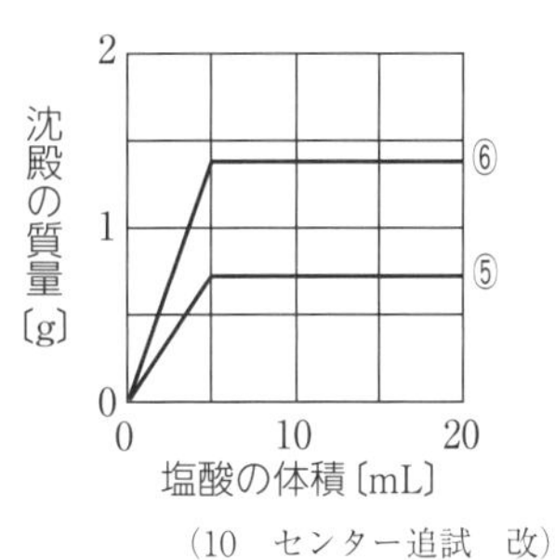

（10 センター追試 改）

思考 グラフ

128 気体の発生とグラフ

マグネシウム Mg と銅 Cu を成分として含む混合物 X がある。この混合物 X 中の Mg と Cu の物質量比を求めるため，混合物 X の質量を変えて，実験 1，2 を行った。

実験 1：希塩酸を X に加えると，次の反応が起き，Mg のみがすべて溶けた。

$$Mg + 2HCl \longrightarrow MgCl_2 + H_2$$

このとき発生した水素の体積を同温・同圧で測定した。

混合物 X の質量〔g〕	0	0.7	1.4	2.1
NO〔mL〕	0	150	300	450
H_2〔mL〕	0	50	100	150

（グラフ：縦軸 発生した気体の体積〔mL〕 0～500，横軸 混合物 X の質量〔g〕）

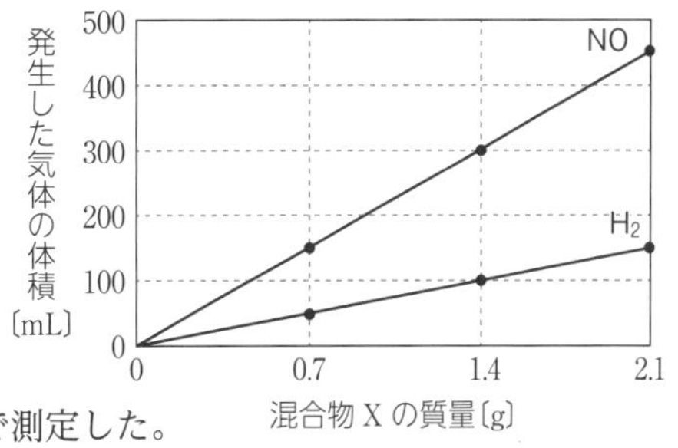

実験 2：実験 1 で反応せずに残った Cu をろ過により取り出し，希硝酸を加えると，次の反応が起き，Cu がすべて溶けた。

$$3Cu + 8HNO_3 \longrightarrow 3Cu(NO_3)_2 + 4H_2O + 2NO$$

このとき発生した一酸化窒素の体積を同温・同圧で測定した。

これらの実験に用いた X の質量と，発生した気体の体積の関係は，図のようになった。X に含まれる Mg と Cu の物質量の比を求めよ。

思考

129 熱分解の量的関係

$NaHCO_3$ を加熱すると，分解して Na_2CO_3 が生じる。

$$2NaHCO_3 \longrightarrow Na_2CO_3 + H_2O + CO_2$$

$NaHCO_3$ の質量を変えながら，熱分解の前後で質量を測ると，次のデータが得られた。

加熱前の質量 [g]	0.50	1.00	1.50	2.00
加熱後の質量 [g]	0.31	0.63	0.95	1.26

この実験について述べた記述として**誤っているもの**を，次の①～⑤のうちから１つ選べ。

① 3.00 g の $NaHCO_3$ を反応させると，生成する Na_2CO_3 は 1.9 g である。

② 反応した $NaHCO_3$ の質量と，生成した Na_2CO_3 の質量は比例する。

③ 反応した $NaHCO_3$ の物質量と，生成した Na_2CO_3 の物質量の比は 2：1 である。

④ はかり取った $NaHCO_3$ がすべて反応していなかった場合，加熱後の質量は予想される値よりも大きくなる。

⑤ はかり取った $NaHCO_3$ のうち，反応せずに残った $NaHCO_3$ の質量が 0.50 g であったとき，生成した Na_2CO_3 の質量はつねに 0.31 g である。

6 第Ⅱ章　物質の変化
酸と塩基の反応

Step1 / 2 / 3 / 4

1 酸と塩基

1．酸と塩基の定義

定義	酸	塩基❷
アレニウスの定義	水溶液中で電離して H^+(H_3O^+)を生じる物質❶ $HCl + H_2O \longrightarrow H_3O^+ + Cl^-$	水溶液中で電離して OH^-を生じる物質 $NaOH \longrightarrow Na^+ + OH^-$
ブレンステッド・ローリーの定義	相手に H^+(陽子)を与える物質 $HCl + H_2O \longrightarrow H_3O^+ + Cl^-$ └ H^+ ↑ 酸　塩基	相手から H^+(陽子)を受け取る物質 $NH_3 + H_2O \rightleftarrows NH_4^+ + OH^-$ ↑ H^+ ┘ 塩基　酸

❶ H_3O^+(オキソニウムイオン)を略して H^+で表し，水素イオンとよぶことが多い。
❷塩基のうち，水によく溶けるものはアルカリともいう。

2．酸と塩基の価数　酸では化学式中の，H^+になることができる H の数。塩基では化学式中の，OH^-になることができる OH の数，または受け取ることができる H^+の数。

3．酸・塩基の強弱と電離度

$$電離度\ \alpha = \frac{電離した酸(塩基)の物質量〔mol〕}{溶かした酸(塩基)の物質量〔mol〕} \quad (0 < \alpha \leqq 1)$$

水溶液の体積が同じなので，物質量をモル濃度に置き換えてもよい。

(a)　強酸(強塩基)　水溶液中でほぼ完全に電離する酸(塩基)。
(b)　弱酸(弱塩基)　電離度が小さい酸(塩基)。

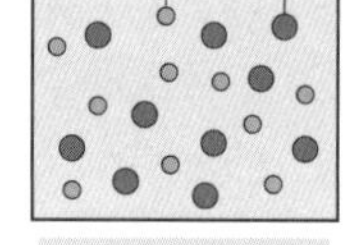

電離度 $\alpha = 1$

電離度 $\alpha = 0.1$

4．酸・塩基の分類

強酸	弱酸	価数❶	弱塩基	強塩基
塩化水素 HCl 硝酸 HNO_3	酢酸 CH_3COOH❷	1価	アンモニア NH_3	水酸化ナトリウム NaOH 水酸化カリウム KOH
硫酸 H_2SO_4	硫化水素 H_2S シュウ酸 $(COOH)_2$	2価	水酸化マグネシウム $Mg(OH)_2$ 水酸化銅(Ⅱ) $Cu(OH)_2$	水酸化カルシウム $Ca(OH)_2$ 水酸化バリウム $Ba(OH)_2$
	リン酸 H_3PO_4	3価	水酸化アルミニウム $Al(OH)_3$	

❶酸・塩基の価数と酸・塩基の強弱は関係しない。
❷酢酸が電離する場合，$CH_3COO\underline{H}$ の下線部の水素原子だけが電離する。

2 水素イオン濃度

1．水のイオン積　発展　水の電離 $H_2O \rightleftarrows H^+ + OH^-$により，水溶液中には常に H^+と OH^-が共存する。酸性，中性，塩基性のいずれの水溶液中でも，水素イオン濃度$[H^+]$と水酸化物イオン濃度$[OH^-]$の積 K_w(水のイオン積)は，一定温度で一定。

$$K_w = [H^+][OH^-] = 1.0 \times 10^{-14}\ (mol/L)^2 \qquad (25℃)$$

2．水素イオン濃度と水酸化物イオン濃度

c〔mol/L〕の1価の酸(電離度 α)の水溶液では，　$[H^+] = c\alpha$〔mol/L〕
c〔mol/L〕の1価の塩基(電離度 α)の水溶液では，　$[OH^-] = c\alpha$〔mol/L〕

3 水素イオン指数 pH

$[H^+] = 1.0\times10^{-a}$〔mol/L〕のとき，pH＝a

発展　$[H^+]=b\times10^{-a}$ mol/L のとき，pH＝$-\log_{10}[H^+]=a-\log_{10}b$

酸性　$[H^+]>1.0\times10^{-7}$mol/L$>[OH^-]$　pH<7

中性　$[H^+]=1.0\times10^{-7}$mol/L$=[OH^-]$　pH＝7

塩基性　$[H^+]<1.0\times10^{-7}$mol/L$<[OH^-]$　pH>7

クローズアップ

$[H^+]=\dfrac{K_w}{[OH^-]}$であり，酸性と塩基性の強弱は，$[H^+]$の大小だけで表すことができる。

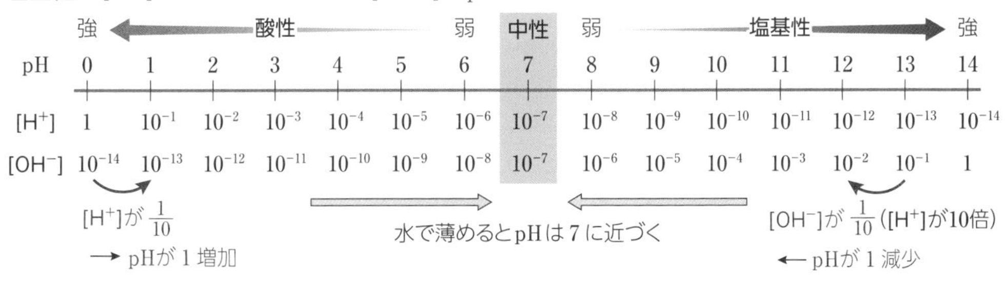

4 中和と塩

1．中和反応　酸と塩基がその性質を互いに打ち消し合う変化。

酸 ＋ 塩基 ⟶ 塩 ＋ 水

例　$HCl + NaOH \longrightarrow NaCl + H_2O$

H^+とOH^-の変化に着目すると，　$H^+ + OH^- \longrightarrow H_2O$

H Cl　酸　Na OH　塩基　H_2O 水　NaCl 塩

塩化水素とアンモニアの中和のように，水を生じない場合もある。

例　$HCl + NH_3 \longrightarrow NH_4Cl$

2．塩の分類　酸の陰イオンと塩基の陽イオンからなる化合物を塩という。

正塩	酸の H も塩基の OH も残っていない塩	$NaCl$，Na_2SO_4，NH_4Cl，CH_3COONa
酸性塩	酸の H が残っている塩	$NaHCO_3$，$NaHSO_4$
塩基性塩	塩基の OH が残っている塩	$MgCl(OH)$

3．正塩の水溶液　塩をつくる酸と塩基の組み合わせから，水溶液の性質(液性)がわかる。

正塩の種類	例	もとの酸	もとの塩基	液性
強酸＋強塩基	KCl	HCl	KOH	中性
強酸＋弱塩基	$CuSO_4$	H_2SO_4	$Cu(OH)_2$	酸性
弱酸＋強塩基	CH_3COONa	CH_3COOH	$NaOH$	塩基性

注　酸性塩のうち，$NaHCO_3$ の水溶液は塩基性を示す。一方，$NaHSO_4$ は，次のように電離して酸性を示す。 $NaHSO_4 \longrightarrow Na^+ + H^+ + SO_4^{2-}$

クローズアップ

正塩，酸性塩，塩基性塩の分類は化学式のみで判断するため，液性とは無関係である。

クローズアップ +α　塩の水溶液の性質と塩の加水分解　発展

酢酸ナトリウムの水溶液は，弱い塩基性を示す。これは，CH_3COONa が水に溶けて電離したとき，生じた CH_3COO^-の一部が水と反応して，OH^-を生じるからである。

$CH_3COONa \longrightarrow CH_3COO^- + Na^+$(電離)　　$CH_3COO^- + H_2O \rightleftarrows CH_3COOH + OH^-$

また，塩化アンモニウムの水溶液は，NH_4^+の一部が水と反応して，H_3O^+を生じるため，酸性を示す。

$NH_4Cl \longrightarrow NH_4^+ + Cl^-$(電離)　　$NH_4^+ + H_2O \rightleftarrows NH_3 + H_3O^+$(加水分解)

このように，弱酸の塩や弱塩基の塩から生じたイオンが水と反応する反応を塩の加水分解という。

4. 酸化物と塩の生成

(a) 酸性酸化物　水と反応して酸となったり，塩基と反応して塩を生じる酸化物。

例 CO_2, SO_2　　$CO_2 + H_2O \rightleftarrows H_2CO_3$　　$CO_2 + Ba(OH)_2 \longrightarrow BaCO_3 + H_2O$

(b) 塩基性酸化物　水と反応して塩基となったり，酸と反応して塩を生じる酸化物。

例 Na_2O, CaO　　$CaO + H_2O \longrightarrow Ca(OH)_2$　　$CaO + 2HCl \longrightarrow CaCl_2 + H_2O$

5. 塩の反応　弱酸の塩に強酸を加えると弱酸が，弱塩基の塩に強塩基を加えると弱塩基が遊離する。

例 $CH_3COONa + HCl \longrightarrow NaCl + CH_3COOH$　（弱酸の遊離）
弱酸の塩　強酸　強酸の塩　弱酸

例 $NH_4Cl + NaOH \longrightarrow NaCl + H_2O + NH_3$　（弱塩基の遊離）
弱塩基の塩　強塩基　強塩基の塩　弱塩基

5 中和の量的関係

酸と塩基が過不足なく中和するとき，次式が成り立つ。

酸から生じるH^+の物質量＝塩基から生じるOH^-の物質量
酸の価数×酸の物質量＝塩基の価数×塩基の物質量

例 a価でc〔mol/L〕の酸V〔L〕とa'価でc'〔mol/L〕の塩基V'〔L〕が過不足なく中和するとき，次式が成り立つ。

$a \times c$〔mol/L〕$\times V$〔L〕$= a' \times c'$〔mol/L〕$\times V'$〔L〕

クローズアップ
中和の量的関係は，酸と塩基の強弱に関わらず成立する。

6 中和滴定

1. 中和滴定　濃度既知の酸(塩基)の水溶液で，濃度未知の塩基(酸)の水溶液の濃度を決める操作。

2. 中和滴定に用いる器具

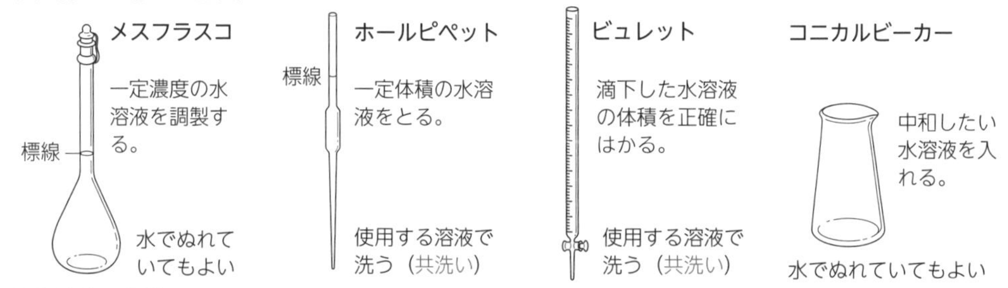

3. 中和滴定の操作

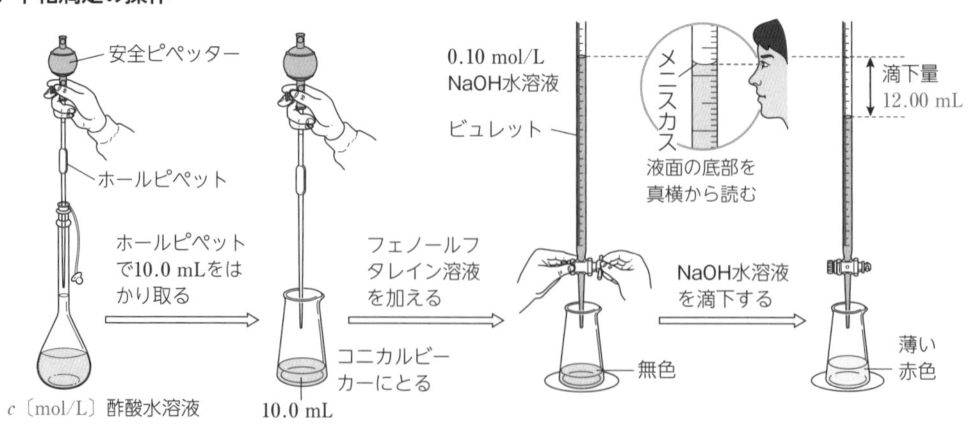

4．指示薬　pH に応じて色調が変わる物質。色調が変わる pH の範囲を変色域という。

指示薬＼pH	1　2　3　4　5　6　7　8　9　10　11
メチルオレンジ	3.1赤　　黄 4.4
メチルレッド	4.2 赤　　黄 6.2
フェノールフタレイン	8.0 無　　赤 9.8

酸・塩基の組み合わせ	フェノールフタレイン	メチルオレンジ
強酸＋強塩基	使用可	使用可
弱酸＋強塩基	使用可	×
強酸＋弱塩基	×	使用可

5．中和滴定曲線　中和滴定において，加えた酸や塩基の水溶液の体積と，混合水溶液の pH との関係を表す曲線。

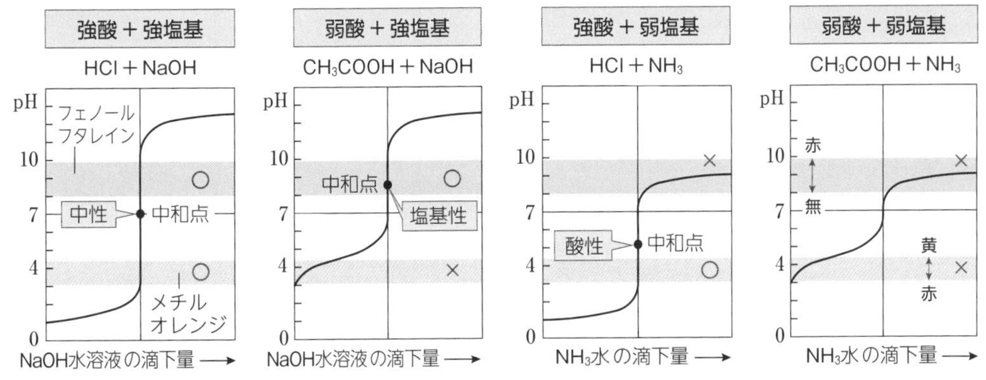

○：使用できる指示薬　×：使用できない指示薬

6．逆滴定　酸や塩基としてはたらく気体をそれぞれ過剰の塩基，酸に吸収させ，残った未反応の塩基，酸を中和滴定することによって，吸収した気体の量を間接的に求める操作。

例　気体のアンモニアを定量

①　気体のアンモニアを一定量の希硫酸に吸収させる。

$H_2SO_4 + 2NH_3 \longrightarrow (NH_4)_2SO_4$

②　メチルレッドやメチルオレンジを指示薬として，未反応の硫酸を水酸化ナトリウム水溶液で滴定する。

$H_2SO_4 + 2NaOH \longrightarrow Na_2SO_4 + 2H_2O$

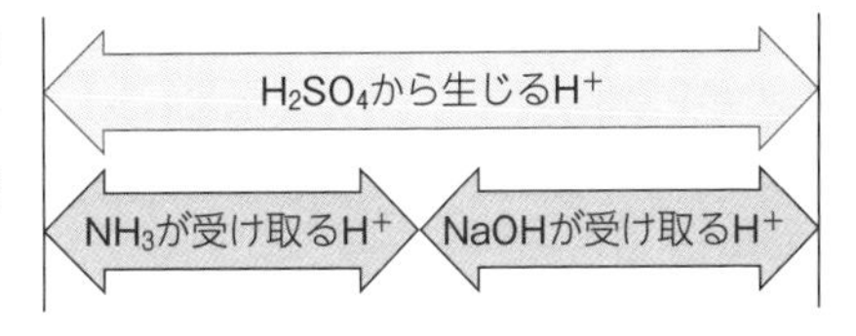

酸と塩基の間には，次の量的関係が成立する。

酸が放出した H^+ の物質量
＝塩基が受け取った H^+ の物質量

したがって，次式が成り立つ。

H_2SO_4 から生じる H^+
＝NH_3 が受け取る H^+ ＋NaOH が受け取る H^+

クローズアップ +α　二段階滴定　発展

炭酸ナトリウム Na_2CO_3 水溶液に塩酸を加えていくと，図のような 2 段階の滴定曲線が得られる。各段階では，次の反応が完了している。

①　$Na_2CO_3 + HCl \longrightarrow NaCl + NaHCO_3$

②　$NaHCO_3 + HCl \longrightarrow NaCl + H_2O + CO_2$

この反応には，次のような特徴がある。

- ①の反応が完了するまで，②の反応は起こらない。
- 第 1 中和点までに滴下した HCl の体積 v_1 と，第 1 中和点から第 2 中和点までに滴下した HCl の体積 $v_2 - v_1$ は同じ値になる。

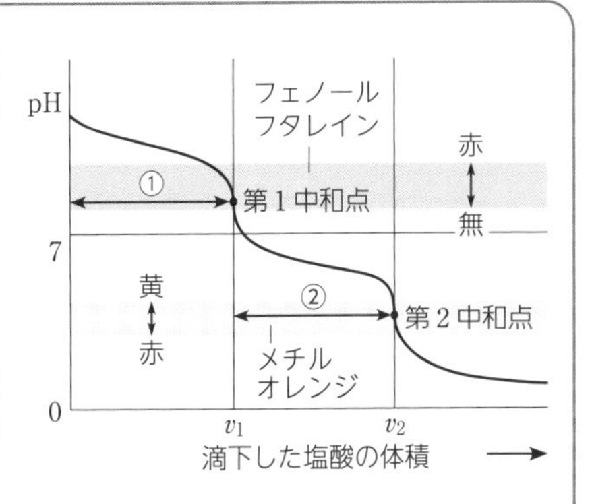

Check 次の文中の(　　　)に適切な語句，化学式，数字を入れよ。

1. アレニウスの定義では，水溶液中で電離して(　ア　)イオンを生じる物質を酸,(　イ　)イオンを生じる物質を塩基という。

2. ブレンステッド・ローリーの定義では，相手に(　ウ　)を与える物質を酸，相手から H^+ を(　エ　)物質を塩基という。

3. 塩化水素のように電離度の大きい酸を(　オ　)，酢酸のように電離度の小さな酸を(　カ　)という。また，水酸化ナトリウムのように，電離度の大きい塩基を(　キ　)，アンモニアのように電離度の小さい塩基を(　ク　)という。

4. 酸性，中性，塩基性のいずれの水溶液中でも，水の一部が電離して，水溶液中には常に H^+ と(　ケ　)が共存する。水素イオン濃度 $[H^+]$ が増加すると，水酸化物イオン濃度 $[OH^-]$ は(　コ　)する。25℃の純粋な水では，次の値をとる。

$[H^+]=[OH^-]=$(　サ　) mol/L

5. 水溶液中の $[H^+]$ を簡単な数値で表すために，次のように定められた水素イオン指数(　シ　)が用いられる。

$[H^+]=1.0\times10^{-a}$ mol/L のとき，pH＝(　ス　)

25℃において，pH が(　セ　)のときは中性であり，これよりも pH が小さいと(　ソ　)性，大きいと(　タ　)性である。

6. 酸と塩基がその性質を互いに打ち消し合う変化を(　チ　)反応といい，酸から生じた H^+ と塩基から生じた OH^- が反応して(　ツ　)が生じる変化が起こる。

7. 中和において，酸の陰イオンと塩基の陽イオンから生じる化合物を(　テ　)という。酸の H も塩基の OH も残っていない塩を(　ト　)塩，酸の H が残っている塩を(　ナ　)塩，塩基の OH が残っている塩を(　ニ　)塩という。

8. 塩化ナトリウム NaCl は(　ヌ　)酸と強塩基からなる塩であり，その水溶液は(　ネ　)性を示す。一方，酢酸ナトリウム CH_3COONa は(　ノ　)酸と強塩基からなる塩であり，その水溶液は(　ハ　)性を示す。また，塩化アンモニウム NH_4Cl は強酸と弱塩基からなる塩であり，その水溶液は(　ヒ　)性を示す。

---

1 (ア) 水素(オキソニウム)
(イ) 水酸化物

2 (ウ) 水素イオン(H^+)
(エ) 受け取る

3 (オ) 強酸
(カ) 弱酸
(キ) 強塩基
(ク) 弱塩基

4 (ケ) OH^-
(コ) 減少
(サ) 1.0×10^{-7}

5 (シ) pH
(ス) a
(セ) 7
(ソ) 酸
(タ) 塩基

6 (チ) 中和
(ツ) 水(H_2O)

7 (テ) 塩
(ト) 正
(ナ) 酸性
(ニ) 塩基性

8 (ヌ) 強
(ネ) 中
(ノ) 弱
(ハ) 塩基
(ヒ) 酸

ドリル

1 **酸の化学式**　次の酸の化学式を記せ。　➡まとめ 1－4

(1)　塩化水素　(2)　硫酸　(3)　硝酸　(4)　酢酸
(5)　シュウ酸　(6)　硫化水素　(7)　リン酸　(8)　炭酸

2 **塩基の化学式**　次の塩基の化学式を記せ。　➡まとめ 1－1

(1)　水酸化ナトリウム　(2)　水酸化バリウム　(3)　アンモニア
(4)　水酸化銅(Ⅱ)　(5)　水酸化鉄(Ⅱ)　(6)　水酸化カルシウム

3 **酸・塩基の電離**　次の酸・塩基の水溶液中における電離を反応式で記せ。ただし，2段階に電離するものはまとめた式で示せ。　➡まとめ 1－1

(1)　HNO_3　(2)　CH_3COOH　(3)　H_2SO_4
(4)　$Ca(OH)_2$　(5)　NH_3

4 **酸・塩基の分類**　(1)～(6)にあてはまるものを，下からすべて選べ。　➡まとめ 1－4

(1)　1価の強酸　(2)　2価の強酸　(3)　2価の弱酸
(4)　1価の弱塩基　(5)　2価の強塩基　(6)　2価の弱塩基

($Ba(OH)_2$　HCl　$(COOH)_2$　$Ca(OH)_2$　NH_3　H_2SO_4
H_2S　KOH　$Mg(OH)_2$　HNO_3　$Cu(OH)_2$)

5 **水素イオン濃度とpH**　次の水溶液のpHを求めよ。　➡まとめ 3

(1)　$[H^+]$が 1.0×10^{-4} mol/L の水溶液
(2)　$[H^+]$が 0.010 mol/L の水溶液
(3)　$[OH^-]$が 1.0×10^{-2} mol/L の水溶液
(4)　$[OH^-]$が 0.10 mol/L の水溶液

6 **pH**　次の図中の(　　)にあてはまる数値を求めよ。　➡まとめ 3

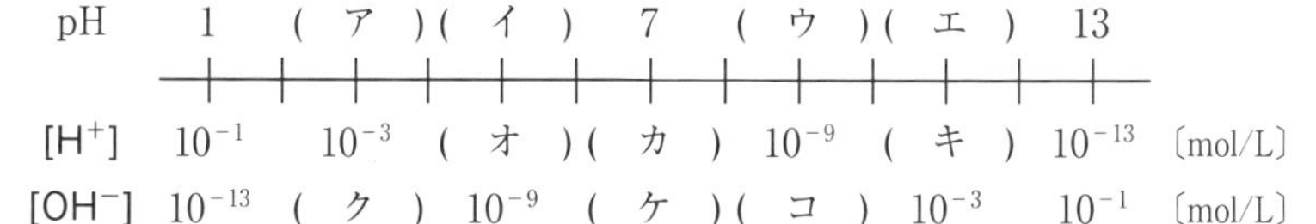

7 **塩の水溶液**　(　　)に適当な化学式や語句を入れて，表を完成せよ。　➡まとめ 4－3

塩の名称	塩の化学式	もとの酸	もとの塩基	水溶液
硝酸カルシウム	(ア)	(イ)	(ウ)	中性
塩化アンモニウム	(エ)	HCl	(オ)	(カ)
炭酸ナトリウム	(キ)	(ク)	$NaOH$	(ケ)
硫酸水素カリウム	$KHSO_4$	(コ)	(サ)	(シ)

例題
解説動画

基本例題 16 酸・塩基の定義

関連問題➡ 130, 131

次の各反応において，下線部の物質は，ブレンステッドとローリーが提唱した酸または塩基のどちらに相当するか。

(1) $NH_3 + \underline{H_2O} \rightleftarrows NH_4^+ + OH^-$　(2) $\underline{CO_3^{2-}} + H_2O \rightleftarrows HCO_3^- + OH^-$

(3) $HCl + \underline{H_2O} \longrightarrow H_3O^+ + Cl^-$　(4) $HCl + \underline{NH_3} \longrightarrow NH_4^+ + Cl^-$

解説 ブレンステッド・ローリーの定義では，H^+(陽子)を与える物質が酸，H^+(陽子)を受け取る物質が塩基である。

(1) H_2O は，NH_3 に H^+ を与えている。

(2) CO_3^{2-} は，H_2O から H^+ を受け取っている。

(3) H_2O は，HCl から H^+ を受け取っている。

(4) NH_3 は，HCl から H^+ を受け取っている。

> アドバイス
> 両辺を見比べて，H^+ がどれからどれに移動しているかを考える。

解答 (1) **酸**　(2) **塩基**　(3) **塩基**　(4) **塩基**

基本例題 17 水素イオン濃度と pH

関連問題➡ 135, 136

水溶液の pH に関する次の各問いに答えよ。ただし，強酸・強塩基は完全に電離しているものとし，水のイオン積 K_w を 1.0×10^{-14} (mol/L)^2 とする。

(1) 1.0×10^{-2} mol/L の塩酸の pH はいくらか。

(2) 1.0×10^{-1} mol/L の酢酸水溶液の pH はいくらか。ただし，酢酸の電離度を 0.010 とする。

(3) 1.0×10^{-2} mol/L の水酸化ナトリウム水溶液の pH はいくらか。

(4) pH が 2 の塩酸を 10 倍にうすめた水溶液の pH はいくらか。

解説 (1) 塩酸は塩化水素の水溶液であり，塩化水素は強酸なので，電離度 $\alpha = 1$ である。

$[H^+] = c\alpha = 1.0\times10^{-2}$ mol/L $\times 1 = 1.0\times10^{-2}$ mol/L

したがって，pH＝2

(2) $[H^+] = c\alpha = 1.0\times10^{-1}$ mol/L $\times 0.010 = 1.0\times10^{-3}$ mol/L

したがって，pH＝3

(3) 1 価の塩基では，$[OH^-] = c\alpha$ [mol/L] となる。水酸化ナトリウムは強塩基なので，$\alpha = 1$ である。

$[OH^-] = c\alpha = 1.0\times10^{-2}$ mol/L $\times 1 = 1.0\times10^{-2}$ mol/L

水のイオン積 $K_w = [H^+][OH^-] = 1.0\times10^{-14}$ (mol/L)^2 から，

$$[H^+] = \frac{K_w}{[OH^-]} = \frac{1.0\times10^{-14}\,(\text{mol/L})^2}{1.0\times10^{-2}\,\text{mol/L}} = 1.0\times10^{-12}\,\text{mol/L}$$

したがって，pH＝12

(4) pH＝2 から，$[H^+] = 1.0\times10^{-2}$ mol/L である。この塩酸に水を加えて体積を 10 倍にしたので，$[H^+]$ は $\frac{1}{10}$ になる。したがって，$[H^+] = 1.0\times10^{-3}$ mol/L であり，pH＝3

> アドバイス
> c [mol/L] の 1 価の酸(電離度 α)の水溶液では，$[H^+] = c\alpha$ [mol/L] となる。$[H^+] = 1.0\times10^{-a}$ mol/L のとき，pH＝a であるから，$[H^+]$ を求めれば，pH が求められる。

解答 (1) 2　(2) 3　(3) 12　(4) 3

H = 1.0　O = 16　Ca = 40

基本例題 18　中和の量的関係

関連問題➡ 145

(1)　濃度不明の水酸化ナトリウム水溶液 15 mL を中和するのに，0.30 mol/L の硫酸水溶液が 10 mL 必要であった。水酸化ナトリウム水溶液の濃度は何 mol/L か。
(2)　水酸化カルシウム 1.85 g を中和するのに必要な 2.0 mol/L の塩酸は何 mL か。

解説 (1)　H_2SO_4 は 2 価の酸，NaOH は 1 価の塩基である。
NaOH のモル濃度を c〔mol/L〕とすると，次式が成り立つ。

$$\underbrace{2\times0.30\,\text{mol/L}\times\frac{10}{1000}\,\text{L}}_{\text{硫酸から生じる H}^+\text{の物質量}} = \underbrace{1\times c\,[\text{mol/L}]\times\frac{15}{1000}\,\text{L}}_{\text{水酸化ナトリウムから生じる OH}^-\text{の物質量}}$$

c = 0.40 mol/L

(2)　HCl は 1 価の酸，$Ca(OH)_2$ は 2 価の塩基である。$Ca(OH)_2$ のモル質量は，74 g/mol なので，塩酸の体積を V〔L〕とすると，次式が成り立つ。

$$\underbrace{1\times2.0\,\text{mol/L}\times V\,[\text{L}]}_{\text{塩酸から生じる H}^+\text{の物質量}} = \underbrace{2\times\frac{1.85}{74}\,\text{mol}}_{\text{水酸化カルシウムから生じる OH}^-\text{の物質量}} \qquad V = 0.025\,\text{L}$$

解答 (1)　**0.40 mol/L**　(2)　**25 mL**

アドバイス
酸や塩基が気体や固体であっても，次の中和の量的関係が成立する。
酸の価数×酸の物質量
＝塩基の価数×塩基の物質量

基本例題 19　中和滴定曲線

関連問題➡ 148

図は，0.10 mol/L 酢酸水溶液 20 mL に，濃度不明の水酸化ナトリウム水溶液を加えていったときの混合水溶液の pH 変化を表している。次の各問いに答えよ。
(1)　中和点ではどのような塩の水溶液になっているか。
(2)　中和点を知るのに用いる指示薬は，次のうちのどちらか。
　(ア)　フェノールフタレイン　(イ)　メチルオレンジ
(3)　この水酸化ナトリウム水溶液のモル濃度はいくらか。

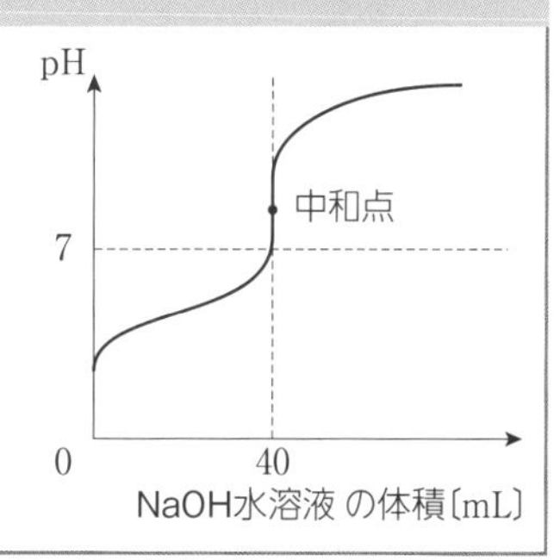

解説 (1)　酢酸と水酸化ナトリウムの中和は次式で表される。

$$CH_3COOH + NaOH \longrightarrow CH_3COONa + H_2O$$

中和点では，酢酸ナトリウムの水溶液になっている。酢酸ナトリウムは，弱酸と強塩基からなる塩であり，水溶液は塩基性を示す。
(2)　グラフから，中和点は塩基性なので，塩基性の領域に変色域のある指示薬を選ぶ。
(3)　滴定曲線から，中和点までに加えた水酸化ナトリウム水溶液の体積は 40 mL なので，濃度を c〔mol/L〕とすると，

$$1\times0.10\,\text{mol/L}\times\frac{20}{1000}\,\text{L} = 1\times c\,[\text{mol/L}]\times\frac{40}{1000}\,\text{L} \qquad c=0.050\,\text{mol/L}$$

解答 (1)　**酢酸ナトリウム水溶液**　(2)　**(ア)**　(3)　**0.050 mol/L**

アドバイス
正塩の水溶液の性質は，もとの酸と，もとの塩基の強弱の組み合わせで決まる。
強酸＋強塩基 → 中性
強酸＋弱塩基 → 酸性
弱酸＋強塩基 → 塩基性

知識

130 **酸・塩基の定義** 次の文を読み，下の各問いに答えよ。

アレニウスの定義では，酸とは水に溶かしたときに(　ア　)イオンを生じる化合物である。また，塩基とは酸の性質を打ち消す化合物で，この性質は水に溶けたときに生じる(　イ　)イオンのはたらきによる。水酸化ナトリウムや水酸化バリウムのように水に溶けて(イ)イオンを生じるものや，①アンモニアのように水と反応して(イ)イオンを生じる化合物は，アレニウスの定義において塩基に分類される。

ブレンステッド・ローリーの定義では，酸とは相手にH^+を(　ウ　)物質であり，塩基とは相手からH^+を(　エ　)物質である。水酸化銅(Ⅱ)や水酸化鉄(Ⅲ)のように水に(　オ　)ものや，②塩化水素分子と直接反応する場合のアンモニア分子なども，塩基と定義される。

(1) 文中の(　　)に適当な語句を入れよ。

(2) 下線部①，②をそれぞれ反応式で示せ。

知識

131 **酸・塩基の定義** 次の各反応において，下線部の物質は，ブレンステッド・ローリーの定義から考えて，酸・塩基のどちらに相当するか。

(1) $CH_3COOH + \underline{H_2O} \rightleftarrows CH_3COO^- + H_3O^+$

(2) $HCO_3^- + \underline{H_2O} \rightleftarrows H_2CO_3 + OH^-$

(3) $\underline{HSO_4^-} + OH^- \longrightarrow SO_4^{2-} + H_2O$

(4) $\underline{Cu(OH)_2} + 2HCl \longrightarrow CuCl_2 + 2H_2O$

知識

132 **酸・塩基の分類** 次の(1)～(4)にあてはまるものを，下の(ア)～(ケ)から2つずつ選び，記号で答えよ。ただし，同じものを何度選んでもよい。

(1) 2価の酸　(2) 1価の塩基　(3) 強酸　(4) 強塩基

(ア) 塩化水素　(イ) 酢酸　(ウ) リン酸

(エ) 硫酸　(オ) シュウ酸　(カ) アンモニア

(キ) 水酸化アルミニウム　(ク) 水酸化バリウム　(ケ) 水酸化カリウム

知識

133 **酸・塩基のモル濃度** 次の文中の(　　)に適当な数値を入れよ。

(1) 酢酸1.5gを水に溶かして500mLにすると，その濃度は(　ア　)mol/Lとなる。

(2) シュウ酸二水和物の結晶は$(COOH)_2 \cdot 2H_2O$と表される。この結晶6.3g中には，シュウ酸$(COOH)_2$が(　イ　)mol含まれているので，これを水に溶かして200mLにした水溶液は(　ウ　)mol/Lとなる。

(3) 0.25mol/Lのアンモニア水を100mLつくるには，0℃，1.013×10^5Paで(　エ　)mLのアンモニアが必要である。

(4) 0.10mol/Lの塩酸100mLと0.20mol/Lの塩酸200mLを混合し，さらに水を加えて全量を500mLにした。この水溶液には塩化水素が(　オ　)mol溶けているので，そのモル濃度は(　カ　)mol/Lとなる。

H=1.0　C=12　O=16

知識

134 水素イオン濃度　次の各水溶液の水素イオン濃度を求めよ。ただし，強酸，強塩基は完全に電離しているものとし，水のイオン積は $K_w=1.0\times10^{-14}(\text{mol/L})^2$ とする。

(1)　0.10 mol/L の塩酸

(2)　0.10 mol/L の酢酸水溶液(酢酸の電離度を 0.013 とする)

(3)　0.050 mol/L の硫酸水溶液

(4)　0.10 mol/L の水酸化ナトリウム水溶液

(5)　0.10 mol/L のアンモニア水溶液(アンモニアの電離度を 0.010 とする)

知識

135 水素イオン濃度と pH　次の図を利用して，下の(　　)に適当な数値または語句を入れよ。

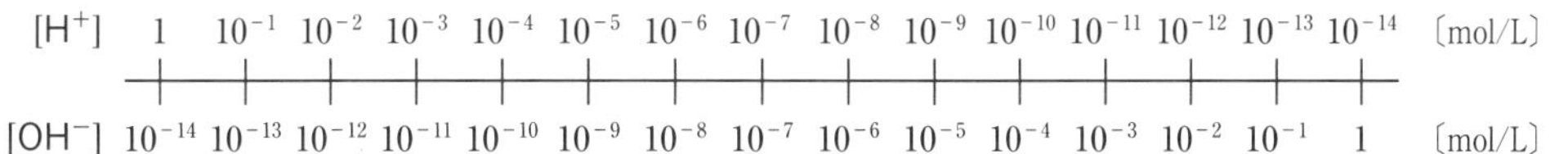

(1)　水素イオン濃度$[H^+]$が 1.0×10^{-2} mol/L の水溶液の pH は(　ア　)で，その水溶液は(　イ　)性である。

(2)　水酸化物イオン濃度$[OH^-]$が 1.0×10^{-4} mol/L の水溶液の pH は(　ウ　)で，その水溶液は(　エ　)性である。

(3)　pH が 6 の水溶液の$[H^+]$は，pH が 2 の水溶液の$[H^+]$の(　オ　)倍である。

(4)　pH が 3 の塩酸を水で 100 倍に薄めると pH は(　カ　)になり，pH が 12 の水酸化ナトリウム水溶液を水で 100 倍に薄めると pH は(　キ　)になる。

知識

136 水溶液の pH　次の各水溶液の pH を求めよ。水のイオン積 K_w は $1.0\times10^{-14}(\text{mol/L})^2$ とする。

(1)　$[H^+]=1.0\times10^{-3}$ mol/L の水溶液

(2)　$[OH^-]=1.0\times10^{-3}$ mol/L の水溶液

(3)　pH が 2 の塩酸 10mL に，水を加えて 100 mL にした水溶液

(4)　pH が 11 の水酸化ナトリウム水溶液を，水で 100 倍に薄めた水溶液

思考

137 水素イオン濃度と pH　次の(ア)～(オ)のうちから，正しいものを 1 つ選べ。

(ア)　酸性の水溶液中には，水酸化物イオンは存在しない。

(イ)　塩基性の水溶液中では，$[H^+]<[OH^-]$である。

(ウ)　pH が 5 の塩酸の$[H^+]$は，pH が 2 の塩酸の$[H^+]$の 1000 倍である。

(エ)　pH が 6 の塩酸を水で 1000 倍に薄めると，pH は 9 になる。

(オ)　pH が 1 の塩酸と pH が 3 の塩酸を同体積ずつ混合した水溶液の pH は 2 である。

知識

138 中和反応　次の中和の化学反応式の右辺を記せ。

(1)　$HCl + NaOH \longrightarrow$ (　　　　　　　　)

(2)　$CH_3COOH + NaOH \longrightarrow$ (　　　　　　　　)

(3)　$H_2SO_4 + 2NH_3 \longrightarrow$ (　　　　　　　　)

(4)　$2HCl + Ba(OH)_2 \longrightarrow$ (　　　　　　　　)

(5)　$2H_3PO_4 + 3Ca(OH)_2 \longrightarrow$ (　　　　　　　　)

知識
139 **酸・塩基と塩**　次の塩が中和で生じたものとして，もとの酸と塩基の化学式を示せ。

(1)　$(NH_4)_2SO_4$　(2)　KCl　(3)　$CuSO_4$

(4)　$Ba(NO_3)_2$　(5)　K_2HPO_4　(6)　FeS

知識
140 **塩の分類**　次の塩について，下の各問いに答えよ。

（ア）　KNO_3　（イ）　$NaHSO_4$　（ウ）　CH_3COONa　（エ）　$MgCl(OH)$

（オ）　NH_4Cl　（カ）　$CuNO_3(OH)$　（キ）　$NaHCO_3$　（ク）　$CuSO_4$

(1)　正塩をすべて選び，記号で答えよ。

(2)　酸性塩をすべて選び，記号で答えよ。

(3)　塩基性塩をすべて選び，記号で答えよ。

知識
141 **塩の水溶液**　次の(1)～(8)の塩の水溶液はそれぞれ何性を示すか。酸性，中性，塩基性のいずれかを記せ。

(1)　NH_4Cl　(2)　CH_3COONa　(3)　KCl　(4)　$CuSO_4$

(5)　Na_2SO_4　(6)　$NaHSO_4$　(7)　Na_2CO_3　(8)　$NaHCO_3$

知識
142 **酸化物の反応**　酸化物に関する次の変化を化学反応式で表せ。

(1)　酸化ナトリウム Na_2O を水 H_2O と反応させる。

(2)　三酸化硫黄 SO_3 を水 H_2O と反応させる。

(3)　酸化カルシウム CaO を塩酸 HCl と反応させる。

(4)　水酸化ナトリウム $NaOH$ を二酸化炭素 CO_2 と反応させる。

知識
143 **弱酸・弱塩基の遊離**　(ア)～(ウ)の操作を行ったときに起こる変化を化学反応式で示せ。

（ア）　塩化アンモニウム NH_4Cl と水酸化カルシウム $Ca(OH)_2$ を混合して加熱する。

（イ）　炭酸カルシウム $CaCO_3$ に塩酸を加える。

（ウ）　酢酸ナトリウム CH_3COONa に硫酸水溶液を加える。

知識
144 **中和の量的関係**　次の各問いに答えよ。ただし，気体の体積は0℃，1.013×10^5 Pa の値とする。

(1)　0.30 mol の塩化水素を中和するのに，水酸化カルシウムは何 mol 必要か。

(2)　0.20 mol の塩化水素を中和するのに必要な水酸化カルシウムは何 g か。

(3)　2.0 mol/L の酢酸水溶液 50 mL を中和するのに，水酸化ナトリウムは何 g 必要か。

(4)　0.010 mol/L の硫酸水溶液 50 mL を中和するのに，気体のアンモニアは何 mL 必要か。

知識
145 **中和の関係式**　次の各問いに答えよ。

(1)　0.10 mol/L の塩酸 15 mL を中和するのに，0.050 mol/L の水酸化ナトリウム水溶液は何 mL 必要か。

(2)　0.020 mol/L のシュウ酸水溶液 25 mL を中和するのに，0.050 mol/L の水酸化ナトリウム水溶液は何 mL 必要か。

(3)　0.10 mol/L の硫酸水溶液 20mL を中和するのに，濃度不明の水酸化ナトリウム水溶液 5.0 mL が必要だった。この水酸化ナトリウム水溶液のモル濃度は何 mol/L か。

H=1.0　O=16　Na=23　Ca=40

知識 実験

146　中和滴定に使用する器具　図1は，中和滴定に用いる器具である。下の各問いに答えよ。

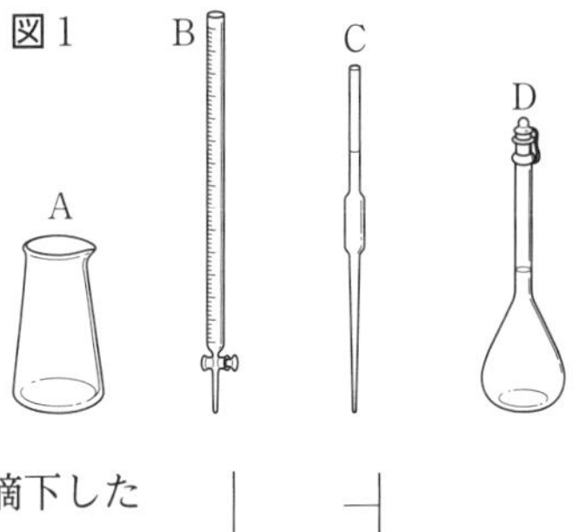

(1)　器具A～Dの名称を記せ。

(2)　次の文中の(　　)にあてはまる器具を，A～Dから選び，記号で答えよ。

　濃度不明の水溶液の一定体積を(　ア　)ではかりとり,(　イ　)に入れる。ここに適当な指示薬を加えて，濃度既知の水溶液を(　ウ　)より滴下する。中和点までに滴下した体積から，濃度不明の水溶液の濃度を求める。器具(　エ　)は一定濃度の水溶液を調製するときに用いる。

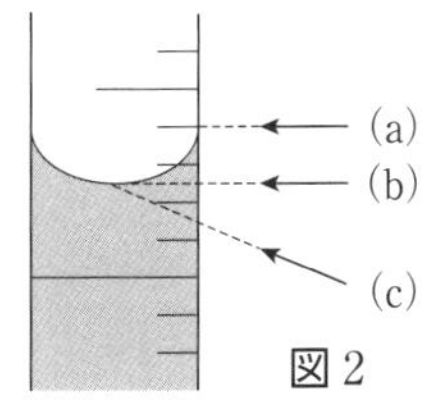

図2

(3)　内部が純水でぬれていても，そのまま使用してよい器具はどれか。すべて選び，記号で示せ。

(4)　器具Bの目盛りを読む視線として正しいものを,図2の(a)～(c)の中から選べ。

知識

147　中和滴定　濃度不明の酢酸水溶液10mLに，0.10mol/Lの水酸化ナトリウム水溶液を加えて中和滴定を行ったところ，20mLを要した。次の各問いに答えよ。

(1)　中和点における水溶液の性質は，酸性，中性，塩基性のどれか。

(2)　この中和滴定に用いる指示薬として適当なものを，次の(ア)～(ウ)から1つ選べ。

　(ア)　メチルオレンジ　　(イ)　メチルレッド　　(ウ)　フェノールフタレイン

(3)　指示薬の色が何色から何色に変化したとき，中和点と判断できるか。

(4)　この酢酸水溶液のモル濃度は何mol/Lか。

思考 グラフ

148　中和滴定曲線　次の**a**～**c**の中和滴定に関する下の各問いに答えよ。

a　塩酸に水酸化ナトリウム水溶液を滴下する。

b　酢酸水溶液に水酸化ナトリウム水溶液を滴下する。

c　アンモニア水に塩酸を滴下する。

(1)　**a**～**c**の中和滴定曲線として最も適当なものを,(ア)～(エ)からそれぞれ選べ。

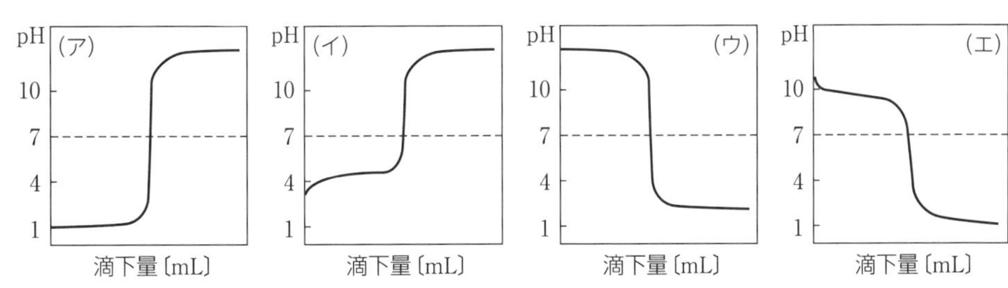

(2)　**a**～**c**の中和滴定で用いる指示薬の説明として最も適当なものを，それぞれ次の①～③から選べ。同じものをくり返し選んでもよい。

①　フェノールフタレインとメチルオレンジのどちらを使用してもよい。

②　フェノールフタレインは使用できるが，メチルオレンジは使用できない。

③　メチルオレンジは使用できるが，フェノールフタレインは使用できない。

例題
解説動画

標準例題 11 混合水溶液の pH

関連問題➡ 152

0.30 mol/L の塩酸 10 mL に，0.10 mol/L の水酸化ナトリウム水溶液 10 mL を加えた混合水溶液の pH はいくらか。

解説 中和反応では，酸から生じる H^+ と塩基から生じる OH^- が 1：1 で反応する。

$H^+ + OH^- \longrightarrow H_2O$

塩酸から生じる H^+ と水酸化ナトリウムから生じる OH^- の物質量は，

H^+：$1\times0.30\ \text{mol/L}\times\dfrac{10}{1000}\ \text{L}=3.0\times10^{-3}\ \text{mol}$

OH^-：$1\times0.10\ \text{mol/L}\times\dfrac{10}{1000}\ \text{L}=1.0\times10^{-3}\ \text{mol}$

これらを比較すると，H^+ の方が多く，反応後に残る H^+ の物質量は，

$3.0\times10^{-3}\ \text{mol}-1.0\times10^{-3}\ \text{mol}=2.0\times10^{-3}\ \text{mol}$

これが 10 mL＋10 mL＝20 mL（＝2.0×10^{-2} L）に溶けているので，

$[H^+]=\dfrac{2.0\times10^{-3}\ \text{mol}}{2.0\times10^{-2}\ \text{L}}=1.0\times10^{-1}\ \text{mol/L}$　　したがって，pH ＝ 1

 1

アドバイス

混合後に，酸の H^+ と塩基の OH^- のうち，どちらが余るかを考える。余った方の物質量を，混合後の溶液の体積〔L〕で割れば，モル濃度が計算できる。混合によって，水溶液の体積が増えている点に注意する。

標準例題 12 アンモニアの定量 －逆滴定－

関連問題➡ 158

0.10 mol/L の硫酸 H_2SO_4 水溶液 10.0 mL に，ある量のアンモニア NH_3 を吸収させた。残った硫酸を 0.20 mol/L の水酸化ナトリウム水溶液で中和滴定すると，7.5 mL を要した。吸収されたアンモニアは 0℃，1.013×10^5 Pa で何 mL か。

解説 中和が過不足なく起こるとき，次の量的関係が成り立つ。

酸から生じる H^+ の物質量＝塩基が受け取る H^+ の物質量

この中和反応において，酸は H_2SO_4，塩基は NH_3 と NaOH であり，中和の量的関係は，次のように表される。

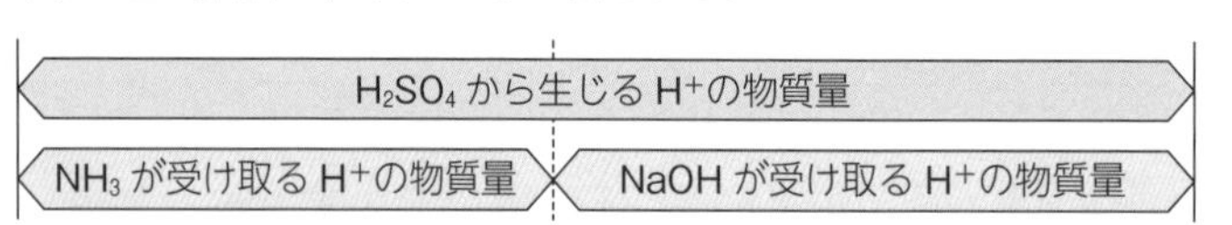

したがって，x〔mol〕の NH_3 が吸収されたとすると，H_2SO_4 は 2 価の酸，NH_3 と NaOH はともに 1 価の塩基なので，次式が成り立つ。

$$\underbrace{2\times0.10\ \text{mol/L}\times\frac{10.0}{1000}\ \text{L}}_{H_2SO_4\text{ から生じる }H^+\text{ の物質量}} = \underbrace{1\times x\text{〔mol〕}}_{NH_3\text{ が受け取る }H^+\text{ の物質量}} + \underbrace{1\times0.20\ \text{mol/L}\times\frac{7.5}{1000}\ \text{L}}_{NaOH\text{ が受け取る }H^+\text{ の物質量}}$$

$x=5.0\times10^{-4}\ \text{mol}$

したがって，0℃，1.013×10^5 Pa におけるアンモニアの体積は，

$22.4\ \text{L/mol}\times5.0\times10^{-4}\ \text{mol}=1.12\times10^{-2}\ \text{L}=11.2\ \text{mL}$

解答 11 mL

アドバイス

アンモニアの場合，直接中和滴定してその量を求めるのは難しい。そこで，アンモニアを過剰な酸に吸収させて，残った未反応の酸を滴定することで，間接的にアンモニアの物質量を求める。このような操作を**逆滴定**という。

標準問題

思考

149 **酸・塩基の定義** 次の反応Ⅰおよび反応Ⅱで，下線を付した分子およびイオン(a ～ d)のうち，酸としてはたらくものの組み合わせとして最も適当なものを，次の①～⑥のうちから1つ選べ。

反応Ⅰ $CH_3COOH + {}_{a}\underline{H_2O} \rightleftarrows CH_3COO^- + {}_{b}\underline{H_3O^+}$

反応Ⅱ $NH_3 + {}_{c}\underline{H_2O} \rightleftarrows NH_4^+ + {}_{d}\underline{OH^-}$

① aとb　② aとc　③ aとd
④ bとc　⑤ bとd　⑥ cとd

(15 センター本試)

思考

150 **酸・塩基の水溶液** 次の(ア)～(カ)の記述のうち，**誤っているもの**をすべて選べ。

(ア) 酸・塩基の強弱は，その価数の大小には影響しない。
(イ) 一般に，硝酸や水酸化カリウムのような強酸・強塩基では，その水溶液の濃度によらず電離度はほぼ1である。
(ウ) 酢酸やアンモニアのような弱酸・弱塩基の水溶液では，その濃度が小さくなるほど電離度が大きくなる。
(エ) 同じモル濃度の強酸と弱酸の水溶液では，強酸の水溶液の方がpH(水素イオン指数)の値は大きい。
(オ) 酢酸分子を構成する水素原子はいずれも水溶液中で水素イオンH^+になることができる。
(カ) 同じ価数，同じモル濃度の強酸と弱酸の水溶液では，塩基の水溶液を中和するのに必要な量は等しい。

(20 北里大 改)

思考

151 **酸・塩基の水溶液** 次の(A)～(D)の水溶液について，下の各問いに答えよ。

(A) 0.10 mol/L アンモニア水　(B) 0.10 mol/L 塩酸
(C) 0.10 mol/L 酢酸水溶液　(D) 0.10 mol/L 水酸化ナトリウム水溶液

(1) 水酸化物イオン濃度の大小関係を正しく表したものを，①～⑥の選択肢から選べ。
(2) 水素イオン指数pHの大小関係を正しく表したものを，①～⑥の選択肢から選べ。

① A > D > B > C　② B > C > A > D　③ C > B > D > A
④ D > A > C > B　⑤ A = D > B = C　⑥ B = C > A = D

(20 成蹊大 改)

思考

152 **混合水溶液の濃度** 次の各水溶液のpHの値を求めよ。ただし，強酸，強塩基の電離度はともに1とし，混合の前後で溶液の体積は変わらないものとする。

(1) 0.050 mol/L の塩酸 100 mL に 0.050 mol/L NaOH 水溶液 100 mL を混合したもの。
(2) 0.10 mol/L の塩酸 30 mL に 0.10 mol/L NaOH 水溶液 10 mL を加え，水で全体を 200 mL にしたもの。
(3) 0.10 mol/L の硫酸水溶液 20 mL に 0.10 mol/L NaOH 水溶液 10 mL を混合したもの。

(15 関東学院大 改)

思考

153 **酸の比較**　0.10 mol/L の(X)塩酸，(Y)硫酸水溶液，(Z)酢酸水溶液について，次の文中の(1)～(3)における x，y，z の大小を比較し，それぞれ適するものを①～⑦から選べ。

(1)　(X)，(Y)，(Z)の pH の値をそれぞれ x，y，z とする。

(2)　同じ体積の 0.10 mol/L の水酸化ナトリウム水溶液を，(X)，(Y)，(Z)で中和するとき，必要とする体積をそれぞれ x，y，z とする。

(3)　(2)において，(X)，(Y)，(Z)で中和したときに中和点で生じている塩の物質量をそれぞれ x，y，z とする。

①　$x<y<z$　②　$y<z<x$　③　$z<x<y$　④　$y<x<z$

⑤　$x=z<y$　⑥　$y<x=z$　⑦　$x=y=z$

（10　帝京大　改）

思考 グラフ

154 **中和におけるイオンの物質量の変化**　図は，1 mol/L の塩酸 100 mL を入れたビーカーに，1 mol/L の水酸化ナトリウム水溶液を少しずつ加えていったときの，ビーカー内のイオンの物質量の変化を示したものである。また，図中の P は，中和点までに加えた水酸化ナトリウムの物質量を示す。

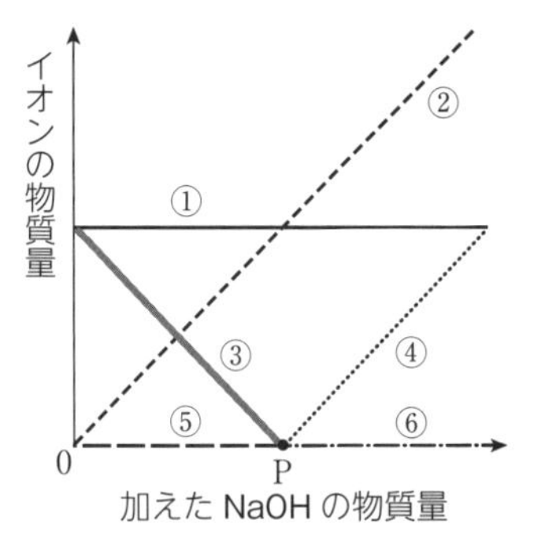

下の(1)～(4)のイオンの物質量の変化を表すものを，例 1 にならって答えよ。必要な場合は，例 2 に示すように 2 つの直線を組み合わせよ。

（例 1）⑦　　（例 2）⑧ ⟶ ⑨

(1)　Cl^-　(2)　Na^+　(3)　OH^-　(4)　H^+

（09　広島工業大　改）

知識

155 **塩の性質**　次の(1)～(4)に相当する塩を〈物質群〉からそれぞれすべて選び，化学式で答えよ。

(1)　水溶液が中性である正塩　(2)　水溶液が酸性である正塩

(3)　水溶液が酸性である酸性塩　(4)　水溶液が塩基性である酸性塩

〈物質群〉　炭酸水素ナトリウム　硝酸ナトリウム　硫酸銅(Ⅱ)

塩化アンモニウム　硫酸水素ナトリウム　酢酸ナトリウム

炭酸カリウム

（10　昭和大　改）

思考

156 **食酢の濃度決定**　食酢中の酢酸の濃度を調べる目的で，次の A 液，B 液を調製した。

〈A 液〉水酸化ナトリウムを水に溶かして，約 0.1 mol/L の A 液をつくった。

〈B 液〉食酢を水で正確に 5 倍に薄め B 液をつくった。

(1)　0.050 mol/L のシュウ酸標準溶液 10.0 mL に A 液を滴下したところ，12.5 mL を加えたときに滴定が完了した。A 液は何 mol/L の水酸化ナトリウム水溶液であったか。

(2)　A 液と B 液による中和反応の化学反応式を示せ。

(3)　B 液 10.0 mL を A 液で中和滴定したところ，17.5 mL を要した。B 液は何 mol/L の酢酸溶液であったか。

(4)　5 倍に薄める前の食酢の酢酸濃度は何 mol/L であったか。

(5)　5 倍に薄める前の食酢中の酢酸は質量パーセント濃度で何パーセントであったか。ただし，この食酢は密度が 1.0 g/mL で，食酢中の酸は酢酸のみとする。

（15　旭川大　改）

H = 1.0 C = 12 N = 14
O = 16 Na = 23

思考 グラフ

157 中和滴定曲線

水溶液 A 150 mL をビーカーに入れ，水溶液 B をビュレットから滴下しながら pH の変化を記録したところ，図の曲線が得られた。水溶液 A および B として最も適当なものを，次の①～⑨のうちから 1 つずつ選べ。

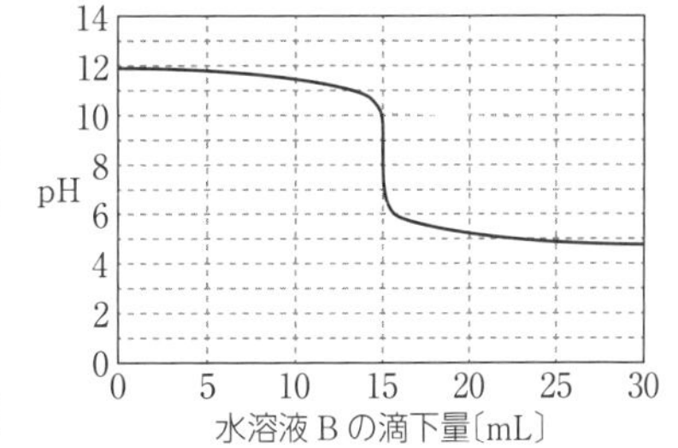

① 0.10 mol/L 塩酸　② 0.010 mol/L 塩酸
③ 0.0010 mol/L 塩酸　④ 0.10 mol/L 酢酸水溶液
⑤ 0.010 mol/L 酢酸水溶液　⑥ 0.0010 mol/L 酢酸水溶液
⑦ 0.10 mol/L 水酸化ナトリウム水溶液　⑧ 0.010 mol/L 水酸化ナトリウム水溶液
⑨ 0.0010 mol/L 水酸化ナトリウム水溶液

(20 センター本試)

思考

158 アンモニアの定量

硫酸水溶液にアンモニアを吹きこむと，次の反応により吸収される。

$$H_2SO_4 + 2NH_3 \longrightarrow (NH_4)_2SO_4$$

コニカルビーカーに入れた 0.10 mol/L の硫酸水溶液 20 mL に，アンモニアガスを吸収させ完全に反応させた後，少量の指示薬を加えた。この水溶液に，ビュレットに入れた 0.10 mol/L の水酸化ナトリウム水溶液を滴下すると，12 mL 滴下したところで過不足なく中和した。下の各問いに答えよ。

(1) 指示薬として最も適切なものを次の(ア)～(ウ)から選び，記号で答えよ。
　(ア) ブロモチモールブルー　(イ) メチルオレンジ　(ウ) フェノールフタレイン

(2) 硫酸水溶液に吸収されたアンモニアの質量は何 g か。

(20 大阪工業大 改)

思考 発展

159 混合水溶液の滴定

次の文章を読み，下の各問いに答えよ。

①炭酸ナトリウム Na_2CO_3 と水酸化ナトリウム NaOH の混合水溶液が 100 mL ある。この水溶液から器具 A を用いて 10.0 mL をコニカルビーカーにはかり取り，指示薬 X を少量加えた。0.10 mol/L の塩酸を器具 B に入れ，混合溶液の入ったコニカルビーカーに滴下すると，15.0 mL 滴下したところで水溶液の色が赤色から無色に変わった。これを第 1 中和点とする。続いて，コニカルビーカーの混合水溶液に指示薬 Y を少量加え，さらに塩酸を滴下していくと，合計 25.0 mL 加えたところで水溶液が赤色に変化した。これを第 2 中和点とする。

滴定開始から第 1 中和点までに起こる反応と，第 1 中和点から第 2 中和点までに起こる反応は，それぞれ次の反応式で表すことができる。

[滴定開始～第 1 中和点]　$NaOH + HCl \longrightarrow NaCl + H_2O$
　　　　　　　　　　　$Na_2CO_3 + HCl \longrightarrow$ (ア) + (イ)

[第 1 中和点～第 2 中和点]　(ア) + HCl $\longrightarrow$ (イ) + H_2O + (ウ)

(1) (ア)～(ウ)に適する化学式を記入せよ。

(2) 器具 A および B として，最も適切な器具を次の①～④から選び，番号で答えよ。
　① メスフラスコ　② こまごめピペット　③ ホールピペット　④ ビュレット

(3) 指示薬 X および Y について最も適当な名称を次の①～③から選び，番号で答えよ。
　① メチルオレンジ　② ブロモチモールブルー　③ フェノールフタレイン

(4) 下線部①の混合水溶液 100 mL 中に含まれる炭酸ナトリウムと水酸化ナトリウムの質量はそれぞれ何 g か。有効数字 2 桁で答えよ。

(20 京都府立大)

7 酸化還元反応

Step1 2 3 4

1 酸化と還元

1．酸化と還元　酸化と還元は同時に起こり，この反応を酸化還元反応という。

酸化（酸化反応・酸化される）		還元（還元反応・還元される）	
酸素を受け取る	$2Cu + O_2 \longrightarrow 2CuO$	酸素を失う	$CuO + H_2 \longrightarrow Cu + H_2O$
水素を失う	$H_2S + H_2O_2 \longrightarrow S + 2H_2O$	水素を受け取る	$Cl_2 + H_2 \longrightarrow 2HCl$
電子を失う	$Na \longrightarrow Na^+ + e^-$	電子を受け取る	$Cl_2 + 2e^- \longrightarrow 2Cl^-$

2．酸化数　酸化数は，それぞれの原子の酸化の程度を示す。

①	単体中の原子の酸化数は0とする。	H_2（Hは0）　Fe（Feは0）
②	単原子イオンを構成する原子の酸化数は，そのイオンの電荷の符号と価数に等しい。	Na^+（Naは+1）　S^{2-}（Sは−2）
③	化合物中のHの酸化数は+1，Oの酸化数は−2とする。	HCl（Hは+1）　CO_2（Oは−2）
④	化合物を構成する原子の酸化数の総和は0とする。	H_2O　$(+1)\times2+(-2)=0$
⑤	多原子イオンを構成する原子の酸化数の総和は，そのイオンの電荷の符号と価数に等しい。	H_3O^+　$(+1)\times3+(-2)=+1$

H_2O_2 中のOの酸化数は−1，化合物中のアルカリ金属の酸化数は+1，アルカリ土類金属の酸化数は+2。

3．酸化数の増減と酸化還元反応

$$\underset{+2}{CuO} + \underset{0}{H_2} \longrightarrow \underset{0}{Cu} + \underset{+1}{H_2O}$$

還元された（CuO → Cu）
酸化された（H₂ → H₂O）

酸化数が増加⟹酸化された
酸化数が減少⟹還元された

2 酸化剤と還元剤

酸化剤…相手の物質を酸化する物質。自身は還元される。
還元剤…相手の物質を還元する物質。自身は酸化される。

酸化剤	電子を受け取る反応	還元剤	電子を放出する反応
Cl_2	$Cl_2+2e^- \longrightarrow 2Cl^-$	Na	$Na \longrightarrow Na^+ + e^-$
HNO_3（濃）	$HNO_3+H^++e^- \longrightarrow H_2O+NO_2$	H_2S	$H_2S \longrightarrow S+2H^++2e^-$
HNO_3（希）	$HNO_3+3H^++3e^- \longrightarrow 2H_2O+NO$	$(COOH)_2$	$(COOH)_2 \longrightarrow 2CO_2+2H^++2e^-$
H_2SO_4（熱濃）	$H_2SO_4+2H^++2e^- \longrightarrow 2H_2O+SO_2$	KI	$2I^- \longrightarrow I_2+2e^-$
$KMnO_4$	$MnO_4^-+8H^++5e^- \longrightarrow Mn^{2+}+4H_2O$	$FeSO_4$	$Fe^{2+} \longrightarrow Fe^{3+}+e^-$
$K_2Cr_2O_7$	$Cr_2O_7^{2-}+14H^++6e^- \longrightarrow 2Cr^{3+}+7H_2O$	$SnCl_2$	$Sn^{2+} \longrightarrow Sn^{4+}+2e^-$
H_2O_2	$H_2O_2+2H^++2e^- \longrightarrow 2H_2O$	H_2O_2	$H_2O_2 \longrightarrow O_2+2H^++2e^-$
SO_2	$SO_2+4H^++4e^- \longrightarrow S+2H_2O$	SO_2	$SO_2+2H_2O \longrightarrow SO_4^{2-}+4H^++2e^-$

水溶液の色の変化　MnO_4^-（赤紫色）$\longrightarrow Mn^{2+}$（ほぼ無色）　$Cr_2O_7^{2-}$（赤橙色）$\longrightarrow Cr^{3+}$（緑色）

H_2O_2 や SO_2 は，反応する相手によって，酸化剤としても，還元剤としてもはたらく。

$\underset{-2}{H_2O}$ ⟸（酸化剤としてはたらく／還元された）　$\underset{-1}{H_2O_2}$　⟹（還元剤としてはたらく／酸化された）　$\underset{0}{O_2}$

$\underset{0}{S}$ ⟸（酸化剤としてはたらく／還元された）　$\underset{+4}{SO_2}$　⟹（還元剤としてはたらく／酸化された）　$\underset{+6}{H_2SO_4}$

クローズアップ +α　酸化剤・還元剤のはたらきを示す式（半反応式）のつくり方

作り方	酸化剤 MnO_4^-	還元剤 SO_2
❶左辺に反応前，右辺に反応後の物質を書く。	$MnO_4^- \longrightarrow Mn^{2+}$	$SO_2 \longrightarrow SO_4^{2-}$
❷酸化数の変化を調べて e^- を加える。	$\underline{Mn}O_4^- + 5e^- \longrightarrow \underline{Mn}^{2+}$ +7　　　　　+2	$\underline{S}O_2 \longrightarrow \underline{S}O_4^{2-} + 2e^-$ +4　　　+2
❸両辺の電荷が等しくなるように H^+ を加える。	$MnO_4^- + 8H^+ + 5e^- \longrightarrow Mn^{2+}$	$SO_2 \longrightarrow SO_4^{2-} + 4H^+ + 2e^-$
❹両辺の原子の数が等しくなるように H_2O を加える。	$MnO_4^- + 8H^+ + 5e^- \longrightarrow Mn^{2+} + 4H_2O$	$SO_2 + 2H_2O \longrightarrow SO_4^{2-} + 4H^+ + 2e^-$

3 酸化還元反応の量的関係

1．酸化還元反応式のつくり方　授受される電子 e^- の数が等しくなるように，酸化剤・還元剤のはたらきを示す式(半反応式)を組み合わせて，e^- を消去する。

例　硫酸酸性の過マンガン酸カリウム $KMnO_4$ と過酸化水素 H_2O_2 との反応

❶酸化剤と還元剤の半反応式を示す。

酸化剤　$MnO_4^- + 8H^+ + 5e^- \longrightarrow Mn^{2+} + 4H_2O$　…①

還元剤　$H_2O_2 \longrightarrow O_2 + 2H^+ + 2e^-$　…②

❷授受する電子の数を等しくして，電子を消去する。

①式を2倍し，②式を5倍したのち両辺をそれぞれ加え，e^- を消去する。

$$2MnO_4^- + \cancel{16H^+}^{\,6H^+} + \cancel{10e^-} \longrightarrow 2Mn^{2+} + 8H_2O$$

$$+)\quad 5H_2O_2 \longrightarrow 5O_2 + \cancel{10H^+} + \cancel{10e^-}$$

$$2MnO_4^- + 6H^+ + 5H_2O_2 \longrightarrow 2Mn^{2+} + 8H_2O + 5O_2$$ …③〈イオン反応式〉

❸反応物(左辺)に注目して，省略されていたイオンを加える。

$2MnO_4^-$ は $2KMnO_4$ から，$6H^+$ は $3H_2SO_4$ から生じるイオンなので，$2K^+$ と $3SO_4^{2-}$ を両辺に加えて整える。

$$2KMnO_4 + 3H_2SO_4 + 5H_2O_2 \longrightarrow 2MnSO_4 + K_2SO_4 + 8H_2O + 5O_2$$ …④〈化学反応式〉

2．酸化還元反応の量的関係

酸化剤が受け取る電子の物質量＝還元剤が与える電子の物質量

3．酸化還元滴定　濃度不明の酸化剤(還元剤)の水溶液を，濃度のわかっている還元剤(酸化剤)の水溶液を用いて完全に反応させ，その濃度を決定する実験操作。

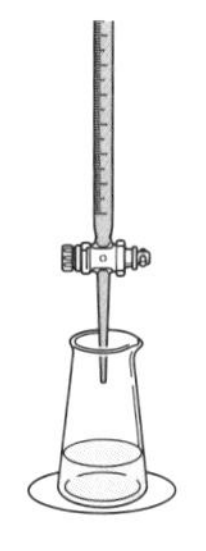

例　c〔mol/L〕の $KMnO_4$ 水溶液 V〔L〕と c'〔mol/L〕の H_2O_2 水溶液 V'〔L〕が硫酸酸性下でちょうど反応すると，①式と②式から，次式が成立する。

$$c\text{〔mol/L〕} \times V\text{〔L〕} \times 5 = c'\text{〔mol/L〕} \times V'\text{〔L〕} \times 2$$

$KMnO_4$ が受け取る e^- の物質量〔mol〕 ＝ H_2O_2 が放出する e^- の物質量〔mol〕

滴定の終点…酸化剤(還元剤)または指示薬の色の変化で知ることができる。

(a)　H_2O_2 やシュウ酸を $KMnO_4$ 水溶液で滴定…$KMnO_4$ 水溶液の赤紫色が消えなくなるとき。

(b)　ヨウ素を $Na_2S_2O_3$ 水溶液で滴定…指示薬としてデンプンを加え，青紫色が消えたとき。

4 金属のイオン化傾向

1．金属のイオン化傾向　水溶液中で，金属が電子を失って陽イオンになろうとする性質。イオン化傾向の大きい金属は，電子を失いやすく，強い還元剤としてはたらく。

例　硫酸銅(Ⅱ)$CuSO_4$ 水溶液に鉄 Fe を入れると，銅 Cu が析出する(イオン化傾向 Fe > Cu)。

$Cu^{2+} + Fe \longrightarrow Cu + Fe^{2+}$

2．金属の反応性とイオン化傾向の関係

<table>
<tr><td>イオン化列</td><td>Li</td><td>K</td><td>Ca</td><td>Na</td><td>Mg</td><td>Al</td><td>Zn</td><td>Fe</td><td>Ni</td><td>Sn</td><td>Pb</td><td>(H₂)</td><td>Cu</td><td>Hg</td><td>Ag</td><td>Pt</td><td>Au</td></tr>
<tr><td>乾燥した酸素との反応</td><td colspan="4">常温で内部まで酸化される</td><td colspan="2">高温で燃焼する</td><td colspan="8">高温で酸化される</td><td colspan="3">酸化されない</td></tr>
<tr><td>水との反応</td><td colspan="4">常温で反応❶</td><td>熱水と反応❷</td><td colspan="3">高温で水蒸気と反応</td><td colspan="9">変化しない</td></tr>
<tr><td>酸との反応</td><td colspan="11">塩酸や希硫酸と反応し，水素を発生して溶ける❸</td><td colspan="4">酸化作用の強い酸に溶ける❹</td><td colspan="2">王水に溶ける</td></tr>
</table>

Al，Fe，Ni を濃硝酸に浸すと表面にち密な酸化物の被膜を生じ，それ以上反応しなくなる(不動態)。
Pb を塩酸や希硫酸に浸すと表面に難溶性の $PbCl_2$ や $PbSO_4$ を生じ，それ以上反応しなくなる。

❶水との反応　$2Na + 2H_2O \longrightarrow 2NaOH + H_2$

❷熱水との反応　$Mg + 2H_2O \longrightarrow Mg(OH)_2 + H_2$

❸酸との反応　$Fe + H_2SO_4 \longrightarrow FeSO_4 + H_2$

❹酸化力のある酸との反応　$3Cu + 8HNO_3$(希硝酸)$\longrightarrow 3Cu(NO_3)_2 + 4H_2O + 2NO$
(濃硝酸，希硝酸，熱濃硫酸など)

5 酸化還元反応の利用

1．金属の製錬　鉱石中の酸化物や硫化物などを還元して，金属の単体を得る操作を製錬という。一般に，イオン化傾向が大きい金属ほど，製錬に要するエネルギーが大きい。

例　鉄の製錬　$Fe_2O_3 + 3CO \longrightarrow 2Fe + 3CO_2$

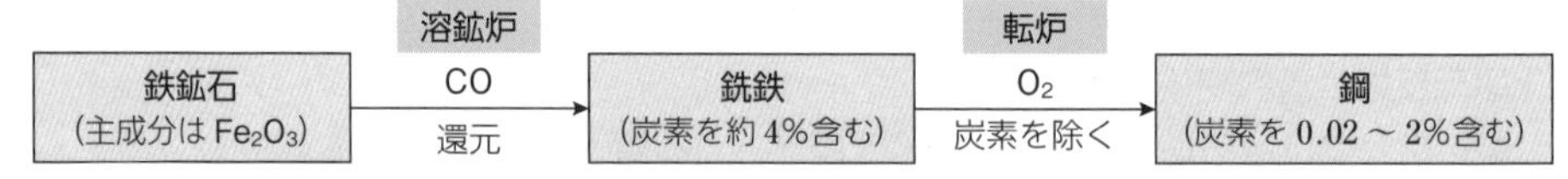

2．身のまわりの酸化剤，還元剤

(a)　漂白剤…衣服に付着した着色物質を，酸化あるいは還元して脱色する物質。

例　酸化による漂白剤…$NaClO$，H_2O_2　　還元による漂白剤…SO_2

(b)　酸化防止剤　酸素と反応して，酸化による食品の劣化を防ぐ物質(還元剤)。

例　Na_2SO_3，ビタミン C(アスコルビン酸)

3．電池　酸化還元反応を利用して電流を取り出す装置。電解質溶液に 2 種類の金属を入れると，イオン化傾向の大きい方の金属が負極になる。

負極…電子を放出する変化(酸化)が起こる。

正極…電子を受け取る変化(還元)が起こる。

一次電池…充電できない電池　　二次電池…充電できる電池

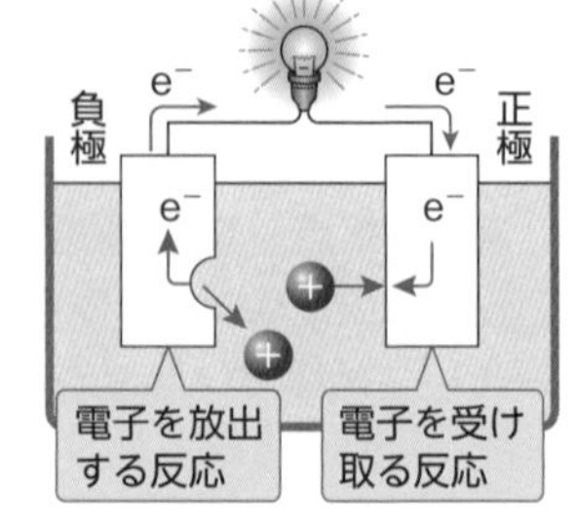

Check 次の文中の(　　　)に適切な語句，数字を入れよ。

1. 物質が酸素を(　ア　)変化や水素を(　イ　)変化を酸化という。また，物質が電子を(　ウ　)変化も酸化である。

2. 原子の酸化の程度を表した数値を(　エ　)という。(エ)の値は，単体中の原子では(　オ　)とし，単原子イオンを構成する原子では，そのイオンの(　カ　)の符号と価数に等しい。

3. 化学変化の前後で，物質中の原子の酸化数が増加していれば，その物質は(　キ　)されており，減少していれば，(　ク　)されている。

4. 酸化還元反応において，酸化剤は相手の物質を(　ケ　)し，自身は(　コ　)される物質である。

5. H_2S が S に変化する反応では，S の酸化数は(　サ　)から(　シ　)に増加する。この反応では，H_2S は(　ス　)剤としてはたらき，2 個の電子を(　セ　)している。

6. 酸化還元反応において，(　ソ　)剤が受け取る電子の物質量と，(　タ　)剤が放出する電子の物質量は(　チ　)。

7. 濃度がわかっている酸化剤(または還元剤)を用いて，濃度不明の還元剤(または酸化剤)の濃度を求める操作を，(　ツ　)という。

8. 硫酸酸性の $KMnO_4$ 水溶液に過酸化水素を加えていくと，水溶液の色が(　テ　)色から(　ト　)色に変化する。

9. 水溶液中で，金属が電子を失って陽イオンになろうとする性質を金属の(　ナ　)という。一般に，イオン化傾向の(　ニ　)金属ほど酸化されやすい。

10. Na，Zn，Cu，Au のうちで，冷水と激しく反応する金属は(　ヌ　)であり，冷水とは反応しないが希塩酸と反応する金属は(　ネ　)である。

11. 鉱石から金属の単体を得る操作を(　ノ　)という。赤鉄鉱(主成分 Fe_2O_3)から鉄をつくるとき，一酸化炭素は(　ハ　)剤としてはたらく。

12. 2 種類の金属を電解質の水溶液に入れると(　ヒ　)ができる。このとき，イオン化傾向の大きい方の金属が電子を放出して(　フ　)極になる。

---

1 (ア) 受け取る　(イ) 失う　(ウ) 失う

2 (エ) 酸化数　(オ) 0　(カ) 電荷

3 (キ) 酸化　(ク) 還元

4 (ケ) 酸化　(コ) 還元

5 (サ) −2　(シ) 0　(ス) 還元　(セ) 放出

6 (ソ) 酸化　(タ) 還元　(チ) 等しい

7 (ツ) 酸化還元滴定

8 (テ) 赤紫　(ト) 無

9 (ナ) イオン化傾向　(ニ) 大きい

10 (ヌ) Na　(ネ) Zn

11 (ノ) 製錬　(ハ) 還元

12 (ヒ) 電池　(フ) 負

ドリル

1 酸化還元反応に登場する物質　次の物質の化学式を示せ。

(1)　過酸化水素　(2)　硫化水素　(3)　二酸化硫黄
(4)　硝酸　(5)　シュウ酸　(6)　硫酸鉄(Ⅱ)
(7)　二クロム酸カリウム　(8)　過マンガン酸カリウム

➡酸化還元反応に頻出の物質は，物質名と化学式を覚えておこう。

2 酸化・還元(1)　酸素原子，水素原子の授受に注目して，(　ア　)～(　エ　)に「酸化」または「還元」のどちらかを記せ。

➡まとめ 1 −1

(1)　$C + H_2O \longrightarrow CO + H_2$
（C → CO：(　ア　)された，H_2O → H_2：(　イ　)された）

(2)　$H_2S + H_2O_2 \longrightarrow S + 2H_2O$
（H_2S → S：(　ウ　)された，H_2O_2 → $2H_2O$：(　エ　)された）

3 酸化・還元(2)　次の各変化は，酸化反応と還元反応のどちらか。

➡まとめ 1 −1

(1)　$Mg \longrightarrow Mg^{2+} + 2e^-$　(2)　$Cl_2 + 2e^- \longrightarrow 2Cl^-$
(3)　$2H^+ + 2e^- \longrightarrow H_2$　(4)　$Fe^{2+} \longrightarrow Fe^{3+} + e^-$

4 酸化数(1)　次の(　　)内に適切な数字を入れよ。

➡まとめ 1 −2

H_2SO_4 分子の S の酸化数を x とする。化合物中の H の酸化数は(　ア　)，O の酸化数は(　イ　)である。分子全体の電荷は(　ウ　)なので，次式が成り立つ。

$$H_2 \quad S \quad O_4$$
(ア)　x　(イ)

(ア)×2＋x＋(イ)×4＝(ウ)　　x＝(　エ　)

5 酸化数(2)　次の物質中の下線をつけた原子の酸化数はいくらか。

➡まとめ 1 −2

(1)　$\underline{O}_2$　(2)　$H_2\underline{O}$　(3)　$\underline{S}O_2$
(4)　$H_2\underline{S}$　(5)　$\underline{N}H_3$　(6)　$\underline{N}O_2$
(7)　$H\underline{N}O_3$　(8)　$H_2\underline{O}_2$　(9)　$\underline{Cu}O$

6 酸化数(3)　次のイオンや物質中の下線をつけた原子の酸化数はいくらか。

➡まとめ 1 −2

(1)　$\underline{Fe}^{2+}$　(2)　$\underline{Cl}^-$　(3)　$\underline{N}H_4^+$
(4)　$\underline{S}O_4^{2-}$　(5)　$\underline{N}O_3^-$　(6)　$\underline{Mn}O_4^-$
(7)　$\underline{Cu}SO_4$　(8)　$Na\underline{Cl}O$　(9)　$K_2\underline{Cr}_2O_7$

7 酸化還元反応　次の酸化還元反応について，(　　)内に下線部の原子の酸化数を記入し，[　　]に「酸化」，「還元」のどちらかを記せ。

➡まとめ 1 −3

(1)　$2\underline{Mg} + \underline{C}O_2 \longrightarrow 2\underline{Mg}O + \underline{C}$
(　　)(　　)(　　)(　　)
（Mg → MgO：[　ア　]された，CO_2 → C：[　イ　]された）

(2)　$H_2\underline{O}_2 + H_2\underline{S} \longrightarrow 2H_2\underline{O} + \underline{S}$
(　　)(　　)(　　)(　　)
（H_2S → S：[　ウ　]された，H_2O_2 → $2H_2O$：[　エ　]された）

8 **酸化剤と還元剤** 次の酸化還元反応について，下線部の物質が酸化されたか，還元されたかを示せ。また，その物質が酸化剤か還元剤かを示せ。

➡まとめ 2

(1) $2\underline{Na} + 2H_2O \longrightarrow 2NaOH + H_2$ (ア)された，(イ)剤

(2) $\underline{Fe_2O_3} + 2Al \longrightarrow 2Fe + Al_2O_3$ (ウ)された，(エ)剤

(3) $2\underline{H_2S} + SO_2 \longrightarrow 3S + 2H_2O$ (オ)された，(カ)剤

9 **酸化剤・還元剤のはたらきを表す式のつくり方** 次の半反応式をつくる過程を示した文中の(　)内に適切な数字を入れよ。

➡まとめ 2

手順Ⅰ 原子の酸化数の変化より，授受される電子の数を書き加える。

$H_2\underline{S}O_4 + (ウ)e^- \longrightarrow \underline{S}O_2$

(ア)　　(イ)

手順Ⅱ 両辺で電荷の合計が合うように，H^+を書き加える。

$H_2SO_4 + (ウ)e^- + (エ)H^+ \longrightarrow SO_2$

手順Ⅲ 水素原子と酸素原子の数が合うように，H_2Oを書き加える。

$H_2SO_4 + (ウ)e^- + (エ)H^+ \longrightarrow SO_2 + (オ)H_2O$

10 **半反応式** 酸化還元反応における反応物と生成物を示している。酸化剤，還元剤としてのはたらきを示す反応式を完成させよ。

➡まとめ 2

(1) $SO_2 \longrightarrow SO_4^{2-}$　　(2) $HNO_3 \longrightarrow NO_2$

11 **酸化還元反応式のつくり方** $KMnO_4$とH_2O_2の反応をイオン反応式で表す過程を示した文中の(　)に適切な数字を入れよ。

➡まとめ 3－1

酸化剤 $MnO_4^- + 8H^+ + 5e^- \longrightarrow Mn^{2+} + 4H_2O$ …①

還元剤 $(COOH)_2 \longrightarrow 2CO_2 + 2H^+ + 2e^-$ …②

①式×(ア)，②式×(イ)とし，e^-の係数をそろえて2つの式を足して電子を消去する。

$(ウ)MnO_4^- + (エ)H^+ + (オ)e^- \longrightarrow (カ)Mn^{2+} + (キ)H_2O$

+) $(ク)(COOH)_2 \longrightarrow (ケ)CO_2 + (コ)H^+ + (サ)e^-$

$(シ)MnO_4^- + (ス)H^+ + (セ)(COOH)_2 \longrightarrow (ソ)Mn^{2+} + (タ)H_2O + (チ)CO_2$

12 **酸化還元の反応式** 次の酸化剤と還元剤の式を組み合わせて電子を消去し，酸化還元のイオン反応式で表せ。

➡まとめ 3－1

(1) 酸化剤 $H_2O_2 + 2H^+ + 2e^- \longrightarrow 2H_2O$

還元剤 $Fe^{2+} \longrightarrow Fe^{3+} + e^-$

(2) 酸化剤 $SO_2 + 4H^+ + 4e^- \longrightarrow S + 2H_2O$

還元剤 $H_2S \longrightarrow S + 2H^+ + 2e^-$

➡(2)は化学反応式が得られる。

(3) 酸化剤 $H_2O_2 + 2H^+ + 2e^- \longrightarrow 2H_2O$

還元剤 $SO_2 + 2H_2O \longrightarrow SO_4^{2-} + 4H^+ + 2e^-$

(4) 酸化剤 $MnO_4^- + 8H^+ + 5e^- \longrightarrow Mn^{2+} + 4H_2O$

還元剤 $H_2O_2 \longrightarrow O_2 + 2H^+ + 2e^-$

基本例題 20 酸化剤・還元剤

関連問題 ➡ 167

次の各反応において，下線部の物質は，酸化剤，還元剤のどちらのはたらきをしているか。

(1) $2\underline{Na} + 2H_2O \longrightarrow 2NaOH + H_2$

(2) $\underline{MnO_2} + 4HCl \longrightarrow MnCl_2 + Cl_2 + 2H_2O$

解説 酸化剤・還元剤を判断する場合は，物質中の原子の酸化数の変化を調べ，自身が酸化されているか，還元されているかから，判断する。

(1) $2\underset{0}{\underline{Na}} + 2\underset{+1}{\underline{H}}_2O \longrightarrow 2\underset{+1}{\underline{Na}}OH + \underset{0}{\underline{H_2}}$

Na の酸化数は 0 ⟶ ＋1 に増加しており，自身は酸化されている。よって，Na は還元剤としてはたらいている。

(2) $\underset{+4}{\underline{Mn}O_2} + 4H\underset{-1}{\underline{Cl}} \longrightarrow \underset{+2}{\underline{Mn}Cl_2} + \underset{0}{\underline{Cl_2}} + 2H_2O$

MnO_2 中の Mn の酸化数は+4 ⟶ +2 に減少しており，自身は還元されている。よって，MnO_2 は酸化剤としてはたらいている。

アドバイス

酸化数の変化から，酸化された物質と還元された物質を見つける。

酸化剤…自身が還元されることによって相手を酸化する物質。

還元剤…自身が酸化されることによって相手を還元する物質。

解答 (1) **還元剤**　(2) **酸化剤**

基本例題 21 酸化還元の化学反応式

関連問題 ➡ 169, 170, 171

次の電子を用いた反応式について，下の各問いに答えよ。

$MnO_4^- + 8H^+ + (\ ア\ )e^- \longrightarrow Mn^{2+} + 4H_2O$ …①

$(COOH)_2 \longrightarrow 2CO_2 + 2H^+ + (\ イ\ )e^-$ …②

(1) (ア),(イ)をうめて，酸化剤と還元剤の電子の授受を表す反応式を完成せよ。

(2) 過マンガン酸イオンとシュウ酸の反応をイオン反応式で表せ。

(3) 硫酸酸性下での過マンガン酸カリウムとシュウ酸との反応を化学反応式で表せ。

解説 (1) ①式では，Mn の酸化数が+7 ⟶ +2 と変化するので，MnO_4^- は 5 個の電子を受け取る。一方，②式では，C の酸化数が +3 ⟶ +4 と変化する。$(COOH)_2$ 中に C 原子は 2 個含まれるので，$(COOH)_2$ では 2 個の電子を失っている。

(2) MnO_4^- が受け取る電子の数と $(COOH)_2$ が放出する電子の数は等しいので，MnO_4^- と $(COOH)_2$ は 2：5 の物質量の比で反応する。

①式×2＋②式×5 として，電子 e^- を消去すると，

$$2MnO_4^- + 6H^+ + 5(COOH)_2 \longrightarrow 2Mn^{2+} + 10CO_2 + 8H_2O$$

(3) (2)の左辺の MnO_4^- は $KMnO_4$，H^+ は H_2SO_4 に由来する。したがって，両辺に $2K^+$ と $3SO_4^{2-}$ を加えて形を整える。

アドバイス

(1) 酸化数の変化から，授受する電子 e^- の数を考える。

(2) 酸化剤と還元剤の電子 e^- の出入りが等しくなるように，反応式を組み合わせる。

解答 (1) (ア) 5　(イ) 2　(2) $2MnO_4^- + 6H^+ + 5(COOH)_2 \longrightarrow 2Mn^{2+} + 10CO_2 + 8H_2O$

(3) $2KMnO_4 + 3H_2SO_4 + 5(COOH)_2 \longrightarrow 2MnSO_4 + 10CO_2 + K_2SO_4 + 8H_2O$

基本例題 22　酸化還元の量的関係

関連問題➡ 172

硫酸酸性の水溶液中で，過マンガン酸イオンと二酸化硫黄はそれぞれ次式のように反応する。0.10 mol の二酸化硫黄と反応する過マンガン酸イオンの物質量を求めよ。

$MnO_4^- + 8H^+ + 5e^- \longrightarrow Mn^{2+} + 4H_2O$　…①

$SO_2 + 2H_2O \longrightarrow SO_4^{2-} + 4H^+ + 2e^-$　…②

解説 酸化還元反応においては，次の関係が成り立つ。

酸化剤が受け取る e^- の物質量＝還元剤が放出する e^- の物質量

①式から，1 mol の MnO_4^- が受け取る電子の物質量は 5 mol，②式から，1 mol の SO_2 が放出する電子の物質量は 2 mol である。

したがって，MnO_4^- の物質量を x[mol] とすると，

$$\underbrace{x\,[\mathrm{mol}] \times 5}_{MnO_4^-\text{が受け取る電子の物質量}} = \underbrace{0.10\,\mathrm{mol} \times 2}_{SO_2\text{が放出する電子の物質量}} \qquad x = 0.040\,\mathrm{mol}$$

【別解】 ①式×2＋②式×5として，電子 e^- を消去して，この反応をイオン反応式で表すと，次のようになる。

$$2MnO_4^- + 2H_2O + 5SO_2 \longrightarrow 2Mn^{2+} + 5SO_4^{2-} + 4H^+$$

反応式の係数から，1 mol の SO_2 と反応する MnO_4^- は $\frac{2}{5}$ mol なので，0.10 mol の SO_2 と反応する MnO_4^- は，

$$0.10\,\mathrm{mol} \times \frac{2}{5} = 0.040\,\mathrm{mol}$$

解答 0.040 mol

アドバイス

酸化剤と還元剤の電子の授受についての式を組み立て，電子 e^- の物質量の関係から求める。

(別解) では，2つの式から e^- を消去して反応式を組み立て，反応物の物質量の比から求めている。

基本例題 23　金属のイオン化傾向

関連問題➡ 173

(ア)～(ウ)の組み合わせで，図のように水溶液中に金属板を入れ，その変化を観察した。(ア)～(ウ)の操作のうち，反応が起こるものを1つ選べ。また，その反応をイオン反応式を用いて示せ。

(ア)　硫酸銅(Ⅱ)水溶液に銀を入れた。

(イ)　硝酸銀水溶液に銅を入れた。

(ウ)　硫酸亜鉛水溶液に銅を入れた。

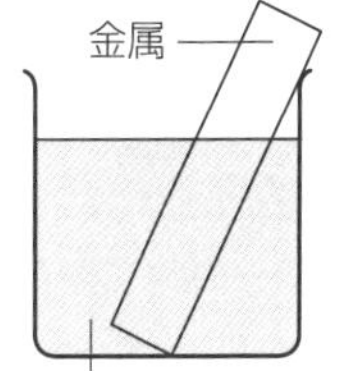

解説 用いた金属をイオン化傾向の大きい方から順に示すと，$Zn > Cu > Ag$ となる。

(ア)　水溶液中には Cu^{2+} と SO_4^{2-} が存在する。イオン化傾向は $Cu > Ag$ なので，銀板を入れても反応は起こらない。

(イ)　水溶液中には Ag^+ と NO_3^- が存在する。イオン化傾向は $Cu > Ag$ なので，銅板を入れると，銀が析出する。

(ウ)　水溶液中には Zn^{2+} と SO_4^{2-} が存在する。イオン化傾向は $Zn > Cu$ なので，銅板を入れても反応は起こらない。

解答 (イ)　$2Ag^+ + Cu \longrightarrow 2Ag + Cu^{2+}$

アドバイス

イオン化傾向の大きい金属の単体を，イオン化傾向の小さい金属のイオンを含む水溶液に浸すと，イオン化傾向の大きい金属が陽イオンとなって溶け出し，イオン化傾向の小さい金属が析出する。

基本問題

知識
160 酸化・還元の定義　次の空欄(a)～(f)に適当な語句を入れよ。

	酸素を	水素を	電子を	酸化数が
酸化される	受け取る	(a)	(b)	(c)
還元される	失う	(d)	(e)	(f)

知識
161 酸素・水素の授受と酸化・還元　酸素原子，水素原子の授受に注目して，(　ア　)～(　エ　)に「酸化」または「還元」のどちらかを記せ。

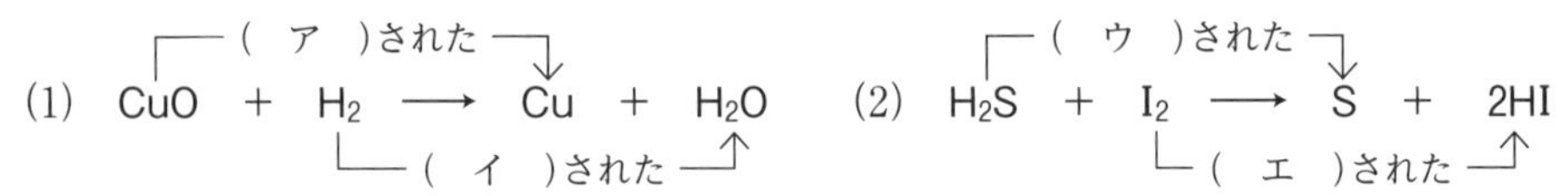

知識
162 電子の授受と酸化還元反応　次の(ア)～(オ)の変化のうち，酸化反応をすべて選べ。

(ア)　$Al \longrightarrow Al^{3+} + 3e^-$
(イ)　$S + 2e^- \longrightarrow S^{2-}$
(ウ)　$Fe^{3+} + e^- \longrightarrow Fe^{2+}$
(エ)　$2I^- \longrightarrow I_2 + 2e^-$
(オ)　$2H_2O + 2e^- \longrightarrow H_2 + 2OH^-$

知識
163 酸化数　次の化学式中の下線部の原子の酸化数を求めよ。

(1)　$\underline{H}_2$　(2)　$Ca\underline{O}$　(3)　$H_2\underline{O}_2$　(4)　$H_2\underline{S}$
(5)　$H_2\underline{S}O_4$　(6)　$H\underline{Cl}$　(7)　$H\underline{Cl}O$　(8)　$\underline{Fe}_2O_3$
(9)　$K\underline{Mn}O_4$　(10)　$\underline{N}H_4^+$　(11)　$H\underline{C}O_3^-$　(12)　$\underline{Cr}_2O_7^{2-}$

知識
164 酸化数と酸化還元反応　次の(1)～(5)について，下線部の原子の酸化数の変化を調べ，その物質が酸化されたか，還元されたかを答えよ。

(1)　$\underline{Mg} + H_2SO_4 \longrightarrow MgSO_4 + H_2$
(2)　$4\underline{N}H_3 + 5O_2 \longrightarrow 4NO + 6H_2O$
(3)　$2H_2S + \underline{S}O_2 \longrightarrow 3S + 2H_2O$
(4)　$2FeCl_2 + \underline{Cl}_2 \longrightarrow 2FeCl_3$
(5)　$2K\underline{I} + H_2O_2 + H_2SO_4 \longrightarrow K_2SO_4 + I_2 + 2H_2O$

知識
165 酸化還元反応　次のうちから酸化還元反応を２つ選び，記号で答えよ。

(ア)　$HCl + NaOH \longrightarrow NaCl + H_2O$
(イ)　$Cu + 2H_2SO_4 \longrightarrow CuSO_4 + 2H_2O + SO_2$
(ウ)　$NaCl + AgNO_3 \longrightarrow AgCl + NaNO_3$
(エ)　$2KBr + Cl_2 \longrightarrow 2KCl + Br_2$
(オ)　$2NaHCO_3 \longrightarrow Na_2CO_3 + CO_2 + H_2O$

H=1.0　C=12　O=16

知識
166　酸化剤・還元剤　次の文中の(　　　)に適する語句を記せ。

酸化還元反応において，相手を酸化する物質を(　ア　)剤といい，(　ア　)剤は，相手から電子を受け取るので，自身は還元される。一方，相手を還元する物質を(　イ　)剤といい，(　イ　)剤は，相手に電子を与えるので，自身は酸化される。

$$2KI + Cl_2 \longrightarrow I_2 + 2KCl$$

たとえば，上の反応では，I 原子は，酸化数が$-1 \longrightarrow 0$に変化し，KI 自身が(　ウ　)されているので，KI は(　エ　)剤としてはたらいている。一方，Cl 原子は，酸化数が$0 \longrightarrow -1$に変化し，Cl_2 自身は(　オ　)されているので，Cl_2 は(　カ　)剤としてはたらいている。

知識
167　酸化剤と還元剤　次の(ア)～(オ)の反応において，下線部の物質が酸化剤のはたらきをするものをすべて選び，記号で答えよ。

(ア)　$Fe + 2\underline{HCl} \longrightarrow FeCl_2 + H_2$

(イ)　$MnO_2 + 4\underline{HCl} \longrightarrow MnCl_2 + Cl_2 + 2H_2O$

(ウ)　$\underline{SO_2} + 2H_2S \longrightarrow 2H_2O + 3S$

(エ)　$2KMnO_4 + 5\underline{SO_2} + 2H_2O \longrightarrow 2MnSO_4 + K_2SO_4 + 2H_2SO_4$

(オ)　$H_2S + \underline{H_2O_2} \longrightarrow S + 2H_2O$

知識
168　酸化剤と還元剤　次の化合物から代表的な酸化剤を 2 つ選び，記号で答えよ。

(ア)　H_2S　　(イ)　HNO_3　　(ウ)　$(COOH)_2$　　(エ)　$KMnO_4$　　(オ)　KI

知識
169　酸化剤・還元剤と電子の授受　次の(1)～(3)式は，酸化剤，還元剤のどちらのはたらきを示す式か。また，次の(　　)にあてはまる数値を入れ，電子 e^- の授受を表す式を完成させよ。

(1)　$O_3 + 2H^+ + (\quad\quad)e^- \longrightarrow H_2O + O_2$

(2)　$SO_2 + 4H^+ + (\quad\quad)e^- \longrightarrow S + 2H_2O$

(3)　$SO_2 + 2H_2O \longrightarrow SO_4^{2-} + 4H^+ + (\quad\quad)e^-$

知識
170　酸化還元反応　次の電子を用いた反応式①～④について，下の各問いに答えよ。

$MnO_4^- + 8H^+ + 5e^- \longrightarrow Mn^{2+} + 4H_2O$　…①

$H_2S \longrightarrow S + 2H^+ + 2e^-$　…②

$H_2O_2 + 2H^+ + 2e^- \longrightarrow 2H_2O$　…③

$H_2O_2 \longrightarrow O_2 + 2H^+ + 2e^-$　…④

(1)　過マンガン酸イオンと過酸化水素の反応をイオン反応式で表せ。

(2)　硫化水素と過酸化水素の反応を化学反応式で表せ。

知識
171　酸化還元反応式のつくり方　硫酸酸性の過マンガン酸カリウム水溶液に硫酸鉄(Ⅱ)水溶液を加えると，マンガン(Ⅱ)イオン Mn^{2+} と鉄(Ⅲ)イオン Fe^{3+} が生成した。

(1)　過マンガン酸イオン MnO_4^- が Mn^{2+} になる変化を，電子 e^- を用いた反応式で表せ。

(2)　鉄(Ⅱ)イオン Fe^{2+} が Fe^{3+} になる変化を，電子 e^- を用いた反応式で表せ。

(3)　MnO_4^- と Fe^{2+} の反応をイオン反応式で表せ。

(4)　硫酸酸性の $KMnO_4$ 水溶液と $FeSO_4$ 水溶液の反応の化学反応式を表せ。

知識

172 酸化還元反応の量的関係 硫酸酸性の二クロム酸カリウム水溶液に，二酸化硫黄を含む水溶液を加えた。このときの変化は，電子 e^- を用いて次のように表される。

$$Cr_2O_7^{2-} + 14H^+ + 6e^- \longrightarrow 2Cr^{3+} + 7H_2O$$

$$SO_2 + 2H_2O \longrightarrow SO_4^{2-} + 4H^+ + 2e^-$$

(1) この反応での水溶液の色の変化を示せ。

(2) 二クロム酸カリウム 0.20 mol と完全に反応する二酸化硫黄の物質量は何 mol か。

思考

173 金属のイオン化傾向 次の実験結果をもとに，下の各問いに答えよ。

実験 1 硫酸銅(Ⅱ)水溶液の入った試験管に亜鉛片を入れると，銅が析出した。

実験 2 硝酸銀水溶液の入った試験管に銅片を入れると，銀が析出した。

(1) 実験 1，実験 2 の変化を，それぞれイオン反応式で表せ。

(2) 実験の結果から，銅，銀，亜鉛をイオン化傾向の大きい方から順に並べよ。

知識

174 金属の推定 次の各金属のうち，(1)～(3)にあてはまるものを 1 つずつ選べ。

Au　Fe　Na　Cu　Zn　Mg

(1) 水と激しく反応する。

(2) 塩酸とは反応しないが，希硝酸とは反応する。

(3) 塩酸とも硝酸とも反応しない。

知識

175 鉄の製錬 次の記述を読み，下の各問いに答えよ。

溶鉱炉に，赤鉄鉱(主成分 Fe_2O_3)などの鉄鉱石，コークス，石灰石などを入れて熱風を吹きこむと，コークスが燃焼し，生じた(　ア　)によって鉄鉱石が還元され，単体の鉄になる。図中の A から得られる鉄は(　イ　)とよばれ，炭素を多く含み，硬いので鋳物に用いられる。これを転炉に入れ，酸素を吹きこんで炭素の量を少なくしたものは(　ウ　)とよばれ，弾力性が大きく，鉄骨やレールなどに用いられる。

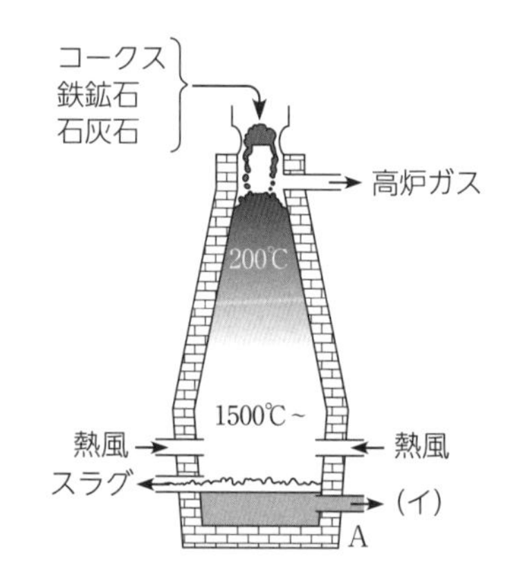

(1) 文中の(　　)に物質名を入れよ。

(2) 下線部の変化を化学反応式で表せ。

思考

176 電池の原理 2 種類の金属 A，B を電解質水溶液に浸して導線で結び，電池を作製したところ，金属 A が正極，B が負極となった。次の各問いに答えよ。

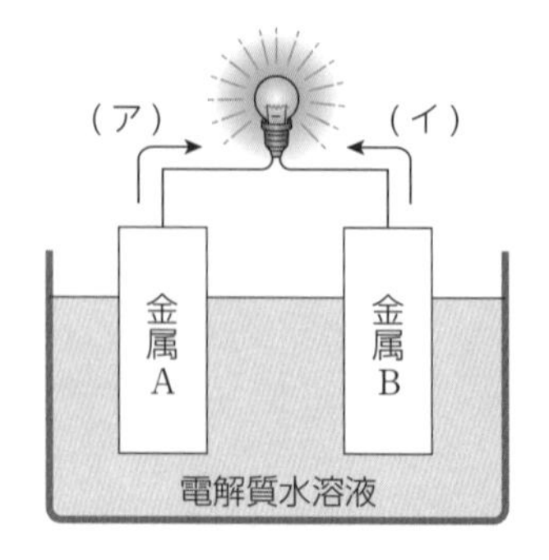

(1) 電子の流れは，図中の(ア)，(イ)のどちらの向きか。

(2) 還元反応が起こるのは A，B どちらの金属板か。

(3) イオン化傾向が大きいのは，A，B どちらの金属か。

(4) 次の各金属の組み合わせで電池をつくったとき，負極になるのはそれぞれどちらの金属か。

① Zn と Cu　② Al と Cu　③ Fe と Mg

標準例題 13　酸化還元滴定

関連問題➡ 181

濃度のわからない過酸化水素水 10 mL を希硫酸で酸性にし，0.020 mol/L の過マンガン酸カリウム水溶液で滴定したところ，20 mL を要した。次の各問いに答えよ。ただし，この反応において，過マンガン酸イオン，過酸化水素は，それぞれ次のようにはたらく。

$MnO_4^- + 8H^+ + 5e^- \longrightarrow Mn^{2+} + 4H_2O$　……①

$H_2O_2 \longrightarrow O_2 + 2H^+ + 2e^-$　……②

(1)　過酸化水素水は何 mol/L か。

(2)　この滴定の終点はどのようにして決められるか。40 字以内で述べよ。

解説 (1)　$KMnO_4$ が受け取る電子の物質量＝H_2O_2 が与える電子の物質量なので，H_2O_2 のモル濃度を x〔mol/L〕とすると，

$$0.020\ \text{mol/L} \times \frac{20}{1000}\ \text{L} \times 5 = x\,[\text{mol/L}] \times \frac{10}{1000}\ \text{L} \times 2 \qquad x = 0.10\ \text{mol/L}$$

【別解】　①式×2＋②式×5 として，電子 e^- を消去すると，次式が得られる。

$2MnO_4^- + 6H^+ + 5H_2O_2 \longrightarrow 2Mn^{2+} + 5O_2 + 8H_2O$

反応式の係数から，1 mol の MnO_4^- と $\frac{5}{2}$ mol の H_2O_2 が反応するので，

$$0.020\ \text{mol/L} \times \frac{20}{1000}\ \text{L} \times \frac{5}{2} = x\,[\text{mol/L}] \times \frac{10}{1000}\ \text{L} \qquad x = 0.10\ \text{mol/L}$$

(2)　$KMnO_4$ 水溶液の色の変化(MnO_4^- の赤紫色から Mn^{2+} の無色に変化)を利用する。

アドバイス
酸化還元反応において，酸化剤が受けとる電子の物質量と，還元剤が与える電子の物質量は等しい。

解答 (1)　**0.10 mol/L**

(2)　**滴下した過マンガン酸カリウム水溶液の赤紫色が消えなくなるときを終点とする。**(37 字)

標準例題 14　酸化剤・還元剤の強さ

関連問題➡ 182

(1)　酢酸鉛(Ⅱ)水溶液に亜鉛を入れると，鉛が析出する。この変化から，鉛と亜鉛のどちらが強い還元剤であると考えられるか。

(2)　次の反応が起こることから，Cl_2，Br_2，I_2 を酸化作用の強い順に並べ，化学式で示せ。

$2KBr + Cl_2 \longrightarrow 2KCl + Br_2$　…①　　$2KI + Cl_2 \longrightarrow 2KCl + I_2$　…②

$2KI + Br_2 \longrightarrow 2KBr + I_2$　…③

解説 (1)　亜鉛 Zn が鉛(Ⅱ)イオン Pb^{2+} に電子を与える向きに反応が進むので，亜鉛の方が鉛より強い還元剤といえる。　$Zn + Pb^{2+} \longrightarrow Zn^{2+} + Pb$
イオン化傾向の大きい金属ほど，強い還元剤としてはたらく。

(2)　①式では，Cl_2 が Br^- から電子を受け取っており，その逆反応は起こらないので，Cl_2 の方が Br_2 より強い酸化剤といえる。同様に，②式では，Cl_2 の方が I_2 より強い酸化剤であり，③式では，Br_2 の方が I_2 より強い酸化剤であることがわかる。一般に，陰イオンになりやすい単体ほど，強い酸化剤としてはたらく。

アドバイス
相手に電子を与えるはたらきが大きいほど，強い還元剤としてはたらく。逆に，相手から電子を受け取るはたらきが大きいほど，強い酸化剤としてはたらく。

解答 (1)　**亜鉛**　　(2)　$Cl_2 > Br_2 > I_2$

知識

177 酸化還元反応と電子の授受　原子やイオンが電子を失い，(　ア　)が増加すれば，その原子やイオンは(　イ　)されたといい，逆に電子を受け取り，(ア)が減少すれば，その原子やイオンは(　ウ　)されたという。過酸化水素は酸性水溶液中でヨウ化カリウムと反応するが，このとき，過酸化水素は①式のように(　エ　)としてはたらき，ヨウ化物イオンは(　オ　)としてはたらく。

$H_2O_2 + 2H^+ + 2e^- \longrightarrow$ [A]　…①

$2I^- \longrightarrow$ [B] $+ 2e^-$　…②

(1)　(ア)～(オ)にあてはまる適切な語句を記せ。

(2)　[A], [B]にあてはまる適切な化学式を，係数を含めて記せ。　(13　宮城大　改)

思考

178 酸化数　硫黄の単体や化合物の反応で，酸化数が最も大きく変化する硫黄原子を含むものを，次の①～⑤のうちから1つ選べ。

①　硫化水素を臭素と反応させると，単体の硫黄が生成する。

②　二酸化硫黄を過酸化水素と反応させると，硫酸になる。

③　塩化バリウム水溶液に希硫酸を加えると，硫酸バリウムの沈殿が生成する。

④　銀に濃硫酸を加えて加熱すると，二酸化硫黄が生成する。

⑤　単体の硫黄を燃やすと，二酸化硫黄が生成する。　(15　日本福祉大)

知識

179 還元剤　下線で示す物質が還元剤としてはたらいている化学反応の式を，次の①～⑥のうちから1つ選べ。

①　$2\underline{H_2O} + 2K \longrightarrow 2KOH + H_2$

②　$\underline{Cl_2} + 2KBr \longrightarrow 2KCl + Br_2$

③　$\underline{H_2O_2} + 2KI + H_2SO_4 \longrightarrow 2H_2O + I_2 + K_2SO_4$

④　$\underline{H_2O_2} + SO_2 \longrightarrow H_2SO_4$

⑤　$\underline{SO_2} + Br_2 + 2H_2O \longrightarrow H_2SO_4 + 2HBr$

⑥　$\underline{SO_2} + 2H_2S \longrightarrow 3S + 2H_2O$　(11　センター本試)

思考　グラフ

180 酸化還元反応の量的関係　濃度不明の $K_2Cr_2O_7$ の硫酸酸性水溶液5.00 mLに0.150 mol/Lの$(COOH)_2$水溶液を加えていった。このとき，発生したCO_2の物質量と$(COOH)_2$水溶液の滴下量の関係は図のようになった。この反応における$K_2Cr_2O_7$と$(COOH)_2$のはたらきは，電子を含む次のイオン反応式で表される。

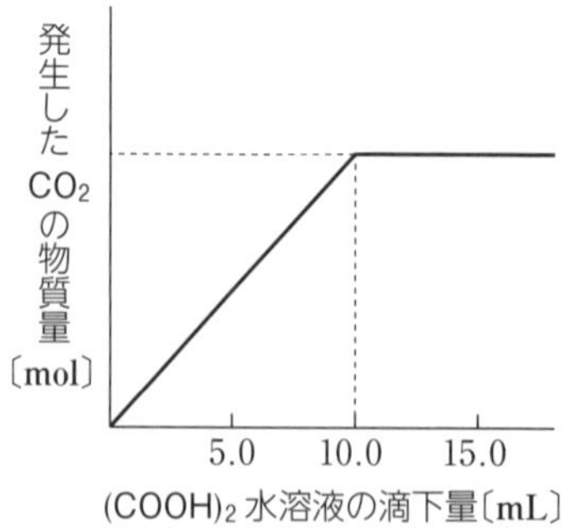

$Cr_2O_7^{2-} + 14H^+ + ($　ア　$)e^- \longrightarrow 2Cr^{3+} + 7H_2O$

$(COOH)_2 \longrightarrow 2CO_2 + 2H^+ + ($　イ　$)e^-$

発生したCO_2の物質量〔mol〕
5.0　10.0　15.0
$(COOH)_2$水溶液の滴下量〔mL〕

(1)　(ア)，(イ)にあてはまる数字を記せ。

(2)　$K_2Cr_2O_7$水溶液の濃度は何mol/Lか。最も適当な数値を①～⑥のうちから1つ選べ。

①　0.0500　②　0.100　③　0.150　④　0.200　⑤　0.300　⑥　0.900

(15　センター〈化学〉追試　改)

思考

181 酸化還元滴定 次の各問いに答えよ。

(1) 酸性条件下で過酸化水素と過マンガン酸イオンが反応するとき，これらの水溶液中における電子の授受は，次式のように表される。(ア)～(オ)にあてはまる係数を記せ。

$H_2O_2 \longrightarrow O_2 +($ ア $)H^+ +($ イ $)e^-$

$MnO_4^- +($ ウ $)H^+ +($ エ $)e^- \longrightarrow Mn^{2+} +($ オ $)H_2O$

(2) 酸性条件下での過酸化水素と過マンガン酸イオンの反応をイオン反応式で表せ。

(3) 濃度不明の過酸化水素水 10.0 mL に少量の濃硫酸を加えた後，0.020 mol/L の過マンガン酸カリウム水溶液を 24.0 mL 加えると反応が終了した。過酸化水素水の濃度は何 mol/L か。

(4) (3)の滴定の終点は，どのようにして判断できるか。 (15 姫路獨協大 改)

思考

182 酸化力の強さ 下の 2 つの酸化還元反応が進行することから，a ～ c のイオンを酸化力の強い方から順に並べたものを，下の①～⑥のうちから 1 つ選べ。

$MnO_4^- + 5Fe^{2+} + 8H^+ \longrightarrow Mn^{2+} + 5Fe^{3+} + 4H_2O$

$2Fe^{3+} + Sn^{2+} \longrightarrow 2Fe^{2+} + Sn^{4+}$

a. Fe^{3+} b. MnO_4^- c. Sn^{4+}

① a＞b＞c ② a＞c＞b ③ b＞a＞c ④ b＞c＞a ⑤ c＞a＞b ⑥ c＞b＞a

(09 松山大)

思考

183 金属のイオン化傾向 次の(a)～(c)の記述をもとに，金属 A ～ D を金属のイオン化傾向の大きい順に並べたときの順序として適切なものを，下の①～⑥から選べ。

(a) 各金属を希塩酸に入れると，A と C は反応して溶けたが，B と D は反応しなかった。

(b) 各金属に高温の水蒸気を吹きかけると，C のみが反応して表面が黒くなった。

(c) B のイオンを含む水溶液に D を入れても，変化は見られなかった。

① A＞C＞B＞D ② A＞C＞D＞B ③ B＞D＞A＞C
④ C＞A＞B＞D ⑤ C＞A＞D＞B ⑥ D＞B＞A＞C (13 兵庫医療大)

知識

184 金属の反応性 下の(1)～(4)にあてはまる金属を，次の〔 〕から 1 つずつ選べ。

〔Ca，Mg，Al，Pb，Cu，Ag，Au〕

(1) 王水以外の酸とは反応しない。

(2) 常温で水と激しく反応する。

(3) 濃硝酸中では酸化被膜が形成されるためほとんど溶けない。

(4) 常温で水とは反応しないが，熱水と徐々に反応して H_2 を発生する。 (15 東洋大 改)

思考

185 トタンとブリキ 鉄 Fe に亜鉛 Zn をめっきしたトタンは，屋根などの建築資材として使われる。また，鉄にスズ Sn をめっきしたブリキはかつて缶詰や玩具などに使われていた。トタンは表面に傷がついて鉄が露出しても錆びにくいのに対し，ブリキにはその特性がみられない。この違いを簡潔に説明せよ。

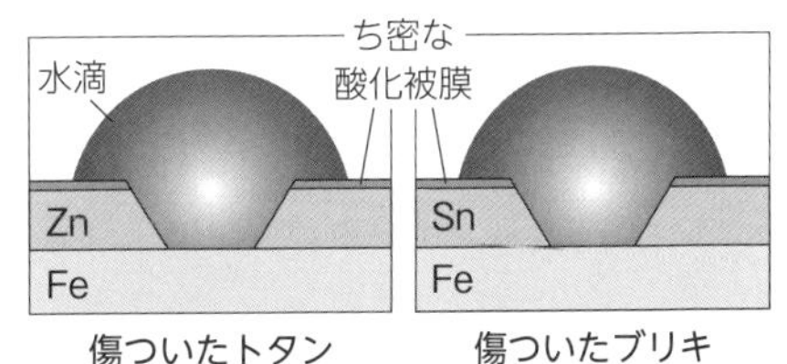

傷ついたトタン　傷ついたブリキ

(20 早稲田大 改)

発展 電池と電気分解

Step1 / 2 / 3 / 4

1 電池

1. 電池の構造

(a) 電池　酸化還元反応に伴って発生するエネルギーを電気エネルギーに変換する装置。

(b) 活物質　電池の両極で反応する酸化剤，還元剤。

(c) 起電力　両極間の電位差(電圧)。ダニエル型の電池では起電力は両極の金属のイオン化傾向の差が大きいほど大きくなる。

2. 電池の種類

ボルタ電池

$(-)Zn \mid H_2SO_4aq \mid Cu(+)$

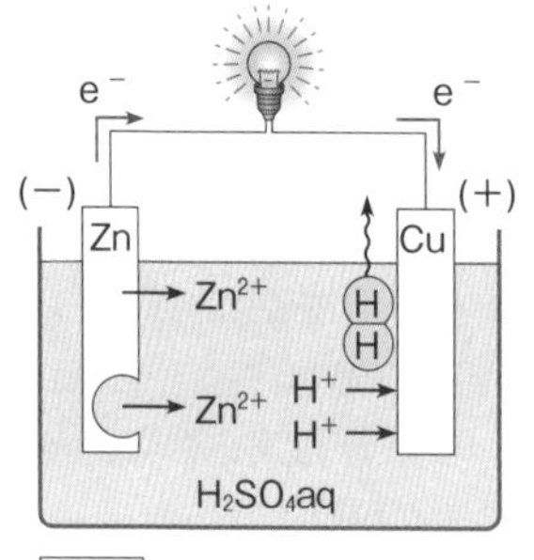

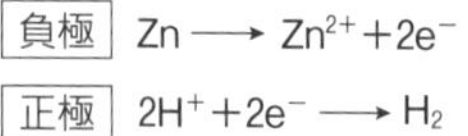

ダニエル電池

$(-)Zn \mid ZnSO_4aq \mid CuSO_4aq \mid Cu(+)$

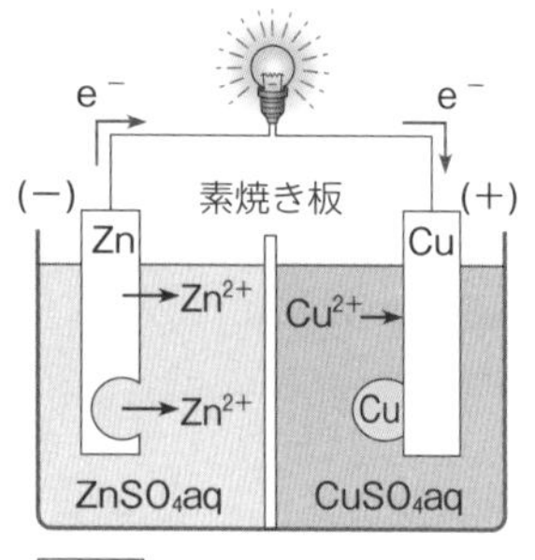

負極　$Zn \longrightarrow Zn^{2+}+2e^-$

正極　$Cu^{2+}+2e^- \longrightarrow Cu$

鉛蓄電池

$(-)Pb \mid H_2SO_4aq \mid PbO_2(+)$

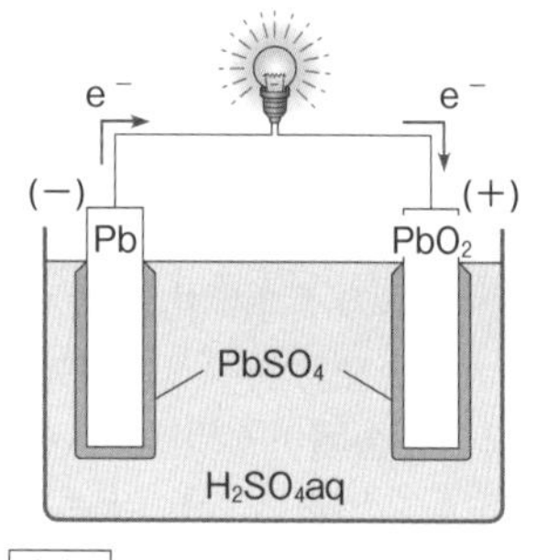

負極　$Pb+SO_4^{2-} \longrightarrow PbSO_4+2e^-$

正極　$PbO_2+4H^++SO_4^{2-}+2e^- \longrightarrow PbSO_4+2H_2O$

マンガン乾電池(乾電池)

$(-)Zn \mid ZnCl_2aq,\ NH_4Claq \mid MnO_2 \cdot C(+)$

負極　$Zn \longrightarrow Zn^{2+}+2e^-$

正極　$MnO_2+H^++e^- \longrightarrow MnO(OH)$

燃料電池

$(-)Pt \cdot H_2 \mid H_3PO_4aq \mid O_2 \cdot Pt(+)$

負極　$H_2 \longrightarrow 2H^++2e^-$

正極　$O_2+4H^++4e^- \longrightarrow 2H_2O$

3. 電池の分類

	電池	負極	電解質	正極	起電力	おもな利用
一次電池	アルカリマンガン乾電池	Zn	KOH	MnO_2，C	1.5 V	ストロボ，リモコン
	空気亜鉛電池	Zn	KOH	O_2	1.4 V	補聴器
	酸化銀電池	Zn	KOH	Ag_2O	1.55 V	腕時計，電子体温計
	リチウム電池	Li	$LiClO_4$	MnO_2	3.0 V	腕時計，電卓
二次電池	鉛蓄電池	Pb	H_2SO_4	PbO_2	2.0 V	自動車のバッテリー
	ニッケル・カドミウム電池	Cd	KOH	NiO(OH)	1.2 V	電動工具
	ニッケル・水素電池	H_2	KOH	NiO(OH)	1.2 V	ハイブリッド車の電源
	リチウムイオン電池	LiC_6	Li の塩	$LiCoO_2$	3.7 V	携帯電話

2 電気分解

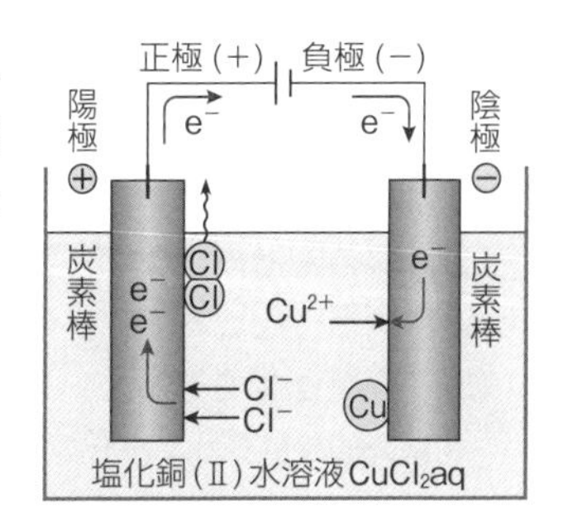

1. 電気分解(電解)　電解質水溶液や融解液に電極を入れて直流電流を通じ，酸化還元反応を起こす操作。電池の負極に接続した電極を陰極，正極に接続した電極を陽極という。

陽極：酸化反応(電子の放出)が起こる。

陰極：還元反応(電子の受け取り)が起こる。

2. 水溶液の電気分解

白金電極または炭素電極を用いたときの水溶液中の変化

陽極(酸化反応)		陰極(還元反応)	
陰イオン	反応式	陽イオン	反応式
Cl^-	$2Cl^- \longrightarrow Cl_2+2e^-$	Cu^{2+}	$Cu^{2+}+2e^- \longrightarrow Cu$
I^-	$2I^- \longrightarrow I_2+2e^-$	Ag^+	$Ag^++e^- \longrightarrow Ag$
OH^-	$4OH^- \longrightarrow 2H_2O+O_2+4e^-$	H^+	$2H^++2e^- \longrightarrow H_2$
SO_4^{2-}，NO_3^-	水 H_2O が変化する。 $2H_2O \longrightarrow O_2+4H^++4e^-$	イオン化列の Li^+～Al^{3+}	水 H_2O が変化する。 $2H_2O+2e^- \longrightarrow H_2+2OH^-$

陽極に Pt や C 以外の金属を用いた場合，陽極自身が溶解する。　例 Cu 電極：$Cu \longrightarrow Cu^{2+}+2e^-$

イオン化傾向の大きい金属の塩や酸化物を融解させ，その融解液を電気分解することを溶融塩電解(融解塩電解)という。金属は陰極に析出する。　例 Al_2O_3 の溶融塩電解

3. 電気分解における量的関係

電気量 Q〔C〕$=i$〔A〕$\times t$〔s〕　(C：クーロン，A：アンペア，s：秒)

(a)　ファラデー定数：電子 1 mol のもつ電気量 9.65×10^4 C/mol

(b)　ファラデーの法則

・電極で変化したり，生成したりするイオンなどの物質量は，通じた電気量に比例する。

・同じ電気量で変化するイオンの物質量は，そのイオンの価数に反比例する。

(c)　**変化量・生成量**　各電極の反応式を用いて，電子の物質量から変化量や生成量を求める。

Check　次の文中の(　　　)に適切な語句，数字を入れよ。

1. 2 種類の金属を電解質水溶液に浸して作製した電池では，(　ア　)が大きい方の金属が(　イ　)となり，電子を放出して(　ウ　)される。

2. 電池の構成が(−)Zn | $ZnSO_4aq$ | $CuSO_4aq$ | Cu(+)で表される電池は(　エ　)電池である。このような電池では，各電極に用いた金属のイオン化傾向の差が大きいほど，電池の起電力は(　オ　)い。

3. 電気分解において，電池の正極に接続した電極を(　カ　)，負極に接続した電極を(　キ　)という。

4. 塩化銅(Ⅱ)水溶液を炭素電極で電気分解すると，陰極には(　ク　)が析出し，陽極には(　ケ　)が発生する。

1 (ア) イオン化傾向
(イ) 負極
(ウ) 酸化

2 (エ) ダニエル
(オ) 大き

3 (カ) 陽極
(キ) 陰極

4 (ク) 銅
(ケ) 塩素

基本例題 24 ダニエル電池

関連問題➡ 187

ダニエル電池について，次の各問いに答えよ。

(1) この電池の正極は，亜鉛板と銅板のどちらか。

(2) 両極で起こる変化を電子 e^- を用いた反応式で示せ。

(3) 素焼き板を通って，硫酸銅(Ⅱ)水溶液から硫酸亜鉛水溶液の方に移動するイオンを化学式で示せ。

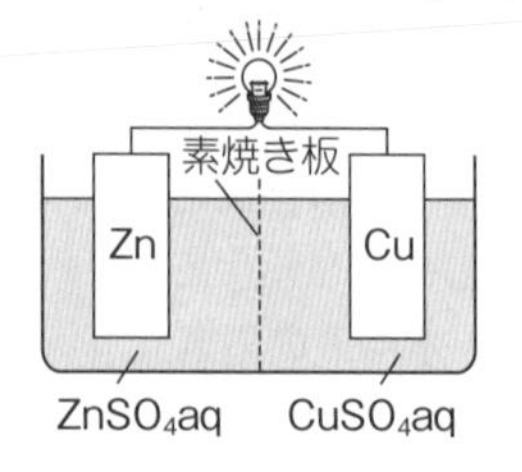

解説 (1) イオン化傾向の大きい金属が負極，小さい金属が正極となる。イオン化傾向は，Zn＞Cu なので，負極は亜鉛，正極は銅である。

(2) 負極では電子を放出する変化，正極では電子を受け取る変化が起こる。

正極：$Cu^{2+} + 2e^- \longrightarrow Cu$　　負極：$Zn \longrightarrow Zn^{2+} + 2e^-$

(3) 負極側では陽イオン(Zn^{2+})が増加し，正極側では陽イオン(Cu^{2+})が減少する。このとき，Zn^{2+}が正極側に，硫酸イオン SO_4^{2-}が負極側に素焼き板を通って移動するため，電気的な中性が保たれる。

アドバイス
負極では電子を放出する変化，すなわち，酸化反応が起こる。一方，正極では電子を受け取る変化，すなわち，還元反応が起こる。

解答 (1) **銅板**　(2) **正極：$Cu^{2+} + 2e^- \longrightarrow Cu$**
負極：$Zn \longrightarrow Zn^{2+} + 2e^-$　(3) **SO_4^{2-}**

基本例題 25 電気分解

関連問題➡ 194, 195

図のように，電解槽に硫酸銅(Ⅱ)水溶液を入れ，白金電極を用いて 2.0 A の電流を 32 分 10 秒通じて電気分解を行った。

(1) 各電極で起こる変化を電子 e^- を用いた反応式で示せ。

(2) 流れた電気量は何 mol の電子に相当するか。

(3) 陽極に発生する気体の物質量は何 mol か。

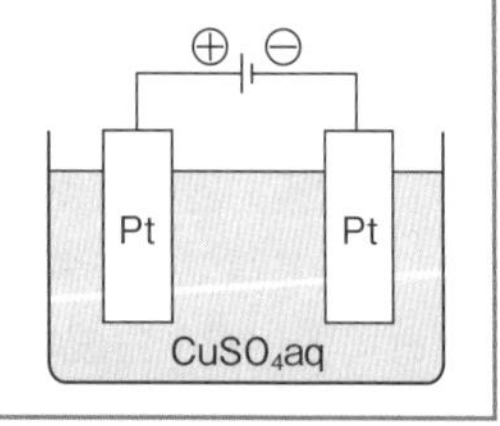

解説 (1) 電気分解において，陽極では電子 e^- を放出する変化，陰極では電子 e^- を受け取る変化が起こる。陽極では，水溶液中の SO_4^{2-} は酸化されにくいため，水分子が酸化されて酸素が発生する。陰極では，Cu^{2+}が還元されて単体(Cu)として析出する。

陽極：$2H_2O \longrightarrow O_2 + 4H^+ + 4e^-$　(酸化)

陰極：$Cu^{2+} + 2e^- \longrightarrow Cu$　(還元)

(2) 流れた電気量は，Q〔C〕$= i$〔A〕$\times t$〔s〕から，

$2.0\text{A} \times (60 \times 32 + 10)\text{s} = 3860\text{ C}$

$$\text{電子の物質量} = \frac{3860\text{ C}}{9.65 \times 10^4\text{ C/mol}} = 4.00 \times 10^{-2}\text{ mol}$$

(3) 電子 1 mol で O_2 が $\frac{1}{4}$ mol 発生するので，$4.00 \times 10^{-2} \times \frac{1}{4}\text{ mol} = 1.00 \times 10^{-2}\text{ mol}$

アドバイス
i〔A〕の電流を時間 t〔s〕通じると，流れる電気量は it〔C〕である。電子 1 mol のもつ電気量は 9.65×10^4 C なので，流れた電子の物質量は，$\frac{it\text{〔C〕}}{9.65 \times 10^4\text{ C/mol}}$ である。

解答 (1) **陽極：$2H_2O \longrightarrow O_2 + 4H^+ + 4e^-$**　**陰極：$Cu^{2+} + 2e^- \longrightarrow Cu$**
(2) **4.0×10^{-2} mol**　(3) **1.0×10^{-2} mol**

基本問題

知識

186 ボルタ電池 次の文中の(　　)に適切な語句を入れよ。ただし，(　エ　)には図中の矢印A，Bのいずれかの記号を記せ。

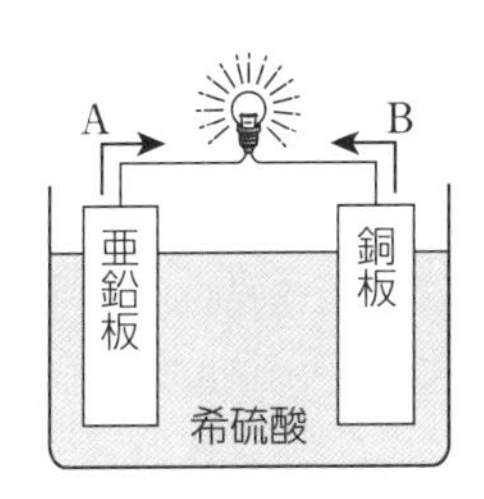

銅板と亜鉛板を希硫酸に浸して導線でつないだ電池を(　ア　)電池という。この電池では，イオン化傾向の大きい亜鉛が(　イ　)極，イオン化傾向の小さい銅は(　ウ　)極となる。

電池の(イ)極では，電子を放出する反応，(ウ)極では電子を受け取る反応が起こるので，電子は導線を通って，図中の矢印(　エ　)の向きに流れる。

思考

187 ダニエル電池 右図はダニエル電池である。この電池の両極を外部回路に接続して，豆電球を点灯させた。この電池を含む回路に関する次の記述(ア)～(エ)について，正しいものを2つ選べ。

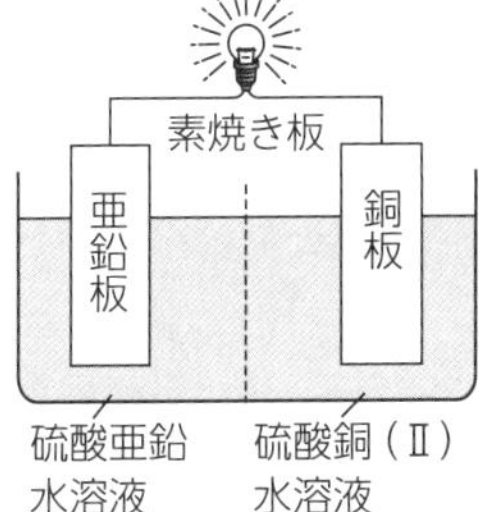

(ア)　負極では，$Zn \longrightarrow Zn^{2+} + 2e^-$の反応が進行する。

(イ)　正極の銅板の質量は変化しない。

(ウ)　電流は，亜鉛板から豆電球を経て銅板に流れる。

(エ)　硫酸イオンは，素焼き板を通って，正極側から負極側へ移動する。

知識

188 電池の起電力 次の電池(ア)～(エ)のうちから，起電力が最も大きいものを1つ選べ。ただし，電解質の濃度はすべて同じとする。

(ア)　$(-)Fe \mid FeSO_4aq \mid CuSO_4aq \mid Cu(+)$

(イ)　$(-)Zn \mid ZnSO_4aq \mid CuSO_4aq \mid Cu(+)$

(ウ)　$(-)Zn \mid ZnSO_4aq \mid FeSO_4aq \mid Fe(+)$

(エ)　$(-)Fe \mid FeSO_4aq \mid NiSO_4aq \mid Ni(+)$

思考

189 鉛蓄電池 次の文を読んで，下の各問いに答えよ。

鉛蓄電池は，(　ア　)を負極，(　イ　)を正極として希硫酸に浸したもので，自動車の電源などに広く使われている。放電すると，両極板とも(　ウ　)でおおわれ，希硫酸の密度が(　エ　)くなり，起電力は低下する。ある程度放電したのち，鉛蓄電池の負極，正極に，別の直流電源の(　オ　)極，(　カ　)極をそれぞれ接続して電流を通じると，放電とは逆の変化が起こり，起電力が回復する。この操作を充電という。

$$Pb + 2H_2SO_4 + PbO_2 \rightleftarrows 2PbSO_4 + 2H_2O$$

(1)　(ア)～(カ)に適当な語句を入れよ。

(2)　放電に伴う負極および正極での変化をそれぞれイオン反応式で表せ。

(3)　充電によって，希硫酸の濃度はどのように変化するか。

知識

190 **燃料電池**　燃料の燃焼に相当する反応によって生じるエネルギーを，熱エネルギーではなく，電気エネルギーとして取り出すようにした電池を燃料電池という。図は，リン酸水溶液を用いた燃料電池の模式図である。

(1)　電池の両極のA，Bでは，次のような反応が起こる。反応式の[　　]に適当な化学式または数値を入れよ。

A：$H_2 \longrightarrow 2$[　ア　]$+ 2e^-$

B：$O_2 + 4H^+ +$[　イ　]$e^- \longrightarrow 2$[　ウ　]

(2)　A，Bどちらが正極になるか。記号で答えよ。

(3)　両極A，Bの反応をまとめた化学反応式を示せ。

191 **電池**　次の(a)～(e)の電池について，下の各問いに答えよ。

(a)　$(-)Zn \mid H_2SO_4aq \mid Cu(+)$　　(b)　$(-)Zn \mid ZnSO_4aq \mid CuSO_4aq \mid Cu(+)$

(c)　$(-)Pb \mid H_2SO_4aq \mid PbO_2(+)$　　(d)　$(-)Zn \mid ZnCl_2aq,\ NH_4Claq \mid MnO_2 \cdot C(+)$

(e)　$(-)Pt \cdot H_2 \mid H_3PO_4aq \mid O_2 \cdot Pt(+)$

(1)　(a)～(e)の電池の名称を，次の(ア)～(オ)の中から1つずつ選べ。

(ア)　ダニエル電池　　(イ)　マンガン乾電池　　(ウ)　ボルタ電池

(エ)　燃料電池　　(オ)　鉛蓄電池

(2)　(a)～(d)の電池のうち，自動車のバッテリーに用いられるものを1つ選べ。

知識

192 **電気分解**　次の文中の(　　)に適当な語句を入れよ。

電気分解において，電源の負極に接続した電極を(　ア　)極，正極に接続した電極を(　イ　)極という。(ア)極では，電子を受け取る反応，すなわち，(　ウ　)反応が起こる。一方，(イ)極では，電子を放出する反応，すなわち，(　エ　)反応が起こる。

たとえば，炭素棒を電極として，塩化銅(Ⅱ)水溶液を電気分解すると，陰極では，Cu^{2+}が電子を受け取って，単体の(　オ　)が析出する。一方，陽極では，Cl^-が電子を放出して，(　カ　)が発生する。

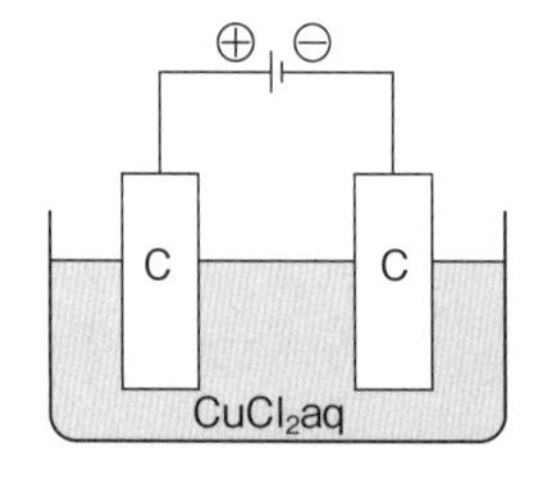

思考

193 **電気分解**　下表の電解質水溶液を電気分解したときの陽極における変化のうち，誤りのあるものはどれか。1つ選べ。

	電解質水溶液	陽極	陽極における変化
(ア)	NaOH	Pt	$4OH^- \longrightarrow 2H_2O + O_2 + 4e^-$
(イ)	H_2SO_4	Pt	$2H_2O \longrightarrow O_2 + 4H^+ + 4e^-$
(ウ)	NaCl	C	$2Cl^- \longrightarrow Cl_2 + 2e^-$
(エ)	$AgNO_3$	Pt	$2H_2O \longrightarrow O_2 + 4H^+ + 4e^-$
(オ)	$CuSO_4$	Cu	$2H_2O \longrightarrow O_2 + 4H^+ + 4e^-$

Cu=63.5　Ag=108

知識
194 電気量　次の各問いに答えよ。

(1)　0.40 A の電流を 20 分間通じたとき，流れる電気量は何 C か。

(2)　0.20 mol の電子に相当する電気量は何 C か。

(3)　9.65 A の電流を 60 分間通じたときの電気量は，電子何 mol に相当するか。

(4)　電子 0.100 mol に相当する電気量を得るには，1.00 A の電流を何秒間流せばよいか。

知識
195 電気分解における量的関係　図のように，白金電極を用いて，硝酸銀水溶液を 2.0 A の電流で 40 分 13 秒間電気分解した。次の各問いに答えよ。

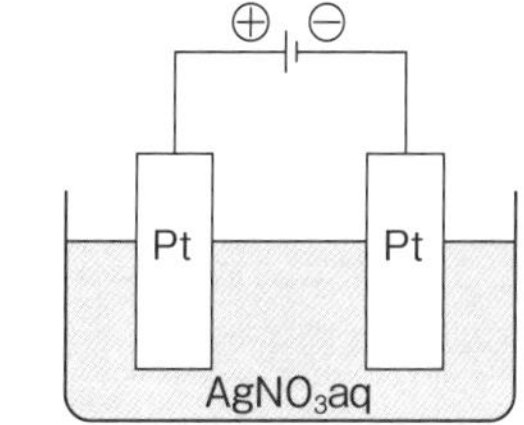

(1)　流れた電気量は何 C か。

(2)　流れた電気量は電子何 mol に相当するか。

(3)　各極での変化を電子 e^- を用いた式で表せ。

(4)　陰極に析出する物質は何 g か。

(5)　陽極で発生した気体の体積は 0 ℃，1.013×10^5 Pa で何 mL か。

知識
196 電気分解と生成量　白金板を電極として，硫酸銅(Ⅱ)水溶液に 0.50 A の電流を 96 分 30 秒通じて電気分解を行った。陰極で析出する銅の質量〔g〕と，陽極で発生する酸素の 0 ℃，1.013×10^5 Pa での体積〔mL〕の組み合わせとして最も適切なものを，次のうちから 1 つ選べ。

	①	②	③	④	⑤	⑥
銅の質量〔g〕	0.95	0.95	0.95	1.9	1.9	1.9
酸素の体積〔mL〕	42	84	168	42	84	168

知識
197 銅の電解精錬　次の文中の(　　)に適当な語句を入れ，陽極，陰極での反応をそれぞれイオン反応式で表せ。

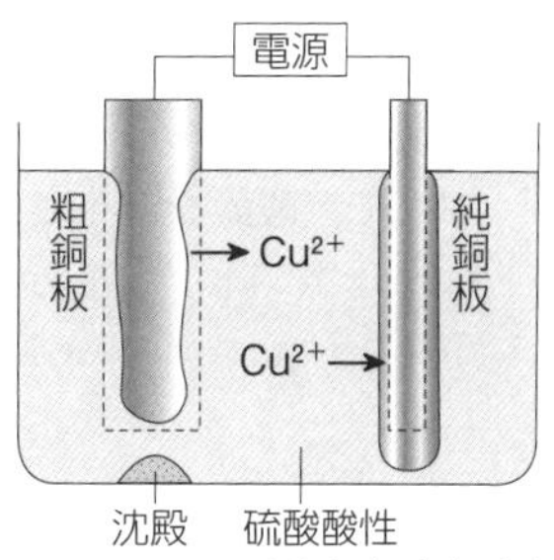

黄銅鉱から取り出された銅は粗銅とよばれ，金，銀，鉄，亜鉛などを不純物として含む。粗銅を(　ア　)極，純銅を(　イ　)極として，硫酸銅(Ⅱ)水溶液中で電気分解して，純銅を得る。このときイオン化傾向の(　ウ　)い金属である金や銀は，単体のまま電極の下に沈殿し，この沈殿を(　エ　)という。

知識
198 イオン交換膜法　図は，イオン交換膜法による水酸化ナトリウムの工業的製法の模式図である。この電解槽では，陽極と陰極が陽イオン交換膜(陽イオンだけが通過できる膜)で仕切られており，塩化ナトリウム水溶液を電気分解して，純度の高い水酸化ナトリウム水溶液を得ている。

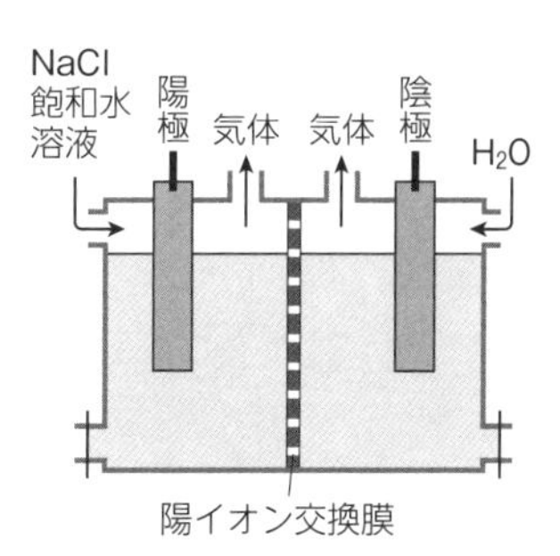

(1)　陽極および陰極での変化を電子 e^- を用いた式で表せ。

(2)　陽極室から陰極室へ，選択的に陽イオン交換膜を通りぬけるイオンを，次のうちから 1 つ選べ。

①　Na^+　　②　Cl^-　　③　OH^-

第Ⅱ章 共通テスト対策問題②

12 **物質量** 下線部の数値が最も大きいものを，次の①～⑤のうちから１つ選べ。

① 0℃，1.013×10^5 Pa におけるアンモニア 22.4 L に含まれる水素原子の数
② メタノール 1 mol に含まれる酸素原子の数
③ ヘリウム 1 mol に含まれる電子の数
④ 1 mol/L の塩化カルシウム水溶液 1 L 中に含まれる塩化物イオンの数
⑤ 黒鉛(グラファイト)12 g に含まれる炭素原子の数 (13 センター本試)

13 **ドライアイスの状態変化** ドライアイスが気体に変わると，0℃，1.013×10^5 Pa で体積はおよそ何倍になるか。最も適当な数値を，次の①～⑤のうちから１つ選べ。ただし，ドライアイスの密度は，1.6g/cm^3 であるとする。

① 320　② 510　③ 640　④ 810　⑤ 1000 (12 センター本試)

14 **硫酸銅(Ⅱ)水溶液のモル濃度** 硫酸銅(Ⅱ)五水和物を用いて，0.50 mol/L の硫酸銅(Ⅱ)水溶液 200 mL をつくる操作として最も適当なものを，次の①～⑥のうちから１つ選べ。

① 硫酸銅(Ⅱ)五水和物 12.5 g を水 200 mL に溶かす。
② 硫酸銅(Ⅱ)五水和物 12.5 g を水に溶かして 200 mL とする。
③ 硫酸銅(Ⅱ)五水和物 16.0 g を水 200 mL に溶かす。
④ 硫酸銅(Ⅱ)五水和物 16.0 g を水に溶かして 200 mL とする。
⑤ 硫酸銅(Ⅱ)五水和物 25.0 g を水 200 mL に溶かす。
⑥ 硫酸銅(Ⅱ)五水和物 25.0 g を水に溶かして 200 mL とする。 (14 センター追試)

15 **酸素の発生** 質量パーセント濃度 3.4 %の過酸化水素水 10 g を少量の酸化マンガン(Ⅳ)に加えて，酸素を発生させた。過酸化水素が完全に反応すると，発生する酸素の体積は 0℃，1.013×10^5 Pa で何 L か。最も適当な数値を，次の①～⑥のうちから１つ選べ。

① 0.056　② 0.11　③ 0.22　④ 0.56　⑤ 1.1　⑥ 2.2

(12 センター本試)

16 **塩の水溶液とpH** 次に示す 0.1 mol/L の水溶液ア～ウを，pH の大きい順に並べたものはどれか。最も適当なものを，下の①～⑥のうちから１つ選べ。

ア CH_3COONa 水溶液
イ NH_4Cl 水溶液
ウ NaCl 水溶液

① ア＞イ＞ウ　② ア＞ウ＞イ　③ イ＞ア＞ウ
④ イ＞ウ＞ア　⑤ ウ＞ア＞イ　⑥ ウ＞イ＞ア (15 センター本試)

グラフ

17 **中和滴定曲線**　1価の塩基Aの0.10 mol/L水溶液10 mLに，酸Bの0.20 mol/L水溶液を滴下し，pHメーター(pH計)を用いてpHの変化を測定した。Bの水溶液の滴下量と，測定されたpHの関係を図に示す。この実験に関する記述として**誤りを含むもの**を，下の①～④のうちから1つ選べ。

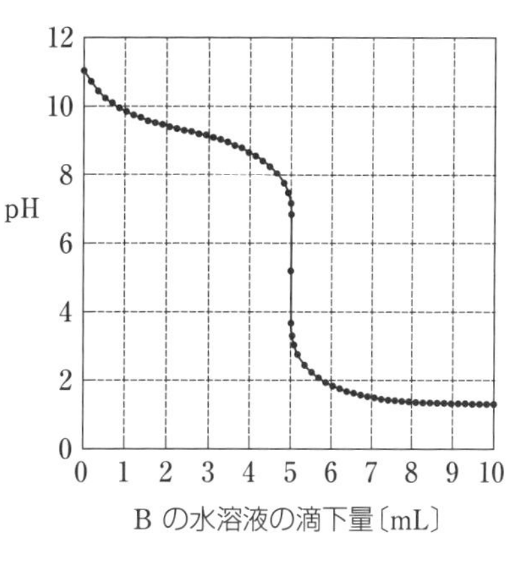

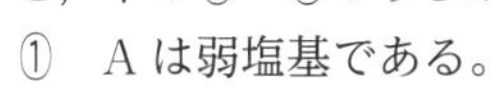

① Aは弱塩基である。

② Bは強酸である。

③ 中和点までに加えられたBの物質量は，1.0×10^{-3} molである。

④ Bは2価の酸である。　（12　センター本試）

18 **酸化還元反応**　酸化還元反応を含まないものを，次の①～⑤のうちから1つ選べ。

① 硫酸で酸性にした赤紫色の過マンガン酸カリウム水溶液にシュウ酸水溶液を加えると，ほぼ無色の溶液になった。

② 常温の水にナトリウムを加えると，激しく反応して水素が発生した。

③ 銅線を空気中で加熱すると，表面が黒くなった。

④ 硝酸銀水溶液に食塩水を加えると，白色沈殿が生成した。

⑤ 硫酸で酸性にした無色のヨウ化カリウム水溶液に過酸化水素水を加えると，褐色の溶液となった。　（16　センター本試）

19 **酸化還元反応の量的関係**　濃度不明の過酸化水素水10.0 mLを希硫酸で酸性にし，これに0.0500 mol/Lの過マンガン酸カリウム水溶液を滴下した。滴下量が20.0 mLのときに赤紫色が消えずにわずかに残った。過酸化水素水の濃度〔mol/L〕として最も適当な数値を，次の①～⑥のうちから1つ選べ。ただし，過酸化水素および過マンガン酸カリウムの反応は，電子を含む次のイオン反応式で表される。

$$H_2O_2 \longrightarrow O_2 + 2H^+ + 2e^-$$

$$MnO_4^- + 8H^+ + 5e^- \longrightarrow Mn^{2+} + 4H_2O$$

①　0.0250　②　0.0400　③　0.0500　④　0.250　⑤　0.400　⑥　0.500

（15　センター〈化学〉本試）

20 **金属の単体の反応**　金属の単体の反応に関する記述として**誤りを含むもの**を，次の①～⑤のうちから1つ選べ

① 銀は，希硫酸と反応して水素を発生する。

② カルシウムは，水と反応して水素を発生する。

③ 亜鉛は，塩酸と反応して水素を発生する。

④ スズは，濃塩酸と反応して水素を発生する。

⑤ アルミニウムは，高温の水蒸気と反応して水素を発生する。　（15　センター追試　改）

21 **原子量と化学反応式**　次の文を読み，下の各問いに答えよ。

多くの天然の元素には，複数の同位体が存在し，これらの同位体の存在割合は各元素でほぼ一定である。①元素の原子量は，その元素に存在する同位体の相対質量と同位体存在比から，その元素を構成する原子の平均相対質量として計算される。一方，同位体存在比は人工的に変えることもできる。②同位体存在比が変えられた元素の平均相対質量は，天然の元素の原子量とは異なる。

(1)　天然のルビジウム Rb(原子番号 37)には中性子数が 48 と 50 の同位体が存在し，それらの存在割合は，72 %と 28 %である。各同位体の相対質量は質量数に等しいものとして，下線部①の定義にしたがって Rb の原子量を求め，有効数字 3 桁で記せ。

(2)　天然の鉄 Fe の原子量は 55.9 である。下線部②に関して，同位体存在比を人工的に変えた Fe の 1.15 g を硫酸水溶液に完全に溶かし，発生した水素をすべて捕集した。この気体を，酸素のない状態で加熱した 2.50 g の酸化銅(Ⅱ)CuO と完全に反応させたところ，CuO と Cu の混合物が 2.18 g 残った。この結果から，Fe の平均相対質量を求めるといくらになるか。最も適当な数値を，次の①～⑤のうちから 1 つ選べ。ただし，鉄 Fe と硫酸の反応は，次のように表される。

$$Fe + H_2SO_4 \longrightarrow FeSO_4 + H_2$$

①　56.0　　②　56.5　　③　57.0　　④　57.5　　⑤　58.0

22 **化学反応式と量的関係**　ある濃度の塩酸を 50 mL 用い，加えるマグネシウム Mg の質量を変えて，そのつど発生する水素 H_2 の体積を測定する実験を行った。表は，加えたマグネシウムの質量と発生した水素の体積を 0 ℃，1.013×10^5 Pa での値に換算して示したものである。必要に応じて，次の方眼紙を利用し，下の各問いに答えよ。

Mg の質量〔g〕	0.24	0.48	0.72	0.96	1.20	1.44
H_2 の体積〔mL〕	224	448	672	784	784	784

(1)　この塩酸 50mL と過不足なく反応するマグネシウムは何 mol か。

(2)　用いた塩酸のモル濃度は何 mol/L か。最も適当な数値を，次の①～⑤のうちから 1 つ選べ。

①　0.35　　②　0.70　　③　1.1
④　1.4　　⑤　1.8

(3)　この塩酸 100 mL にマグネシウムを 0.96 g 加えたときに発生する水素の体積は 0 ℃，1.013×10^5 Pa で何 mL か。最も適当な数値を，次の①～⑤のうちから 1 つ選べ。

①　784　　②　896　　③　1120
④　1568　　⑤　1792

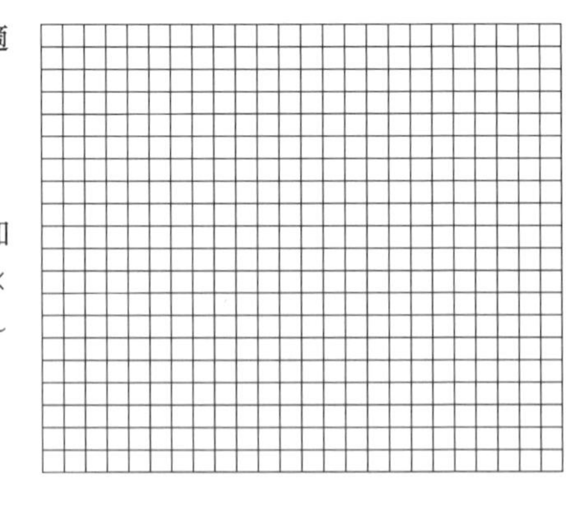

O=16　Mg=24　Cu=64

23 酸化数の定義

電気陰性度は，原子が共有電子対を引きつける相対的な強さを数値で表したものである。アメリカの化学者ポーリングの定義によると，表1の値となる。

表1　ポーリングの電気陰性度

原子	H	C	O
電気陰性度	2.2	2.6	3.4

共有結合している原子の酸化数は，電気陰性度の大きい方の原子が共有電子対を完全に引きつけたと仮定して定められている。たとえば水分子では，図1のように酸素原子が矢印の方向に共有電子対を引きつけるので，酸素原子の酸化数は−2，水素原子の酸化数は+1となる。

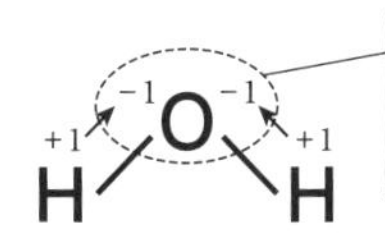

図1

同様に考えると，二酸化炭素分子では，図2のようになり，炭素原子の酸化数は+4，酸素原子の酸化数は−2となる。

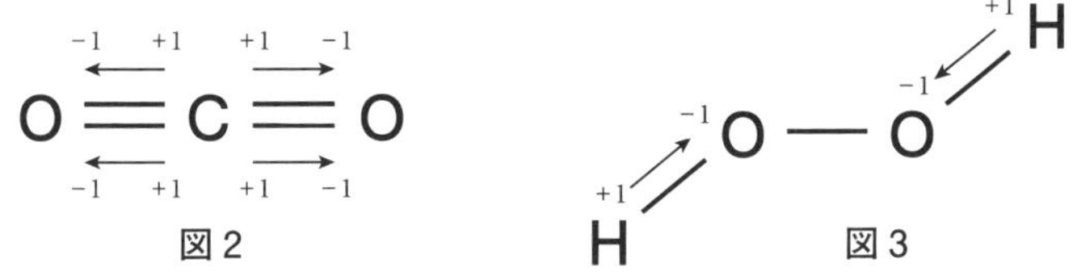

図2　　図3

ところで，過酸化水素分子の酸素原子は，図3のようにO—H結合において共有電子対を引きつけるが，O—O結合においては，どちらの酸素原子も共有電子対を引きつけることができない。したがって，酸素原子の酸化数はいずれも−1となる。

問1　H_2O，H_2，CH_4の分子の形を図4に示す。これらの分子のうち，酸化数が+1の原子を含む無極性分子はどれか。正しく選択しているものを，下の①～⑥のうちから1つ選べ。

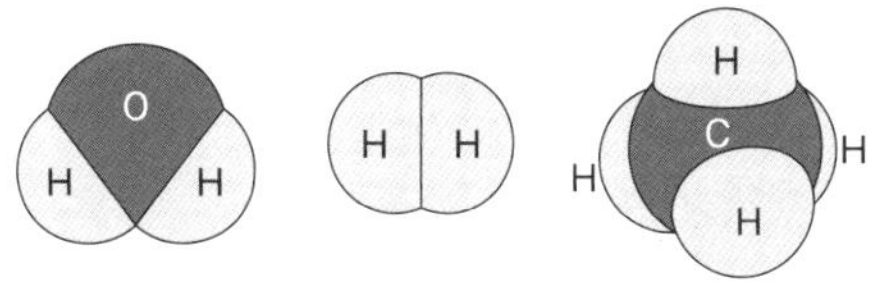

図4

① H_2O　② H_2　③ CH_4
④ H_2OとH_2　⑤ H_2OとCH_4　⑥ H_2とCH_4

問2　図5に示すエタノールは，酒類に含まれるアルコールである。エタノール分子中の炭素原子Aの酸化数はいくつか。最も適当なものを，次の①～⑨のうちから1つ選べ。

① +1　② +2　③ +3　④ +4
⑤ 0　⑥ −1　⑦ −2　⑧ −3
⑨ −4

```
  H H    炭素原子A
  | |
H-C-C-O-H
  | |
  H H
 エタノール
```

図5

（18　プレテスト　改）

24 **トイレ用洗浄剤の中和**　学校の授業で，ある高校生がトイレ用洗浄剤に含まれる塩化水素の濃度を中和滴定により求めた。次に示したものは，その実験報告書の一部である。この報告書を読み，問い(**問1 ～ 4**)に答えよ。

「まぜるな危険　酸性タイプ」の洗浄剤に含まれる塩化水素濃度の測定

【目的】

トイレ用洗浄剤のラベルに「まぜるな危険　酸性タイプ」と表示があった。このトイレ用洗浄剤は塩化水素を約10％含むことがわかっている。この洗浄剤(以下「試料」という)を水酸化ナトリウム水溶液で中和滴定し，塩化水素の濃度を正確に求める。

【試料の希釈】

滴定に際して，試料の希釈が必要かを検討した。塩化水素の分子量は36.5なので，試料の密度を1 g/cm^{3}と仮定すると，試料中の塩化水素のモル濃度は約3 mol/Lである。この濃度では，約0.1 mol/Lの水酸化ナトリウム水溶液を用いて滴定を行うには濃すぎるので，試料を希釈することとした。試料の希釈溶液10 mLに，約0.1 mol/Lの水酸化ナトリウム水溶液を15 mL程度加えたときに中和点となるようにするには，試料を［ア］倍に希釈するとよい。

【実験操作】

1.　試料10.0 mLを，ホールピペットを用いてはかり取り，その質量を求めた。
2.　試料を，メスフラスコを用いて正確に［ア］倍に希釈した。
3.　この希釈溶液10.0 mLを，ホールピペットを用いて正確にはかり取り，コニカルビーカーに入れ，フェノールフタレイン溶液を2，3滴加えた。
4.　ビュレットから0.103 mol/Lの水酸化ナトリウム水溶液を少しずつ滴下し，赤色が消えなくなった点を中和点とし，加えた水酸化ナトリウム水溶液の体積を求めた。
5.　3と4の操作を，さらにあと2回繰り返した。

【結果】

1.　実験操作1で求めた試料10.0 mLの質量は10.40 gであった。
2.　この実験で得られた滴下量は右の表のとおりであった。
3.　加えた水酸化ナトリウム水溶液の体積を，平均値12.62 mLとし，試料中の塩化水素の濃度を求めた。なお，試料中の酸は塩化水素のみからなるものと仮定した。

	加えた水酸化ナトリウム水溶液の体積〔mL〕
1回目	12.65
2回目	12.60
3回目	12.61
平均値	12.62

(中略)

希釈前の試料に含まれる塩化水素のモル濃度は，2.60 mol/Lとなった。

4.　試料の密度は，結果1より1.04g/cm^{3}となるので，試料中の塩化水素(分子量36.5)の質量パーセント濃度は［イ］％であることがわかった。

(以下略)

問1 [ア] にあてはまる数値として最も適当なものを，次の①～⑤のうちから1つ選べ。

① 2　② 5　③ 10　④ 20　⑤ 50

問2 別の生徒がこの実験を行ったところ，水酸化ナトリウム水溶液の滴下量が，正しい量より大きくなることがあった。どのような原因が考えられるか。最も適当なものを，次の①～④のうちから1つ選べ。

① 実験操作3で使用したホールピペットが水でぬれていた。

② 実験操作3で使用したコニカルビーカーが水でぬれていた。

③ 実験操作3でフェノールフタレイン溶液の代わりにメチルオレンジ溶液を加えた。

④ 実験操作4で滴定開始前にビュレットの先端部分にあった空気が滴定の途中で抜けた。

問3 [イ] にあてはまる数値として最も適当なものを，次の①～⑤のうちから1つ選べ。

① 8.7　② 9.1　③ 9.5　④ 9.8　⑤ 10.3

問4 この「酸性タイプ」の洗浄剤と，次亜塩素酸ナトリウム NaClO を含む「まぜるな危険　塩素系」の表示のある洗浄剤を混合してはいけない。これは，式(1)のように弱酸である次亜塩素酸 HClO が生成し，さらに式(2)のように次亜塩素酸が塩酸と反応して，有毒な塩素が発生するためである。

$$NaClO + HCl \longrightarrow NaCl + HClO \quad (1)$$

$$HClO + HCl \longrightarrow Cl_2 + H_2O \quad (2)$$

式(1)の反応と類似性が最も高い反応は**あ**～**う**のうちのどれか。また，その反応を選んだ根拠となる類似性は a，b のどちらか。反応と類似性の組み合わせとして最も適当なものを，下の①～⑥のうちから1つ選べ。

【反応】

あ　過酸化水素水に酸化マンガン(Ⅳ)を加えると気体が発生した。

い　酢酸ナトリウムに希硫酸を加えると刺激臭がした。

う　亜鉛に希塩酸を加えると気体が発生した。

【類似性】

a　弱酸の塩と強酸の反応である。

b　酸化還元反応である。　(18　プレテスト　改)

	反応	類似性
①	あ	a
②	あ	b
③	い	a
④	い	b
⑤	う	a
⑥	う	b

特集1 身のまわりの化学

Step1 / 2 / 3 / 4

1 物質の利用

1. 物質の分類と物質の利用

分類	物質	化学式	用途など
イオン結晶	塩化ナトリウム	$NaCl$	調味料(食塩)，$NaOH$ や Na_2CO_3 の原料
	塩化カルシウム	$CaCl_2$	乾燥剤，路面の凍結防止剤
	炭酸カルシウム	$CaCO_3$	チョーク，歯磨き粉の原料，卵の殻の主成分
	炭酸水素ナトリウム	$NaHCO_3$	胃薬，ベーキングパウダー，発泡入浴剤
	水酸化ナトリウム	$NaOH$	セッケンの原料，パイプの洗浄剤
	硫酸アンモニウム	$(NH_4)_2SO_4$	窒素肥料
分子からなる物質	酸素	O_2	医療用酸素，ガス溶接，燃料電池
	窒素	N_2	冷却剤(液体窒素)，食品の酸化防止
	塩素	Cl_2	殺菌剤，殺虫剤の原料
	二酸化炭素	CO_2	冷却剤(ドライアイス)，炭酸飲料
	アンモニア	NH_3	硝酸，窒素肥料の原料
	エタノール	C_2H_5OH	酒類，消毒液，燃料
	酢酸	CH_3COOH	食酢，保存料
共有結合の結晶	ダイヤモンド	C	装飾品(宝石)，研磨剤
	黒鉛	C	鉛筆の芯，電極
	ケイ素	Si	太陽電池，集積回路
	二酸化ケイ素	SiO_2	耐熱ガラス，光ファイバー
金属結晶	鉄	Fe	機械，工具，自動車の車体，建材
	アルミニウム	Al	アルミ缶，窓枠(サッシ)，硬貨
	銅	Cu	電線，台所用品
	亜鉛	Zn	乾電池，トタン
	水銀❶	Hg	蛍光灯，温度計

❶水銀の蒸気は強い毒性を示すため，使用量が減少している。

2. 合金　2種以上の金属を混ぜ合わせてできた金属を合金という。合金は，もとの金属にはないすぐれた特性をもつことがある。

合金	成分の金属	性質	用途
ステンレス鋼	Fe，Cr，Ni	さびにくい	流し台，包丁，工具
ジュラルミン	Al，Cu，Mg，Mn	軽く，強度大	航空機・鉄道車両
黄銅(しんちゅう)	Cu，Zn	黄色，加工しやすい	管楽器，硬貨，機械部品
青銅(ブロンズ)	Cu，Sn	加工しやすく，耐食性大	銅像，釣り鐘

2 プラスチックとその利用

プラスチックは，多数の小さい分子が重合してできた高分子化合物である。

特徴　①大量生産できる　②成形が容易　③密度が小さい　④電気絶縁性にすぐれる
⑤水に溶けにくく，耐薬品性にすぐれる　⑥腐食しにくい

ポリエチレン	ポリスチレン	ポリエチレンテレフタラート(PET)	ポリ塩化ビニル	ナイロン 66
レジ袋，ごみ袋，容器	断熱容器，プラモデル	ペットボトル，合成繊維(ポリエステル)	パイプ，ラップ，バケツ	機械部品，合成繊維

3 セッケンと合成洗剤

セッケンや合成洗剤は，その構造中に水になじみやすい部分(親水基)と油になじみやすい部分(親油基または疎水基)をもつ。これらの洗剤は，水中でミセルを形成したり，油分を取りこみ，洗浄作用を示す。

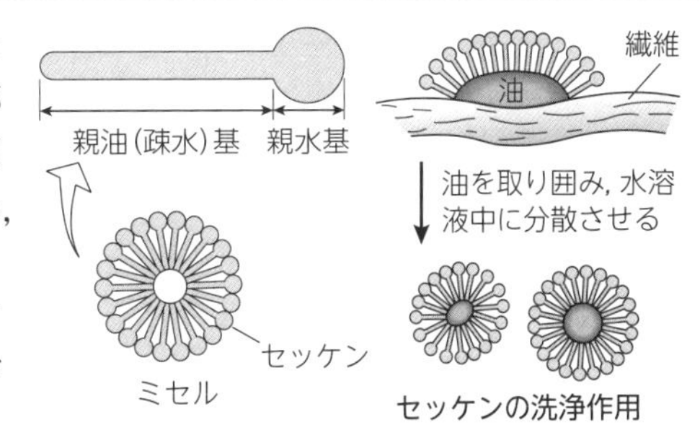

セッケンの洗浄作用

(a)　セッケン　水溶液は弱塩基性。硬水(Ca^{2+}を多く含む水)中では沈殿を生じ，洗浄力が低下する。

(b)　合成洗剤　水溶液は中性。硬水中でも沈殿せず，洗浄力は低下しない。

4 状態変化や化学変化の利用

利用例	物質	原理・特徴
冷却剤(ドライアイス)	二酸化炭素 CO_2	昇華するので，液体になって周囲をぬらさない。
しっくい(建物の壁面など)	水酸化カルシウム $Ca(OH)_2$	水酸化カルシウムが空気中の二酸化炭素と反応して，白色の炭酸カルシウムとして固まる。
酸性化した土壌の中和	水酸化カルシウム $Ca(OH)_2$	肥料などで酸性化した土壌を中和する。
水道水の殺菌	塩素 Cl_2	塩素の酸化作用を利用して，殺菌する。
うがい薬	ヨウ素 I_2	ヨウ素の酸化作用を利用して，殺菌する。
都市ガス	メタン CH_4	燃焼(酸化還元反応)に伴う熱を利用する。
漂白剤	次亜塩素酸ナトリウム NaClO	酸化作用を利用して色素を酸化する。(SO_2 のように還元作用を利用して漂白するものもある。)
使い捨てカイロ	鉄 Fe	鉄が酸化されるときに熱が発生する。
酸化防止剤	アスコルビン酸(ビタミンC)	自身が酸化されることによって，食品などが酸化されるのを防ぐ。

思考

199 金属とその利用 身のまわりにある金属に関する記述として下線部に誤りを含むものを，次の①～⑤のうちから１つ選べ。

① 白金は，化学的に変化しにくいため，宝飾品に用いられる。
② アルミニウムは加工しやすく軽いため，窓枠などに利用される。
③ スズは鉄よりも酸化されやすいため，鋼板にめっきしてブリキとして利用される。
④ チタンは軽くて耐食性に優れているため，メガネのフレームなどに利用される。
⑤ タングステンはきわめて融点が高いため，白熱電球のフィラメントなどに利用される。

（15 センター〈化学〉追試 改）

知識

200 合金とその利用 金属は他の金属と合金にすることで，より有用な材料とすることができる。表に示す合金とその用途について，空欄［ア］～［エ］に入る語の組み合わせとして最も適当なものを，①～④のうちから１つ選べ。

合金	用途
［ア］	台所用流し台
黄銅	［イ］
［ウ］	航空機の構造材
青銅	［エ］

	ア	イ	ウ	エ
①	ステンレス鋼	銅像	ジュラルミン	金管楽器
②	ステンレス鋼	金管楽器	ジュラルミン	銅像
③	ジュラルミン	銅像	ステンレス鋼	金管楽器
④	ジュラルミン	金管楽器	ステンレス鋼	銅像

（09 センター追試）

思考

201 プラスチック プラスチックに関する記述として最も適当なものを，次の①～⑤のうちから１つ選べ。

① プラスチックは大量生産されるが，加工や成型がしにくい特徴がある。
② 一般に，プラスチックは，鉄や銅などの金属に比べて密度の大きいものが多い。
③ ほとんどのプラスチックは，電気伝導性がよい。
④ ポリ塩化ビニルには塩素が含まれるので，熱い銅線につけてガスバーナーの炎の中に入れると赤色の炎色を示す。
⑤ ポリエチレンテレフタラート(PET)は，飲料用容器や合成繊維に用いられる。

知識

202 洗剤 油をセッケン水に入れて振り混ぜると，微細な油滴となって分散する。このときのセッケン分子と油滴が形成する構造のモデル(断面の図)として最も適当なものを，下の①～⑤のうちから１つ選べ。ただし，油滴とセッケン分子を右図のように表す。

疎水性部分　親水性部分
セッケン分子

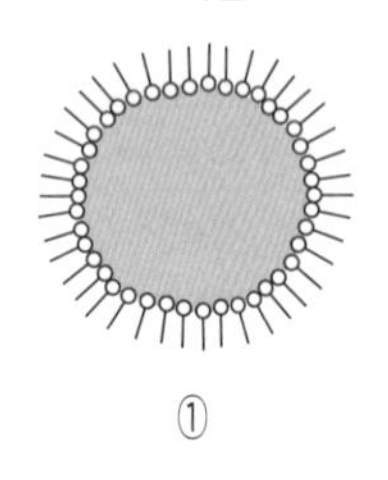
①

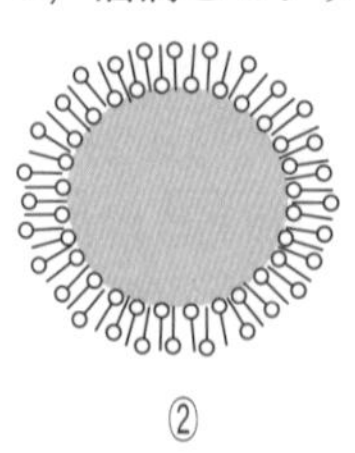
②

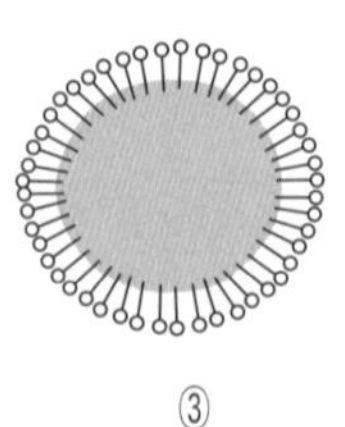
③

④

⑤

（08 センター本試）

思考

203 **酸化・還元** 次の記述のうち，酸化還元反応が関係しないものはどれか。次の①～⑤のうちから１つ選べ。

① 乾電池の両極に導線で豆電球を接続すると，豆電球が点灯した。
② 漂白剤を用いると，洗濯物が白くなった。
③ 食塩水の入ったビーカーに硝酸銀水溶液を加えると，白く濁った。
④ 銅板でできた屋根の表面がさびて緑色になった。
⑤ 都市ガスを燃焼させて，やかんの湯を沸かした。

思考

204 **身のまわりの材料** 身のまわりの材料に関する記述として下線部に**誤りを含むもの**を，次の①～⑤のうちから１つ選べ。

① 銅，鉄，アルミニウムに代表される金属は自由電子をもつので，高い電気伝導性・熱伝導性を示す。
② 大理石の主成分は炭酸カルシウムであり，大理石の彫刻は酸性雨の被害を受けることがある。
③ 二酸化ケイ素は，水晶や石英，ケイ砂などとして天然に存在し，ガラス製造などの原料として利用される。
④ ポリエチレンテレフタラート(PET)はポリエステルともよばれる高分子化合物であり，衣料品や容器などに用いられている。
⑤ ポリエチレンは，エチレン分子が分子間力で集合してできており，包装材や容器などに用いられている。 (10 センター本試 改)

思考

205 **生活に関する物質** 生活に関する物質として下線部に**誤りを含むもの**を，次の①～⑤のうちから１つ選べ。

① ステンレス鋼は鉄とアルミニウムの合金であり，さびにくく流し台に用いられる。
② セッケンなどの洗剤には，その構造の中に水になじみやすい部分と油になじみやすい部分がある。
③ 塩素は水道水などの殺菌に利用されている。
④ ビタミンC(アスコルビン酸)は，食品の酸化防止剤として用いられる。
⑤ 生石灰(酸化カルシウム)は吸湿性が強いので，焼き海苔などの保存に用いられる。

(15 センター追試)

思考

206 **身のまわりの現象** 身のまわりでおこる現象と，それらの現象を表す語句の組み合わせで**誤りを含むもの**を，次の①～⑤のうちから１つ選べ。

	身のまわりで起こる現象	反応や変化
①	水素と酸素を燃料電池に送り，電流を取り出した。	酸化・還元
②	打ち上げ花火がさまざまな色を示した。	炎色反応
③	ヨウ素を含むうがい薬を使用して，のどを消毒した。	昇華
④	肥料などによって酸性になった土壌に消石灰(水酸化カルシウム)をまいた。	中和
⑤	寒い屋外から暖かい部屋に入ると，眼鏡がくもった。	凝縮

特集2 実験の基本操作

1 実験器具

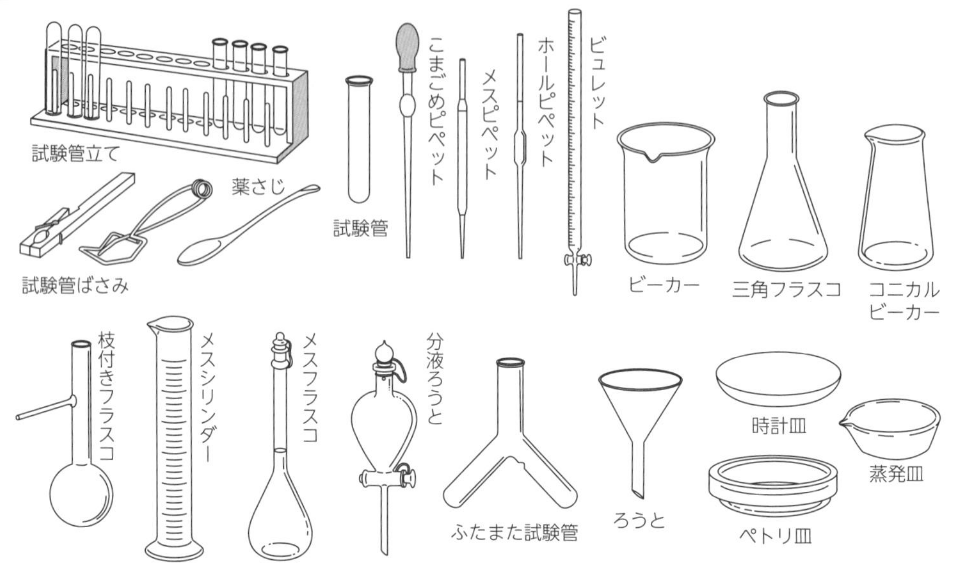

2 実験操作

❶液体の試薬のとり方

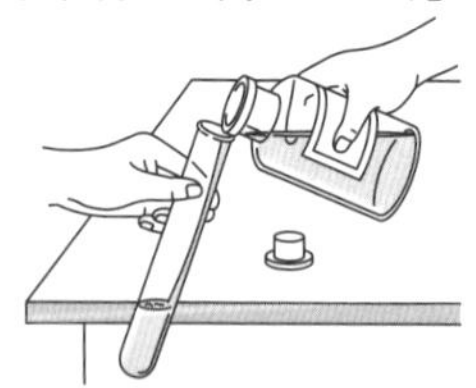

① 試薬びんはラベルを上にしてもつ。
② 試験管の内壁を伝わらせて入れる。
③ とりすぎた試薬は，試薬びんにもどさない。

❷液体の体積の測定

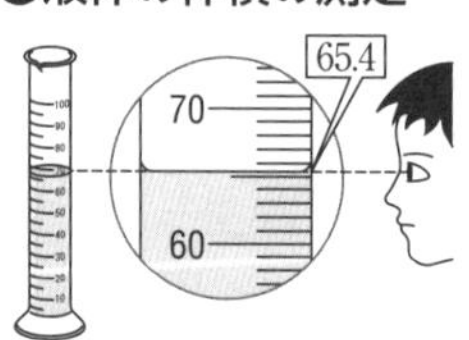

① 測定器具は，垂直に立てる。
② 液面の最も低いところの目盛りを読み取る。
③ 最小目盛りの1/10まで読みとる。

❸試験管に入れた試薬の加熱

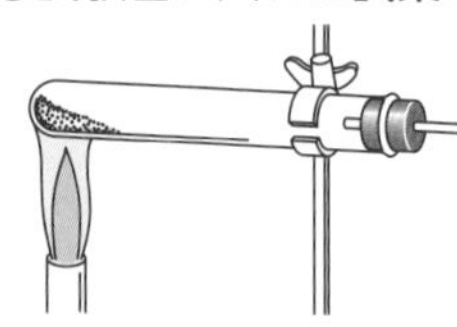

① 水溶液の量を試験管の1/4以下にする。
② 固体の加熱で水蒸気が発生する場合は，試験管の口を水平よりも低くする。

❹ガスバーナーの取り扱い

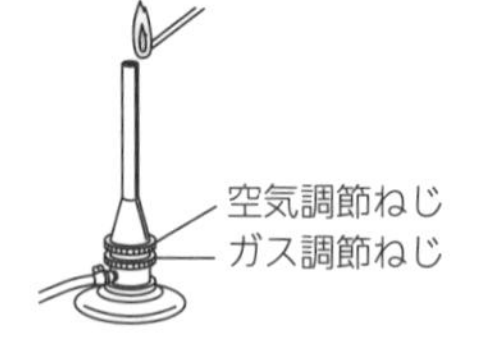

① 元栓，ガス調節ねじの順に開き，点火する。
② ガス調節ねじで，炎の大きさを調整する。
③ 空気調節ねじで調整し，青い色の炎にする。
④ 終了後は，①，②，③の逆の順に閉じる。

❺水溶液の調製

①必要な物質の質量をはかる。
②水を加えて溶かす。
③メスフラスコに入れ，水を標線まで加え，よく振り混ぜる。

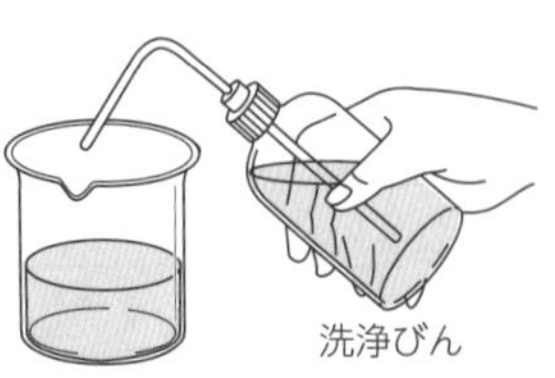

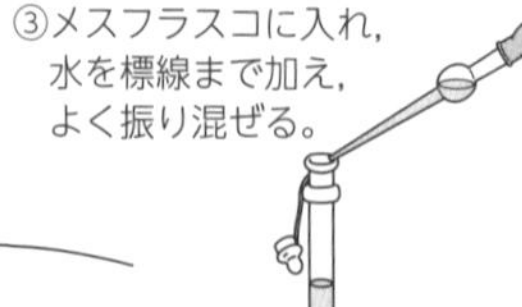

❻気体の発生と捕集

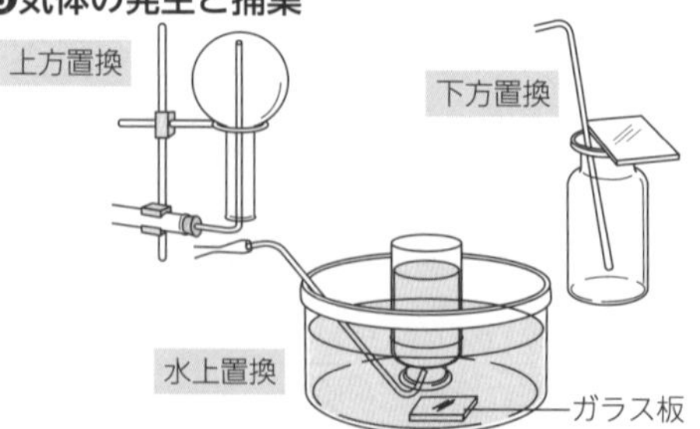

基本問題

知識

207 試験管による加熱の仕方 試験管に水溶液を入れて，ガスバーナーで加熱する方法について，次の各問いに答えよ。

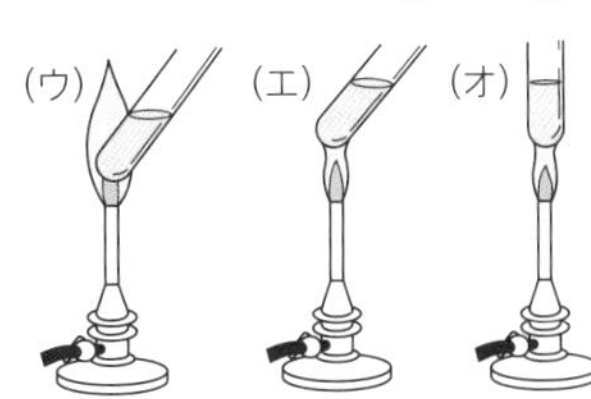

(1) 試験管に入れる水溶液の量は，(ア)，(イ)のどちらがよいか。

(2) 試験管は，ガスバーナーの炎にどのようにかざすとよいか。(ウ)～(オ)の記号で答えよ。

(3) 水溶液を加熱する際には，試験管をどのようにすればよいか。次の(カ)，(キ)から選べ。

(カ) 一定の位置に固定する。

(キ) 小刻みに振り動かす。

知識

208 実験操作 化学実験の操作として正しいものを，次の①～⑤のうちから1つ選べ。

① てんびんを使って粉末状の薬品をはかり取るときには，てんびんの皿の上に直接薬品をのせる。

② 水酸化ナトリウム水溶液が皮膚についたら，ただちに大量の希塩酸で十分に洗う。

③ 加熱している液体の温度を均一にするには，液体を温度計でかき混ぜる。

④ ガスバーナーに点火するときには，空気調節ねじを開いてからガス調節ねじを開く。

⑤ 成分がわからない液体をホールピペットで吸い上げるときには，安全ピペッターを用いる。

思考

209 薬品の取り扱い 実験における注意事項として**誤りを含むもの**を，次の①～⑥のうちから2つ選べ。

① 希硫酸は，濃硫酸に純水を加えて調製する。

② ヘキサンは引火性があるので，火気がないところで取り扱う。

③ 硫化水素や塩素などの有毒ガスは，実験室にある排気装置(ドラフト)内で取り扱う。

④ 試薬びんから取りすぎた試薬は，節約のため必ず試薬びんにもどす。

⑤ 液体の入った試験管を加熱するときは，試験管の口を人のいない方に向ける。

⑥ 光によって分解しやすい薬品は，褐色びんに入れて保存する。

思考

210 気体の捕集 粒状の炭酸カルシウムと希塩酸をふたまた試験管中で反応させ，二酸化炭素を発生させたい。この実験について，次の各問いに答えよ

(1) 炭酸カルシウムを入れるのに適切な場所は，図1のA，Bのどちらか。

(2) 発生させた二酸化炭素を捕集する方法として適切なものを図2の(ア)，(イ)から選び，記号で答えよ。

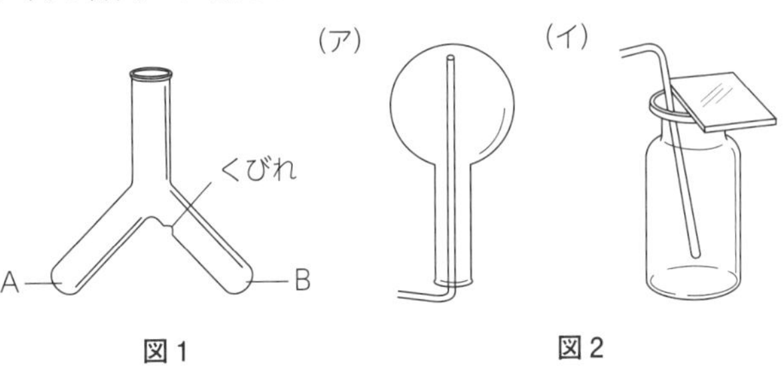

図1　図2

知識

211 実験器具と実験操作 ある物質の水溶液をホールピペットではかり取り，メスフラスコに移して，定められた濃度に純水で希釈したい。次の問いに答えよ。

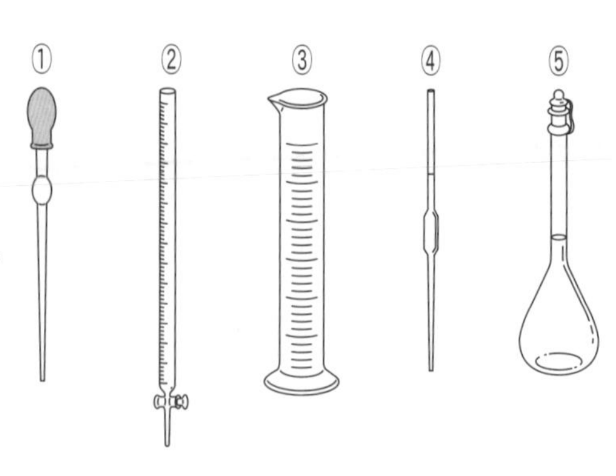

(1) ホールピペットの図として正しいものを，右の①～⑤のうちから１つ選べ。

(2) このとき行う操作Ⅰ・Ⅱの組み合わせとして最も適当なものを，下の①～④のうちから１つ選べ。

操作Ⅰ

A ホールピペットは，洗浄後，内部を純水ですすぎそのまま用いる。

B ホールピペットは，洗浄後，内部をはかり取る水溶液ですすぎそのまま用いる。

操作Ⅱ

C 純水は，液面の上端がメスフラスコの標線に達するまで加える。

D 純水は，液面の底面がメスフラスコの標線に達するまで加える。

	操作Ⅰ	操作Ⅱ
①	A	C
②	A	D
③	B	C
④	B	D

(17 センター本試)

思考

212 アンモニアの噴水 乾いた丸底フラスコにアンモニアを一定量捕集した後，図のような装置を組み立てた。ゴム栓に固定したスポイト内の水を丸底フラスコの中に少量入れたところ，ビーカー内の水がガラス管を通って丸底フラスコ内に噴水のように噴き上がった。この実験に関する記述として**誤りを含むもの**を，次の①～⑥のうちから一つ選べ。

① アンモニアを丸底フラスコに捕集するときには上方置換法を用いる。

② ゴム栓がゆるんですき間があると，水が噴き上がらないことがある。

③ 丸底フラスコ内のアンモニアの量が少ないと，噴き上がる水の量が少なくなる。

④ 内側が水でぬれた丸底フラスコを用いると，水が噴き上がらないことがある。

⑤ ビーカーの水にBTB(ブロモチモールブルー)溶液を加えておくと，噴き上がった水は青くなる。

⑥ アンモニアの代わりにメタンを用いても，水が噴き上がる。

(17 センター本試)

思考

213 塩素の精製 実験室で塩素 Cl_2 を発生させたところ，得られた気体には，不純物として塩化水素 HCl と水蒸気が含まれていた。図に示すように，二つのガラス容器(洗気びん)に濃硫酸および水を別々に入れ，順次この気体を通じることで不純物を取り除き，Cl_2 のみを得た。これらのガラス容器に入れた液体 A と液体 B，および気体を通じたことによるガラス容器内の水の pH の変化の組合せとして最も適当なものを，次の①～④のうちから1つ選べ。ただし，濃硫酸は気体から水蒸気を除くために用いた。

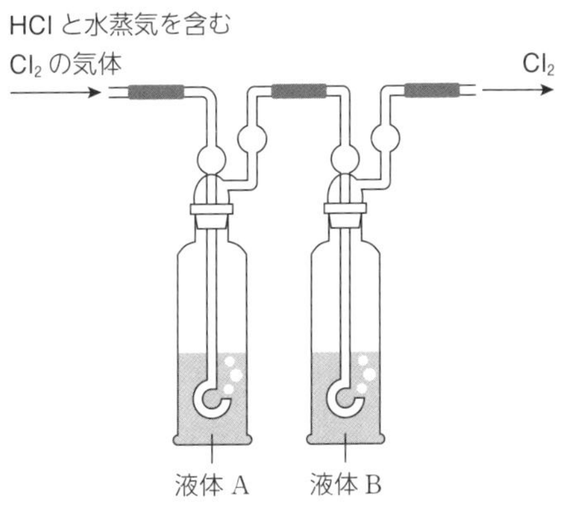

	液体 A	液体 B	水が入ったガラス容器内の pH
①	濃硫酸	水	大きくなる
②	濃硫酸	水	小さくなる
③	水	濃硫酸	大きくなる
④	水	濃硫酸	小さくなる

(19 センター本試 改)

思考

214 水の逆流 次の実験中に起こる変化について以下の問いに答えよ。

実験装置の準備：500 mL の丸底フラスコに水 250 mL と沸騰石を入れ，丸底フラスコから次図のように細いガラス管を伸ばし，その先端を1Lのビーカーにためた水 500 mL の中に沈めた。

実験：ガスバーナーに点火し，丸底フラスコを加熱した。水が十分に沸騰し，フラスコ内の水が3分の1になるまで加熱を続けた。その後，バーナーの火を止め，放置して冷却した。加熱をやめると，沸騰がおさまり，ビーカーから水が逆流した。その後も観察を続けた。

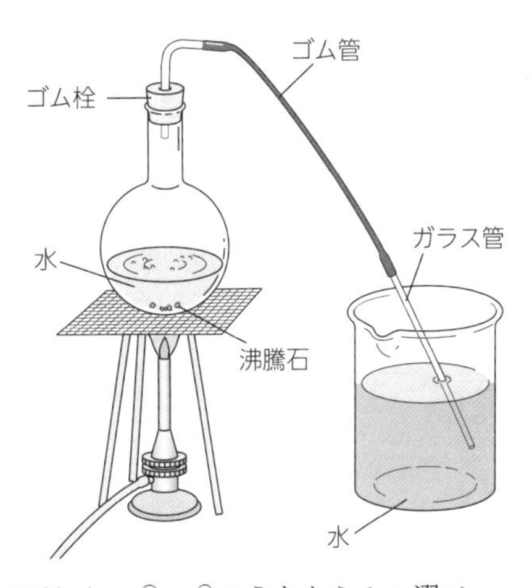

(1) 加熱中のガラス管の先端の様子として正しいのはどれか。①～③のうちから1つ選べ。

① 加熱中はずっと気泡が出続ける。

② 加熱をはじめてしばらくは気泡が出るが，途中から気泡はほとんど出ない。

③ 加熱中に気泡は出ない。

(2) 最終的に丸底フラスコ内の水の量はどうなるか，①～③のうちから1つ選べ。

① 元の水量よりも少なくなる。

② ほぼ元の水量にもどる。

③ フラスコ内が水でほぼ満たされる。

付録1　覚えておきたい化学式

	化学式	物質名	色・状態	
A	Ag	銀	銀白	固
	$AgBr$	臭化銀	淡黄	固
	$AgCl$	塩化銀	無	固
	$AgNO_3$	硝酸銀	無	固
	Ag_2O	酸化銀	褐	固
	Al	アルミニウム	銀白	固
	$Al(OH)_3$	水酸化アルミニウム	無	固
	Al_2O_3	酸化アルミニウム	無	固
B	Ba	バリウム	銀白	固
	$Ba(OH)_2$	水酸化バリウム	無	固
	Br_2	臭素	赤褐	液
C	C	炭素(ダイヤモンド)	無	固
	CO	一酸化炭素	無	気
	CO_2	二酸化炭素	無	気
	Ca	カルシウム	銀白	固
	$CaCO_3$	炭酸カルシウム	無	固
	$CaCl_2$	塩化カルシウム	無	固
	CaO	酸化カルシウム	無	固
	$Ca(OH)_2$	水酸化カルシウム	無	固
	Cl_2	塩素	黄緑	気
	Cu	銅	赤	固
	CuO	酸化銅(Ⅱ)	黒	固
	$Cu(OH)_2$	水酸化銅(Ⅱ)	青白	固
	$CuSO_4 \cdot 5H_2O$	硫酸銅(Ⅱ)五水和物	青	固
	Cu_2O	酸化銅(Ⅰ)	赤	固
F	F_2	フッ素	淡黄	気
	Fe	鉄	銀白	固
	$Fe(OH)_2$	水酸化鉄(Ⅱ)	緑白	固
	Fe_2O_3	酸化鉄(Ⅲ)	赤褐	固
H	H_2	水素	無	気
	HBr	臭化水素	無	気
	HCl	塩化水素	無	気
	HF	フッ化水素	無	気
	HNO_3	硝酸	無	液
	H_2O	水	無	液
	H_2O_2	過酸化水素	無	液
	H_2S	硫化水素	無	気
	H_2SO_4	硫酸	無	液
	H_3PO_4	リン酸	無	固

	化学式	物質名	色・状態	
I	I_2	ヨウ素	黒紫	固
K	K	カリウム	銀白	固
	KBr	臭化カリウム	無	固
	KCl	塩化カリウム	無	固
	KI	ヨウ化カリウム	無	固
	$KMnO_4$	過マンガン酸カリウム	黒紫	固
	$K_2Cr_2O_7$	二クロム酸カリウム	赤橙	固
M	Mg	マグネシウム	銀白	固
	MgO	酸化マグネシウム	無	固
	Mn	マンガン	銀白	固
	MnO_2	酸化マンガン(Ⅳ)	黒	固
N	N_2	窒素	無	気
	NH_3	アンモニア	無	気
	NH_4Cl	塩化アンモニウム	無	固
	$(NH_4)_2SO_4$	硫酸アンモニウム	無	固
	NO	一酸化窒素	無	気
	NO_2	二酸化窒素	赤褐	気
	Na	ナトリウム	銀白	固
	$NaCl$	塩化ナトリウム	無	固
	$NaHCO_3$	炭酸水素ナトリウム	無	固
	$NaNO_3$	硝酸ナトリウム	無	固
	$NaOH$	水酸化ナトリウム	無	固
	Na_2CO_3	炭酸ナトリウム	無	固
O	O_2	酸素	無	気
	O_3	オゾン	淡青	気
P	P_4	リン(黄リン)	淡黄	固
	P_4O_{10}	十酸化四リン	無	固
	Pb	鉛	灰黒	固
	$PbCl_2$	塩化鉛(Ⅱ)	無	固
	PbO_2	酸化鉛(Ⅳ)	褐	固
	$PbSO_4$	硫酸鉛(Ⅱ)	無	固
S	S_8	硫黄(斜方硫黄)	黄	固
	SO_2	二酸化硫黄	無	気
	SO_3	三酸化硫黄	無	固
	Si	ケイ素	灰黒	固
	SiO_2	二酸化ケイ素	無	固
Z	Zn	亜鉛	銀白	固
	ZnO	酸化亜鉛	無	固
	ZnS	硫化亜鉛	無	固

色・状態：25 ℃，1.013×10^5 Pa における色と状態。

無…無色(微細な結晶が集合したものは，白色に見える)　固…固体　液…液体　気…気体

付録 2　覚えておきたい化学反応式

反応条件	化学反応式
ナトリウムに水を加える	$2Na + 2H_2O \longrightarrow 2NaOH + H_2$
マグネシウムに塩酸を加える	$Mg + 2HCl \longrightarrow MgCl_2 + H_2$
アルミニウムに塩酸を加える	$2Al + 6HCl \longrightarrow 2AlCl_3 + 3H_2$
アルミニウムに水酸化ナトリウム水溶液を加える	$2Al + 2NaOH + 6H_2O \longrightarrow 2Na[Al(OH)_4] + 3H_2$
亜鉛に希硫酸を加える	$Zn + H_2SO_4 \longrightarrow ZnSO_4 + H_2$
亜鉛に水酸化ナトリウム水溶液を加える	$Zn + 2NaOH + 2H_2O \longrightarrow Na_2[Zn(OH)_4] + H_2$
過酸化水素水に酸化マンガン(Ⅳ)を加える	$2H_2O_2 \longrightarrow 2H_2O + O_2$
塩素酸カリウムに酸化マンガン(Ⅳ)を加えて加熱	$2KClO_3 \longrightarrow 2KCl + 3O_2$
酸化マンガン(Ⅳ)に濃塩酸を加えて加熱	$MnO_2 + 4HCl \longrightarrow MnCl_2 + 2H_2O + Cl_2$
塩化ナトリウムに濃硫酸を加えて加熱	$NaCl + H_2SO_4 \longrightarrow NaHSO_4 + HCl$
硫化鉄(Ⅱ)に希硫酸を加える	$FeS + H_2SO_4 \longrightarrow FeSO_4 + H_2S$
塩化アンモニウムに水酸化カルシウムを加えて加熱	$2NH_4Cl + Ca(OH)_2 \longrightarrow CaCl_2 + 2H_2O + 2NH_3$
窒素と水素を触媒下で反応	$N_2 + 3H_2 \rightleftarrows 2NH_3$
銅に熱濃硫酸を作用させる	$Cu + 2H_2SO_4 \longrightarrow CuSO_4 + 2H_2O + SO_2$
亜硫酸ナトリウムに希硫酸を加える	$Na_2SO_3 + H_2SO_4 \longrightarrow Na_2SO_4 + H_2O + SO_2$
銅に濃硝酸を加える	$Cu + 4HNO_3 \longrightarrow Cu(NO_3)_2 + 2H_2O + 2NO_2$
銅に希硝酸を加える	$3Cu + 8HNO_3 \longrightarrow 3Cu(NO_3)_2 + 4H_2O + 2NO$
一酸化窒素に空気を加える	$2NO + O_2 \longrightarrow 2NO_2$
黄リンの燃焼	$P_4 + 5O_2 \longrightarrow P_4O_{10}$
コークスに水蒸気を作用させる	$C + H_2O \longrightarrow CO + H_2$
炭酸カルシウムの加熱	$CaCO_3 \longrightarrow CaO + CO_2$
炭酸カルシウムに塩酸を加える	$CaCO_3 + 2HCl \longrightarrow CaCl_2 + H_2O + CO_2$
炭酸水素ナトリウムの加熱	$2NaHCO_3 \longrightarrow Na_2CO_3 + H_2O + CO_2$
塩素を水に溶かす	$Cl_2 + H_2O \rightleftarrows HCl + HClO$
塩素をヨウ化カリウム溶液に加える	$Cl_2 + 2KI \longrightarrow 2KCl + I_2$
塩化水素とアンモニアの混合	$HCl + NH_3 \longrightarrow NH_4Cl$
硫化水素をヨウ素溶液に通じる	$H_2S + I_2 \longrightarrow 2HI + S$
硫化水素と二酸化硫黄の混合	$2H_2S + SO_2 \longrightarrow 2H_2O + 3S$
二酸化硫黄を過酸化水素水に通じる	$SO_2 + H_2O_2 \longrightarrow H_2SO_4$
二酸化硫黄と空気を触媒下で反応させる	$2SO_2 + O_2 \rightleftarrows 2SO_3$
三酸化硫黄を水に作用させる	$SO_3 + H_2O \longrightarrow H_2SO_4$
二酸化炭素を水酸化カルシウム水溶液に通じる	$CO_2 + Ca(OH)_2 \longrightarrow CaCO_3 + H_2O$
	$CaCO_3 + H_2O + CO_2 \longrightarrow Ca(HCO_3)_2$
酸化カルシウムに水を加える	$CaO + H_2O \longrightarrow Ca(OH)_2$
塩化ナトリウム水溶液の電気分解	$2NaCl + 2H_2O \longrightarrow 2NaOH + H_2 + Cl_2$
塩化ナトリウム水溶液にアンモニアと二酸化炭素を通じる	$NaCl + H_2O + NH_3 + CO_2 \longrightarrow NaHCO_3 + NH_4Cl$
塩化ナトリウム水溶液に硝酸銀水溶液を加える	$NaCl + AgNO_3 \longrightarrow AgCl + NaNO_3$
塩化バリウム水溶液に希硫酸を加える	$BaCl_2 + H_2SO_4 \longrightarrow BaSO_4 + 2HCl$
硫酸銅(Ⅱ)水溶液に水酸化ナトリウム水溶液を加える	$CuSO_4 + 2NaOH \longrightarrow Cu(OH)_2 + Na_2SO_4$

付録3　セルフチェックシート

第Ⅰ章　物質の構成

節	目標	関連問題	チェック
1	物質を純物質と混合物に分類できる。	1	
	純物質を単体と化合物に分類できる。	1	
	ろ過，蒸留，昇華法の違いを説明できる。	2・3・4	
	蒸留における注意点を3つ以上挙げることができる。	3	
	再結晶，分留，クロマトグラフィーを理解している。	5	
	同素体の例を4つ挙げることができる。	6	
	Li，Na，K，Ca，Ba，Cuの炎色反応の色を示すことができる。	7	
	炭素，水素，塩素の各元素の確認法を示すことができる。	8	
	三態変化の名称を6つすべていえる。	9	
2	原子番号・質量数と，陽子・中性子・電子の数の関係がわかる。	18	
	原子番号1～20までの元素の元素記号を示すことができる。	ドリル 1	
	同位体どうしの共通点と相違点を示すことができる。	21	
	各元素の原子の電子配置をボーアモデルで示すことができる。	22	
	単原子イオンの生成を，ボーアモデルで説明できる。	23	
	ボーアモデルを見て，原子かイオンかを判断できる。	24	
	イオン化エネルギーと電子親和力の違いを説明できる。	27	
	イオンの大きさについて，周期表との関係を説明できる。	28	
	元素の周期表における1，2，17，18族の総称をすべていえる。	30	
	遷移元素，典型元素の位置を元素の周期表上に示すことができる。	30	
3	イオン結合の成り立ちを説明できる。	42	
	Al^{3+}とSO_4^{2-}からなる物質の組成式と名称を示すことができる。	43	
	イオン結晶の性質を3つ挙げられる。	44	
	水に溶ける物質を電解質，非電解質に分類できる。	45	
	原子番号1～20までの原子の電子式を示すことができる。	ドリル 5	
	分子の電子式を示すことができる。	49	
	分子の構造式を示すことができる。	50	
	電気陰性度と結合の極性の関係について答えられる。	51	
	分子の形状を示すことができる。	52	
	結合の極性と分子の形状から分子の極性を判断できる。	52	
	配位結合の成り立ちを説明できる。	54	
	分子結晶の性質を3つ挙げられる。	55	
	金属結晶の性質を3つ挙げられる。	57	
	結晶の性質から，イオン結晶，分子結晶，金属結晶などに分類できる。	58	

第Ⅱ章　物質の変化

節	目標	関連問題	チェック
4	原子の相対質量と天然存在比から，元素の原子量を求められる。	75	
	分子式や組成式から，分子量，式量が求められる。	77	
	物質量から，粒子の個数が求められる。	ドリル 8 9	
	物質量から，質量が求められる。	ドリル 10 11	
	物質量から，0 ℃，1.013×10^5 Pa における気体の体積が求められる。	ドリル 12 13	
	物質量を介して，粒子の個数と質量の相互変換ができる。	ドリル 14	
	物質量を介して，気体の体積と質量の相互変換ができる。	ドリル 15	
	質量パーセント濃度から，溶液中の溶質の質量を求めることができる。	87	
	モル濃度から，溶液に含まれる溶質の質量が求められる。	88	
	密度を用いて，質量パーセント濃度をモル濃度に変換できる。	90	
5	化学反応式やイオン反応式の係数を正しく求められる。	103	
	反応式の係数から，物質量の関係を求められる。	108	
	反応式の係数から，反応物・生成物の質量の関係を説明できる。	109・110	
	反応式の係数から，反応物・生成物の気体の体積の関係を説明できる。	111	
	反応物の質量や体積から，過不足のある反応かどうか判別できる。	112・113	
	定比例の法則と倍数比例の法則の違いを説明できる。	116	
6	アレニウスの酸・塩基の定義を説明できる。	130	
	ブレンステッド・ローリーの酸・塩基の定義を説明できる。	130・131	
	代表的な強酸と弱酸，強塩基と弱塩基をそれぞれ 3 つ挙げられる。	132	
	酸の水溶液のモル濃度から，水素イオン濃度を求められる。	133・134	
	水素イオン濃度と pH の関係を説明できる。	135・136	
	水のイオン積を用いて，塩基の水溶液の pH を求められる。	136	
	酸と塩基の中和を化学反応式で表すことができる。	138	
	塩の組成式から，もとの酸・塩基を判別できる。	139	
	塩を正塩，酸性塩，塩基性塩に分類できる。	140	
	正塩の成り立ちから，正塩の水溶液の性質を判別できる。	141	
	弱酸の遊離，弱塩基の遊離を説明できる。	143	
	ある量の酸を中和するのに必要な塩基の量を求められる。	144	
	中和滴定に用いる器具について，名称と使用法が述べられる。	146	
	中和滴定曲線から，酸・塩基の指示薬を適切に選択できる。	148	
7	酸化・還元の定義を，酸素，水素，電子の授受で説明できる。	160	
	物質に含まれる原子の酸化数を求められる。	163	
	酸化数の変化から，酸化還元反応を説明できる。	164・165	
	酸化剤・還元剤の反応式から，イオン反応式をつくることができる。	170・171	
	酸化剤・還元剤のはたらきを示す反応式をつくることができる。	171	
	金属をイオン化傾向の順に並べることができる。	173	

計算問題の解答

36　17190 年前

72　(2) A：2 個，B：4 個
(3) A：8 個，B：12 個

74　(1) 4 個　(2) 4 個
(3) 1：1　(4) 6 個

76　(1) 63.6
(2) ^{10}B：20%　^{11}B：80%

77　(1) 32　(2) 30　(3) 60
(4) 23　(5) 60　(6) 74
(7) 132　(8) 250

79　(ア) 16　(イ) 8.0
(ウ) 3.0×10^{23}　(エ) 11
(オ) 32　(カ) 0.25
(キ) 1.5×10^{23}　(ク) 5.6
(ケ) 2.0　(コ) 1.3×10^{2}

80　(1) 25.5 g　(2) 33.6 L
(3) 9.0×10^{23} 個
(4) 窒素原子：9.0×10^{23} 個
水素原子：2.7×10^{24} 個

81　(1) Mg^{2+}：0.20 mol,
Cl^{-}：0.40 mol
(2) 1.8×10^{23} 個　(3) 9.0g

82　(1) 20，(イ)
(2) 28.0，(ウ)
(3) 64，(オ)

83　(1) 28.8　(2) 7.2 g
(3) (ウ)

84　(1) (ア) 4.0×10^{-23} g
(イ) 3.0×10^{-23} g
(ウ) 1.6×10^{-22} g
(2) 原子の数が最大…(ウ)
原子の数が最小…(オ)

85　(1) 75%　(2) 50%
(3) 40%

86　(1) 24　(2) 65

87　(1) 20 %　(2) 40 g
(3) 12 %

88　(1) 0.20 mol/L
(2) 0.50 mol/L
(3) 0.20 mol　(4) 4.0 g

91　(1) $\dfrac{N_A w}{n}$[g/mol]
(2) $\dfrac{V_m w}{M}$[L]
(3) $\dfrac{M}{V_m}$[g/L]　(4) cMV[g]

93　(1) 1.60×10^{-7} mol
(2) 1.00×10^{17} 個
(3) 6.25×10^{23} /mol

94　④　**95**　③

96　①

97　(1) 6.72　(2) 0.182 mol

99　③

100　(1) ⑥　(2) ①

101　(1) 40 g　(2) 45 g　(3) 23 g

104　(1) $a=c$　(2) $3a=2d$
(3) $2b=c+d$
(4) $b:\dfrac{5}{4}$，$c:1$，$d:\dfrac{3}{2}$

108　(1) 1.5 mol　(2)0.80 mol
(3) 8.0 mol　(4) 1.2 mol

110　(1) 2.0 mol　(2) 2.7 g
(3) 1.3 g　(4) 28.0 L

111　(1) 1.68 L　(2) 3.36 L
(3) 10 L

112　(1) 2.0 mol
(2) HCl が 0.10 mol 残る
(3) Zn が 0.15 mol 残る

113　(1) マグネシウムが
0.10 mol 残る
(2) 4.5 L

114　(1) 0.100 mol　(2) 12.3 L

115　(1) 0.20 mol　(2) 90%

119　(1) 2.0 mol　(2) 6.0 mol
(3) 56

120　⑥

121　(1) 0.20 mol
(2) 炭素が 0.6 g 残る
(3) 2.2 L

122　(3) 91.4%

123　(2) ③　(3) ④

125　(1) 1.00×10^{-2} mol
(2) 0.180 g　(3) 0.80 mol/L

127　④

128　2：9

133　(ア) 5.0×10^{-2}
(イ) 5.0×10^{-2}　(ウ) 0.25
(エ) 5.6×10^{2}
(オ) 5.0×10^{-2}
(カ) 0.10

134　(1) 0.10 mol/L
(2) 1.3×10^{-3} mol/L
(3) 0.10 mol/L
(4) 1.0×10^{-13} mol/L
(5) 1.0×10^{-11} mol/L

136　(1) 3　(2) 11
(3) 3　(4) 9

144　(1) 0.15 mol　(2) 7.4 g
(3) 4.0 g　(4) 22 mL

145　(1) 30 mL　(2) 20 mL
(3) 0.80 mol/L

147　(4) 0.20 mol/L

152　(1) 7　(2) 2　(3) 1

153　(1) ④　(2) ⑥　(3) ⑥

156　(1) 0.080 mol/L
(3) 0.14 mol/L
(4) 0.70 mol/L　(5) 4.2 %

158　(2) 4.8×10^{-2} g

159　(4) Na_2CO_3：1.1 g
NaOH：0.20 g

163　(1) 0　(2) −2　(3) −1
(4) −2　(5) +6　(6) −1
(7) +1　(8) +3　(9) +7
(10) −3　(11) +4
(12) +6

172　(2) 0.60 mol

180　(2) ②

181　(3) 0.12 mol/L

194　(1) 4.8×10^{2} C
(2) 1.9×10^{4} C
(3) 0.36 mol
(4) 9.65×10^{3} 秒

195　(1) 4.8×10^{3} C
(2) 5.0×10^{-2} mol
(4) 5.4 g　(5) 2.8×10^{2} mL

196　③

12　①　　**13**　④

15　②　　**19**　④

21　(1) 85.6　(2) ④

22　(1) 3.5×10^{-2} mol
(2) ④　(3) ②

24　問 1 ④　問 3 ②

表紙写真提供：Westend61/Getty Images

新課程版　標準セミナー化学基礎

2022年1月10日　初版　第1刷発行　編　者　第一学習社編集部
2025年1月10日　初版　第4刷発行

発行者　松本　洋介

発行所　株式会社 第一学習社

広島：広島市西区横川新町7番14号　〒733-8521　☎082-234-6800
東京：東京都文京区本駒込5丁目16番7号　〒113-0021　☎03-5834-2530
大阪：吹田市広芝町8番24号　〒564-0052　☎06-6380-1391

札　幌☎011-811-1848　仙台☎022-271-5313　新　潟☎025-290-6077
つくば☎029-853-1080　横浜☎045-953-6191　名古屋☎052-769-1339
神　戸☎078-937-0255　広島☎082-222-8565　福　岡☎092-771-1651

訂正情報配信サイト 47220-04
利用に際しては，一般に，通信料が発生します。

https://dg-w.jp/f/2417b

47220-04

ISBN978-4-8040-4722-5

■落丁，乱丁本はおとりかえいたします。

ホームページ
https://www.daiichi-g.co.jp/

重要事項のまとめ

原子

●**原子の表記**　$^{12}_{6}C$

- 左上の数 12 →質量数＝陽子の数＋中性子の数
- 左下の数 6 →電子の数＝陽子の数＝原子番号

●**同位体**　原子番号が同じで質量数(中性子の数)の異なる原子どうし

●**原子の大きさ**　約 1×10^{-10} ～ 5×10^{-10} m(原子核の大きさ…約 1×10^{-15} m)

●**電子殻**

電子殻	K殻	L殻	M殻	N殻	…	n番目の殻
(最大収容電子数)	2個	8個	18個	32個	…	$2n^2$

結合

●**結合の種類**　イオン結合，共有結合，金属結合，分子間力(ファンデルワールス力，水素結合など)

●**結晶の種類**

イオン結晶	(例) 塩化ナトリウム$NaCl$，酸化カルシウムCaO
共有結合の結晶	(例) 二酸化ケイ素SiO_2，ダイヤモンドC
金属結晶	(例) ナトリウムNa，銅Cu，鉄Fe
分子結晶	(例) 二酸化炭素(ドライアイス)CO_2，ヨウ素I_2

物質量

●**元素の原子量**　各同位体の相対質量と天然存在比から求めた平均値。$^{12}_{6}C$が基準

●**分子量・式量**　分子式や組成式にもとづく構成元素の原子量の総和

● 1 mol⇔N_A〔個〕⇔M〔g〕
　⇔22.4 L(0 ℃，1.013×10^5 Pa)

$$n=\frac{N}{N_A}=\frac{w}{M}=\frac{V_0}{22.4}$$

$N_A=6.0\times10^{23}$ /mol：アボガドロ定数
M：モル質量〔g/mol〕　n：物質量〔mol〕
N：粒子数〔個〕　w：質量〔g〕
V_0：0 ℃，1.013×10^5 Paの気体の体積〔L〕

濃度

●**質量パーセント濃度**

$$P〔\%〕=\frac{溶質の質量〔g〕}{溶液の質量〔g〕}\times100=\frac{溶質の質量〔g〕}{溶媒の質量〔g〕+溶質の質量〔g〕}\times100$$

●**モル濃度**

$$c〔mol/L〕=\frac{溶質の物質量〔mol〕}{溶液の体積〔L〕}$$

酸・塩基・塩

●**中和の公式**　$a\times c\times V=a'\times c'\times V'$

a，a'：酸，塩基の価数
c，c'：酸，塩基のモル濃度〔mol/L〕
V，V'：酸，塩基の水溶液の体積〔L〕

●**強酸**：HCl，H_2SO_4，HNO_3　**強塩基**：$NaOH$，KOH，$Ca(OH)_2$，$Ba(OH)_2$

●**水のイオン積**　$K_W=[H^+][OH^-]=1.0\times10^{-14}(mol/L)^2$　(25 ℃)

●**水素イオン指数**　$[H^+]=1.0\times10^{-a}$のとき，pH＝a

●**正塩**：$NaCl$，$CuSO_4$　**酸性塩**：$NaHCO_3$，$NaHSO_4$　**塩基性塩**：$MgCl(OH)$

●**塩の水溶液の性質**

(強酸＋強塩基)の正塩 → 中性
(強酸＋弱塩基)の正塩 → 酸性(加水分解)
(弱酸＋強塩基)の正塩 → 塩基性(加水分解)

(注)酸性塩の水溶液の性質は，
$NaHSO_4$…酸性
$NaHCO_3$…塩基性

酸化・還元

●**酸化と還元**

酸化	O を受け取る	H を失う	e^-を失う	酸化数増加
還元	O を失う	H を受け取る	e^-を受け取る	酸化数減少

●**酸化剤**　相手の物質を酸化し，自身は還元される物質。自身の酸化数減少

●**還元剤**　相手の物質を還元し，自身は酸化される物質。自身の酸化数増加

●**金属のイオン化列**　(大) Li K Ca Na Mg Al Zn Fe Ni Sn Pb (H_2) Cu Hg Ag Pt Au (小)

(発展)電池・電解

●**電池**　正極：還元(電子e^-の受け取り)　負極：酸化(電子e^-の放出)

●**電気分解**　陽極：酸化(電子e^-の放出)　陰極：還元(電子e^-の受け取り)

(電解)　$Cl^->OH^->SO_4^{2-}$，NO_3^-　Ag^+，$Cu^{2+}>H^+>Na^+$，Ca^{2+}

●**電気量**〔C〕＝電流の強さ〔A〕×電流の流れた時間〔s〕　$Q=it$

電子 1 mol のもつ電気量…9.65×10^4 C